无师自通

学上网

无师自通编委会　编著

电子科技大学出版社

内 容 提 要

本书主要介绍了学电脑上网的方方面面，内容从 Internet 基础知识入手，详细讲解了 IE 浏览器的使用、收发电子邮件、Internet 资源搜索、下载网络资源、网上聊天交友、网上娱乐、网上新生活、网络安全等知识。

本书讲解由浅入深、循序渐进，全书内容丰富，注重实际操作与应用。同时在创作的过程中，充分考虑知识的先进性、实用性；强调内容的易学性，运用大量的图片及相关注释，使学习过程更加直观明了，非常适合广大电脑新手阅读。

图书在版编目（CIP）数据

无师自通学上网/无师自通编委会编著．—成都：电子科技大学出版社，2007.1

ISBN 978-7-81114-353-9

Ⅰ．无…　Ⅱ．无…　Ⅲ．计算机网络－基本知识　Ⅳ．TP393

中国版本图书馆 CIP 数据核字（2007）第 007322 号

无师自通学上网

无师自通编委会　编著

出　　版：电子科技大学出版社（成都市一环路东一段 159 号电子信息产业大厦　邮编：610051）
责任编辑：罗　雅
发　　行：新华书店经销
印　　刷：四川墨池印务有限公司
成品尺寸：185mm×260mm　　印张　16.75　　字数　429 千字
版　　次：2007 年 1 月第一版
印　　次：2007 年 8 月第二次印刷
书　　号：ISBN 978-7-81114-353-9
定　　价：29.00 元

无师自通

丛书介绍

无师自通系列丛书让你“自己动手学会电脑”成为现实。只要你能识字，没有年龄大小、文化水平的限制，拥有“无师自通”，你将不再是“电脑盲”。本丛书坚持易学、易懂、易会的创作宗旨，与传统的电脑图书不同，本丛书的编创过程完全从初学者的角度量身订制，充分考虑初学者学习过程中容易遇到的疑难问题，第一时间给出疑难解答及操作提示，让初学者迅速解决问题，完全独立地学懂相关知识。精简的文字讲解、直观的图片标注、醒目的提示内容、随书附赠的双格式高清光盘等，都有助于你轻松掌握电脑知识，无需请教他人，完全无师自通。

- **阅读提示**

勤加练习
按照本书内容讲解，多进行上机实战练习，就能逐步掌握电脑知识。

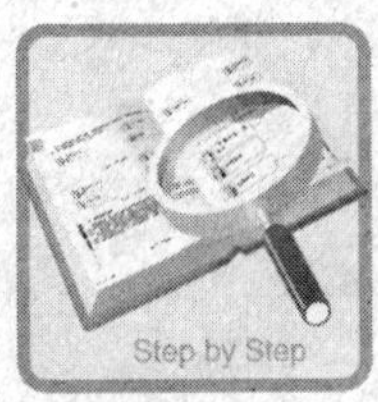

步骤图解法
本书操作步骤的讲解采用直观的步骤图解法，每一步都有操作提示符号。

实用小栏目
本书专门设计了丰富实用的小栏目，营造一种轻松有趣的学习环境。

疑难解答
学习过程中如果遇到问题，可参看书中相应提示或通过光盘互动学习。

VCD 格式教学节目
通过 VCD 机、DVD 机播放光盘中的“电视课堂”节目，读者就像看电视一样学电脑。

多媒体格式学习模块
通过电脑进入光盘中的“多媒体课堂”教学内容，可以动手体验操作，就像玩游戏一样学电脑。

- **适用范围**

本丛书适合电脑初学者和想全面提高电脑水平的用户，也适合各企事业单位的电脑普及培训，使用本书对员工进行培训，相当于把员工送进了电脑培训班。

无师自通

前　言

对没有接触过 Internet 的人来说，电脑上网总是显得那么神秘和难以掌握。为了消除初学者对电脑上网的神秘感，让读者在最短的时间内掌握电脑上网的基本操作方法和技巧，我们精心编写了本书。相信这将会成为广大电脑初学者的良师益友，它将使您从一个不懂电脑的新手变成一个能熟练操作网络的高手。

本书是“无师自通”系列丛书之一。全书通俗易懂，由浅入深地讲解了电脑初学者必须掌握的电脑上网基本知识和操作，融实用性、知识性、趣味性于一体，是一本颇具新意的上网入门图书。

通过本书，读者将学习以下知识：

- Internet 基础知识
- IE 浏览器的使用
- 收发电子邮件
- Internet 资源搜索
- 下载网络资源
- 网上聊天交友
- 网上娱乐
- 网上新生活
- 网络安全

本书充分考虑到初学者对电脑的认知能力，为了让初学者快速地掌握上网的基本操作，本书安排了“内容导读”、“你问我答”、“小测试”、“动手练习”、“融会贯通”等栏目。你可以通过“内容导读”来了解本章即将学习的内容，做到了然于胸；通过“你问我答”解决学习过程中遇到的问题；通过“小测试”与“动手练习”锻炼实际操作能力和自测学习目的；通过“融会贯通”拓展掌握更多的实用知识，达到举一反三的目的。另外，本书的操作步骤都是全程“图”解，看“图”操作，学习起来将非常轻松、容易。

本书由无师自通编委会编著，参加本书编写的有喻晓、徐万涛、向宏伟、于昕杰、冯梅、杨仁毅、罗凤华、李敏、唐莉、李彪等，在此向所有参与本书编创工作的人员表示由衷的感谢，更要感谢购买本书的读者，我们将不断努力，为你奉献更多、更优秀的电脑图书。

无论你在阅读和使用过程中遇到什么样的问题，可以登录 www.21pcedu.com（21 世纪电脑教育网）或通过 xuwantao11@163.com 得到我们的技术支持，我们将竭诚为你排忧解难。

无师自通编委会

无师自通

双格式高清光盘使用说明

电视/电脑都能学

双格式高清光盘是一种融合电视与多媒体技术的新一代产品，兼容普通的VCD/DVD机与电脑光驱播放，操作十分简单。通过VCD/DVD机播放光盘中的“电视课堂”节目（VCD格式），读者在主持人小菊的带领下，跟随电视画面的讲解学电脑；通过电脑进入光盘中的“多媒体课堂”教学内容（多媒体格式），在语音讲解、动画演示、互动操作的环境下，读者可以按照光盘的讲解动手体验操作，更加生动有趣。

双格式高清光盘从多角度出发，不管你目前的水平高低、不管你有没有电脑、哪怕你连鼠标都不会用，都可以通过本光盘开始学习，轻松快速地掌握电脑知识。

VCD 格式　VCD/DVD 机播放　电视课堂

·电视课堂·

·主持人 小菊·

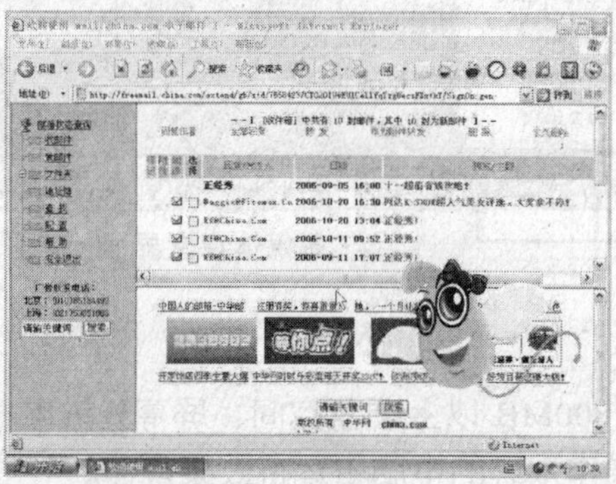

·动漫小精灵·

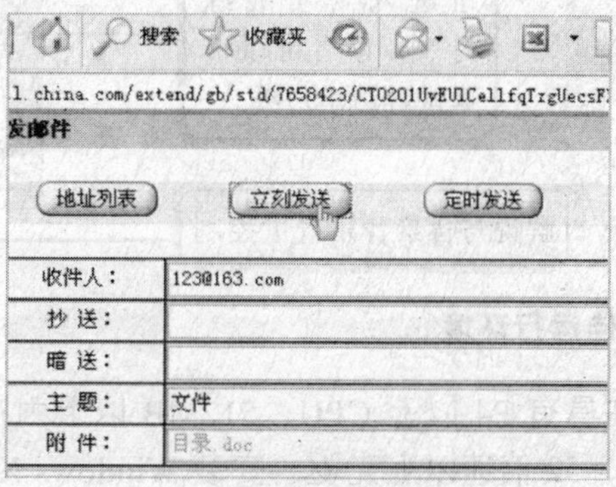

·局部放大讲解·

- **启动方法**

将本光盘放入光驱，几秒钟后光盘将自动运行。如果没有自动运行，可在桌面双击【我的电脑】图标，在打开的窗口中双击光驱所在盘符，或者右击光盘所在盘符，在弹出的快捷菜单中选择“自动播放”命令，即可启动并进入“多媒体课堂”。

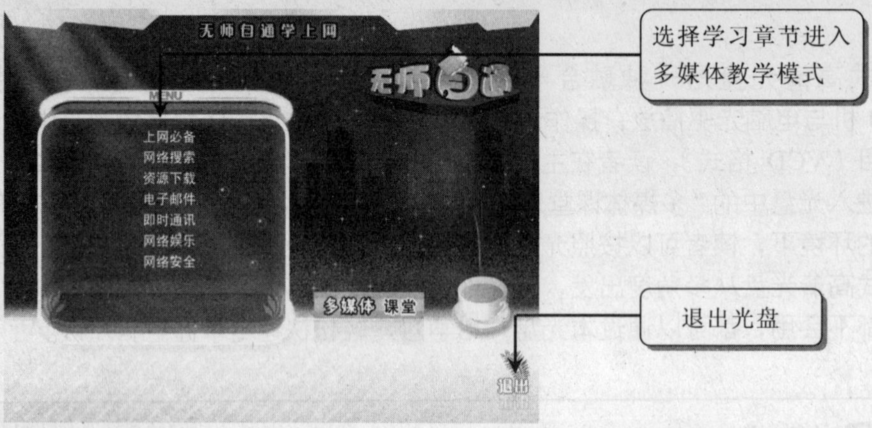

·光盘主界面·

- **多媒体课堂**

单击光盘主界面上的学习章节按钮，即可进入相应的章节进行学习。本光盘收录了本书主要知识点的多媒体教学内容，同时提供了部分知识点的模拟操作练习。

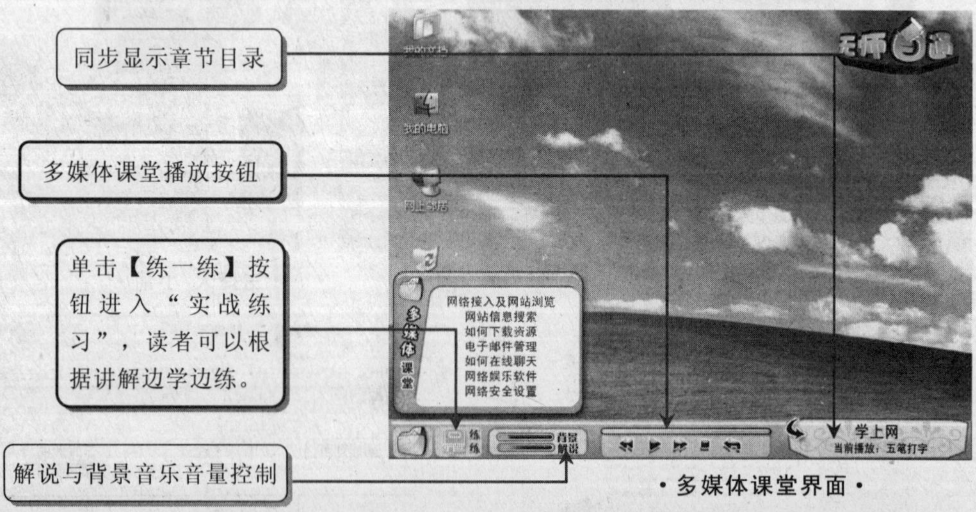

·多媒体课堂界面·

- **最佳运行环境**

在具有 P4 以上 CPU、512MB 以上内存、800MB 以上硬盘空间、屏幕分辨率 1024×768、52 倍速以上光驱、安装 Windows XP 操作系统的电脑中运行效果最佳。

目 录 Contents

Study

CHAPTER

【第 1 章】

Internet 基础知识

内容导读

1. 本章需要了解的概念：

   Internet　ADSL　ISDN

2. 本章需要掌握的操作：

   建立拨号连接、建立 ADSL 连接

3. 本章需要提高的内容：

   共享 ADSL 连接

01

1.1 Internet 入门

Internet 已经走进了人们的生活和工作，通过 Internet 你很容易找到自己需要的东西。作为上网新手的你，网络中的东西可能是陌生的，下面首先让我们来了解一些 Internet 知识吧！

Internet 不仅是现代人类的热门话题，更是现代人的生活方式，究竟什么是 Internet 呢？

学生："Internet 是写报告、找资料的最佳来源！"

商人："Internet 是蕴藏无限商机的明日之星！"

股民："Internet 是比其他方法更快速、更及时的股市买卖平台！"

玩家："Internet 是由同轴缆线、光纤、电话线等通信媒体所连接在一起的网络！"

相隔两地的情人："Internet 是速度极快的邮递员！"

懒得到百货公司的购物族："Internet 是一家百货商场，可以从中买到各式各样的商品！"

交友："Internet 是打发时间的好去处，我可以在上面找到志同道合的朋友聊天或玩游戏。"

崇拜偶像的追星族："Internet 是集结众家明星的地方，我不但可以拿到偶像的照片，还可以写信给他！"

1.1.1 什么是 Internet

"Internet"一词是"Interconnect"与"Network"两个词的合称，其本意是网间网、互联网的意思，它是由多个网络相互连接而成的超大型网络。作为世界上最大的计算机网络，Internet 可以把世界各地的计算机或物理网络连接在一起，按照一种称为"TCP/IP"的协议进行数据传输，而不管这些网络的类型是否相同、规模是否一样以及距离的远近。只要进入 Internet，人们就可以利用其中各个网络和计算机上难以计数的资源，同世界各地的朋友自由通信和交换信息。

Internet 起源于美国，在 20 世纪 90 年代之前一直是一个为军事、科研服务的网络。1968 年开始研制用于军事研究和通信的计算机实验网 ARPANET。随着 TCP/IP 协议的标准化，ARPANET 的规模不断扩大，不仅在美国国内有很多网络和 ARPANET 相连，而且世界上很多国家通过远程通信，将本地的计算机和网络接入 ARPANET，并采用相同的 TCP/IP 通信协议。后来，这种用 TCP/IP 协议互联的网络规模迅速扩大，成为世界上最大的互联网——Internet。

1994 年 4 月 20 日，NCFC（中国国家计算机与网络设施）工程通过美国 Sprint 公司连入 Internet 的 64k 国际专线开通，实现了与 Internet 的全功能连接。从此我国被国际上正式承认为可连入 Internet 的国家。

你	问
我	答

什么是 TCP/IP 协议？

TCP/IP 是用于计算机通信的一组协议，是用来连接计算机和计算机网络的 100 多个协议的总称。TCP（Transport Control Protocol）是传输控制协议，提供可靠的数据传输。IP（Internet Protocol）是网际协议，它为 TCP/IP 中的其他所有协议提供基本的数据包传输功能。

1.1.2 Internet 的用途

随着 Internet 的不断发展，为用户提供的服务也在不断地多样化。

使用 Internet 的时候，你只需坐在电脑前按动键盘和鼠标，就可将天下大事尽收眼底：可以通过电子商务在线购买你喜欢的商品；可以了解当前世界上各种各样的信息，包括在线查阅资料，下载软件，接收、发布信息；可以通过电子邮件、IP 电话、ICQ 等服务与世界各地的好友交流；可以通过 ICQ 在浩如烟海的人群中找到你的朋友；也可以通过 Internet 畅谈世界；可以通过网络毛遂自荐，找到更适合的工作；可以足不出户地订阅飞机票、火车票、存/取款；可以在无穷无尽的资源中充实自己，学习需要了解的东西，把不懂的问题发给专家以求得解答；可以创办自己的网站、邮件列表，自己做一回主编，通过网络发布自己的见解，或与好友共享快乐；可以以几乎零成本的方式发布广告；可以在线寻医问药，实现远程医疗；可以进行远程会议等。

1.2 了解上网的方式

在上网之前，了解上网的方式是十分必要的，因为这不但帮助你了解网络，而且还能帮助你选择到适合自己的上网方式。下面给大家简单介绍一下。

上网接入 Internet 的方式主要分为宽带和窄带两种，窄带主要是指拨号上网、ISDN 等速度比较慢的网络连接方式；而宽带的范围比较广，其中包含了 ADSL、光纤接入等等。除此以外，目前还有通过手机上网的方式。用户可以根据自身的情况，选择不同的上网方式。

1. 拨号上网

拨号上网是家庭上网的一种主要方式，它通过调制解调器（Modem）拨号接入 Internet。这种接入方式只需要用户购买一个调制解调器，如图 1-1 所示。此外，用户还需要安装有固定电话，拥有一个 ISP（网络服务提供商）提供的账号。Modem 是用户利用计算机在电话线上接收和发送信息的必要设备。在用户的电脑中安装好 Modem 后，并与电话线连接，在操作系统中建立一个拨号连接后，即可进入 Internet 世界。

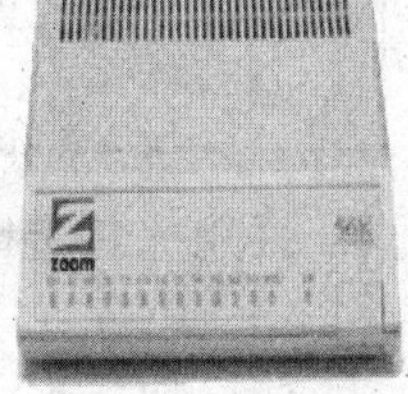

图 1-1 Modem

2. 使用 ISDN 上网

ISDN 是 Integrated Service Digital Network 的缩写，中文意思是窄带综合业务数字网，俗称“一线通”。这种接入 Internet 方式的特点是：多业务性，即可实现电话、传真、可视图文、可视电话等多种业务；数字化，即提供端到端的数字连接，终端到终端间完全实现数字化，信息交换质量较高；使用方便性，即只需一个入网接口，使用一个统一号码，用户在这个接口上可链接不同种类的多个终端。如图 1-2 所示为一款 ISDN 设备。

图 1-2　ISDN 设备

3. 使用 ADSL 上网

ADSL 英文全称为 Asymmetric Digital Subscriber Line，即非对称数字用户线。ADSL 技术是一种在普通电话线上高速传输数据的技术，它使用了电话线中一直没有被使用过的频率，所以可以突破调制解调器的 56kbps 速度的极限。ADSL 支持 1.5～8Mbps 的下行数据传输速率（带宽）和 16～640kbps 的上行数据带宽。ADSL 技术的主要特点是可以充分利用现有的电话网络，在线路两端加装 ADSL 设备即可为用户提供高速宽带服务。ADSL 的另外一个优点是它可以与普通电话共存于一条电话线上，在一条普通电话线上接听、拨打电话的同时进行 ADSL 传输而又互不影响。在现有电话线上安装 ADSL，只需一台 ADSL 终端设备（或称 ADSL Modem）和一只电话分离器，用户线路不用改动，极其方便。由于 ADSL 的速度很快，ADSL 终端与计算机间的连接不能使用串行口和并行口，用户需要购买一块网卡装到计算机上，再与 ADSL 终端相连。

你问我答

ISDN 能否改装成 ADSL？

暂时还不能，用户必须先将 ISDN 改装成普通电话线路再进行 ADSL 接入。

> **01 小 测 试**
>
> 调制解调器的英文是（　　）。
>
> A. ISP　　B. Modem　　C. ISDN　　D. DDN

4. 采用光纤上网

使用光纤有线电视线路上网是指通过 Cable Modem（一种接入设备）连入有线电视环线接入 Internet 的一种方式。其下载速率最高可达 6Mbps，上载速率可达 640kbps。用户通过有线电视网络，便可获取高速的 Internet 接入。

5. 用手机通过 WAP 上网

近来 WAP 手机成为人们嘴边的时尚话题。WAP 是在数字移动电话、因特网、计算机及其他个人数字助理机（PDA）之间进行通信的开放的标准。它由一系列协议组成，用来标准化无线通信设备，可用于 Internet 访问，包括收发电子邮件、访问 WAP 网站上的页面等。WAP 将移动网络和 Internet 以及公司的局域网紧密地联系起来，提供一种与网络运行商和终端设备独立的移动增值业务。通过这种技术，无论你在何时、何地，只要打开 WAP 手机，就能享受网上资源。

你问我答

什么是 WAP？

WAP 是 Wireless Application Protocol 的缩写，中文意思是无线应用协议。WAP 融合了计算机、网络和电信领域的新技术，能够为移动电话用户提供上网服务。

1.3 拨号上网的方法

拨号上网是一种常用的上网方式，下面将详细介绍拨号上网的使用方法。

1.3.1 安装调制解调器硬件设备

调制解调器分为内置式和外置式两种：内置式调制解调器需插入到电脑主板的 PCI 插槽中；外置式调制解调器放在机箱的外面，通过线缆与电脑相连。

1. 内置式调制解调器的安装

01 在关机状态下打开机箱，将内置式调制解调器插到电脑的相应扩展槽中并固定好，然后关上机箱。

02 将连接到 ISP 一端的电话线插到内置式调制解调器的 Line 端口。

03 将连接话机的电话线插到内置式调制解调器的 Phone 端口。

2. 外置式调制解调器的安装

01 在关机状态下，将调制解调器和电脑的串口连接起来。

02 将连接到电信局一端的电话线插到外置式调制解调器的 Line 端口。

03 将连接话机的电话线插到外置式调制解调器的 Phone 端口。

04 连接调制解调器的电源线。

05 接通电源后，调制解调器即可正常运行。

1.3.2 安装调制解调器驱动程序

连接好调制解调器后，还必须安装相应的设备驱动程序。只有安装了驱动程序，调制解调器才能被系统识别。为调制解调器安装驱动程序的步骤如图 1-3～图 1-9 所示。

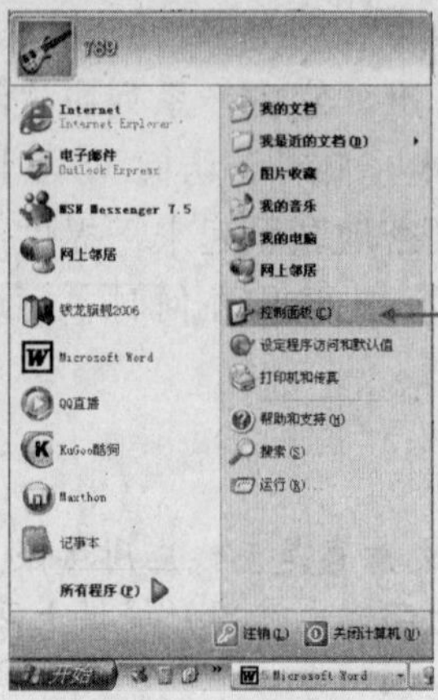

01 单击 “开始\控制面板”命令

图 1-3 “开始”菜单

02 单击 “控制面板”窗口到经典视图模式

03 双击 “电话和调制解调器选项”图标

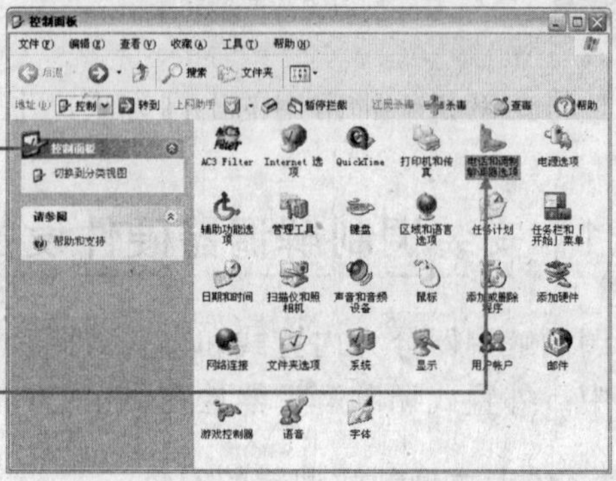

图 1-4 “控制面板”经典视图模式窗口

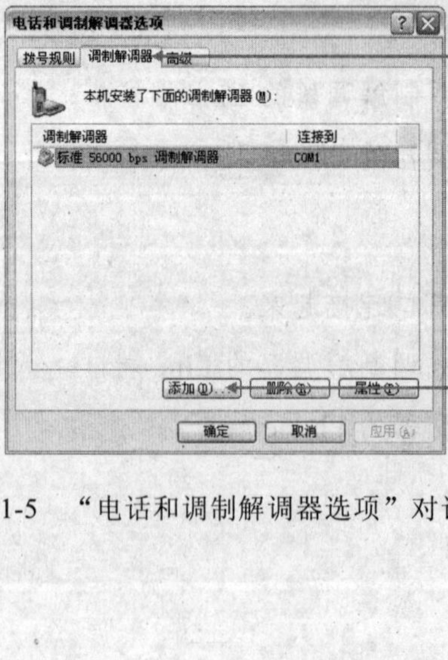

04 单击 “调制解调器”选项卡

05 单击 “添加”按钮

图 1-5 “电话和调制解调器选项”对话框

06 勾选 “不要检测我的调制解调器，我将从列表中选择”复选框

07 单击 “下一步”按钮

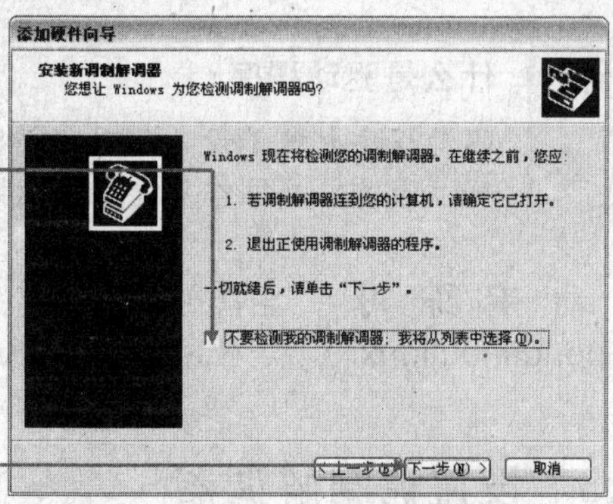

图 1-6 “添加硬件向导”对话框

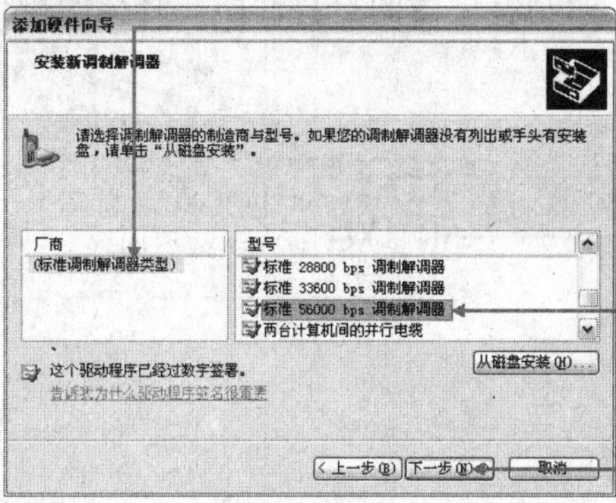

图 1-7 “安装新调制解调器”对话框

08 选择 调制解调器的生产厂商

09 选择 正确的驱动程序

10 单击 “下一步”按钮

11 点选 安装调制解调器端口

12 单击 “下一步”按钮

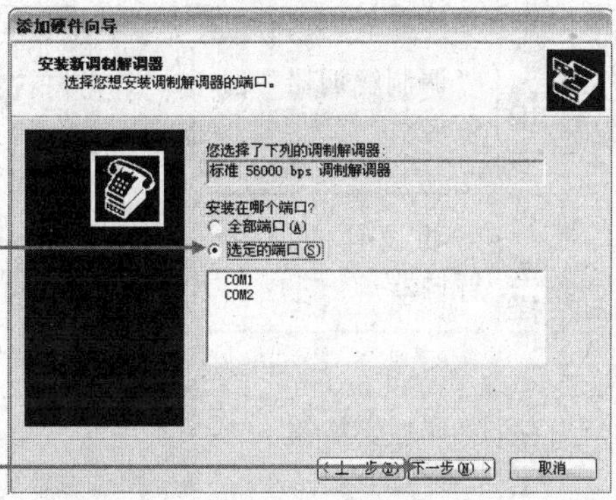

图 1-8 端口设置

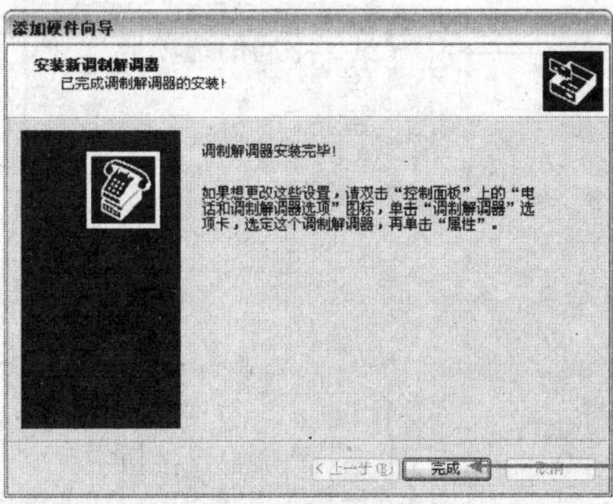

图 1-9 完成驱动程序安装

13 单击 “完成”按钮

你问我答

什么是驱动程序？

驱动程序也就是设备驱动程序，是一段能让电脑与各种硬件设备通话的程序代码，通过它，操作系统才能控制电脑上的硬件设备。

动手练习 dongshoulianxi 在自己的电脑中，如果已经安装了 Modem 硬件设备，请为其安装一个与之匹配的 Modem 驱动程序。

1.3.3 设置调制解调器

通过对调制解调器的设置，可以更好地发挥调制解调器的自身性能。具体的操作方法如图 1-10～图 1-12 所示。

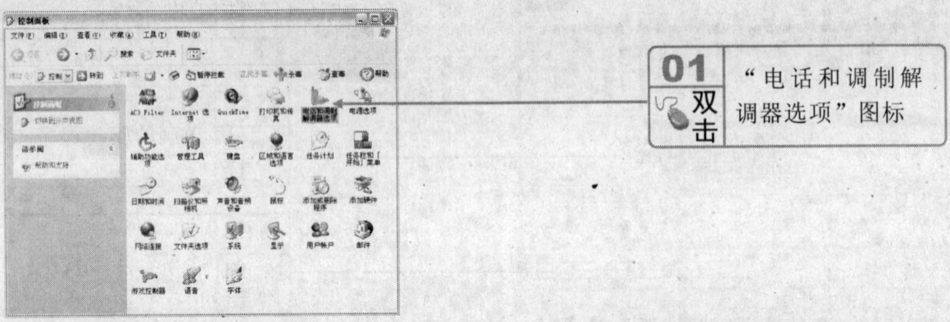

图 1-10　控制面板

图 1-11　选择调制解调器

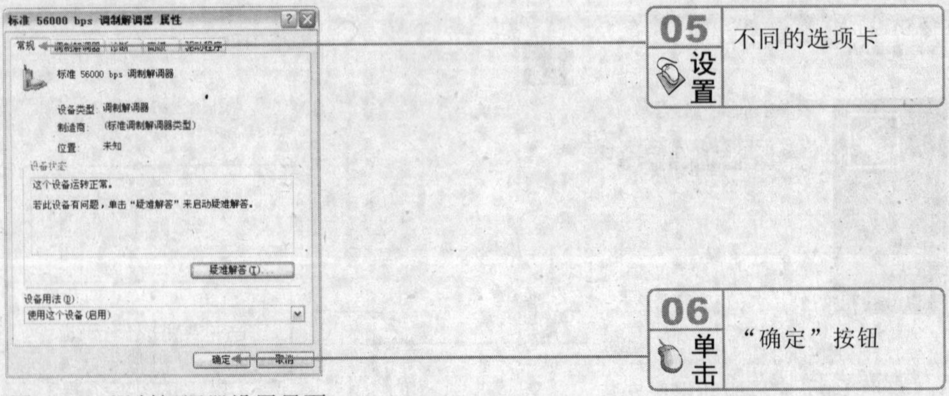

图 1-12　调制解调器设置界面

你	问
我	答

在图 1-12 的不同的选项卡中可以进行怎样的设置？

在不同的选项卡中可以进行如下的设置：

- 在“常规”选项卡中，可以查看到该调制解调器的基本情况，如制造商、位置等。
- 在“调制解调器”选项卡中，用户可以设置拨号音的大小；可以指定程序将数据传输到调制解调器的最大速度；还可以设置是否等待拨号音。
- 在“诊断”选项卡中，可以查看调制解调器支持的 AT 命令。
- 在“高级”选项卡中，用户可以设置调制解调器的初始配置；查阅调制解调器手册、设置接收传输缓冲区的大小、更改默认首选项等。
- 在“驱动程序”选项卡中可以查看驱动程序信息，更新、卸载驱动程序。

1.3.4 如何建立 Internet 连接

用户安装好调制解调器后，要接入 Internet，还需要在电脑中建立 Internet 连接。Windows XP 系统自带的“新建连接向导”功能，可以帮助用户设置 Internet 账户，快捷地连接到 Internet。

利用“新建连接向导”来建立 Internet 连接的具体操作方法如图 1-13～图 1-21 所示。

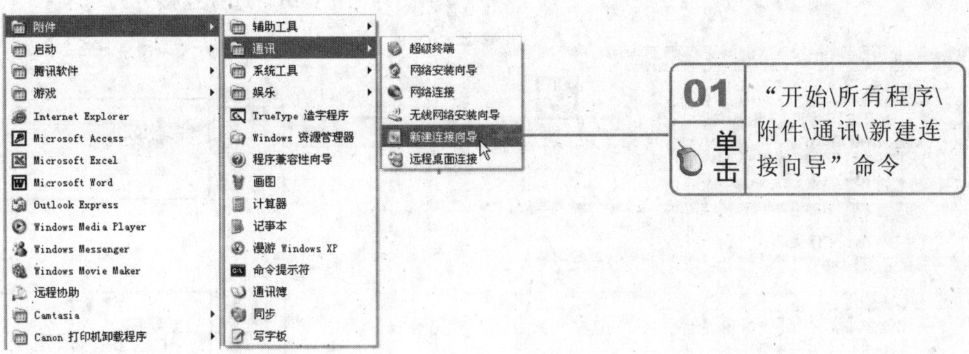

图 1-13 “开始”菜单

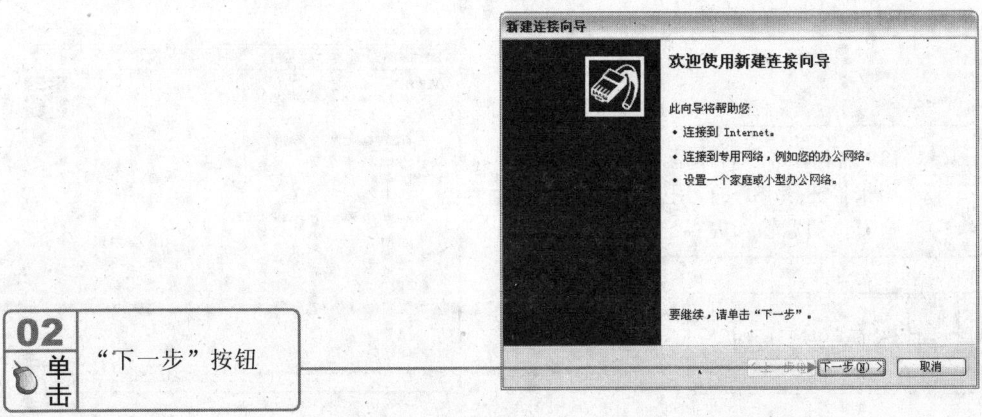

图 1-14 新建连接向导

第 1 章 Internet 基础知识

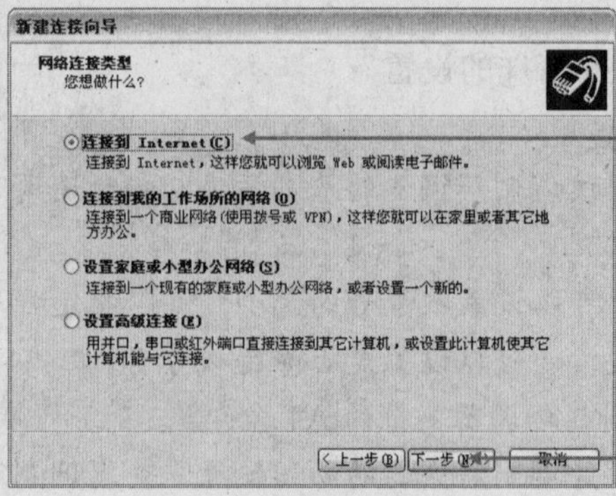

03 勾选 “连接到 Internet”选项

04 单击 “下一步”按钮

图 1-15　网络连接类型

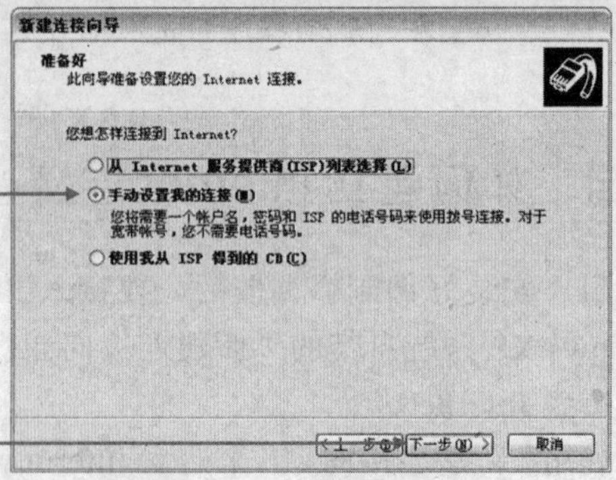

05 勾选 “手动设置我的连接”选项

06 单击 “下一步”按钮

图 1-16　选择连接方式

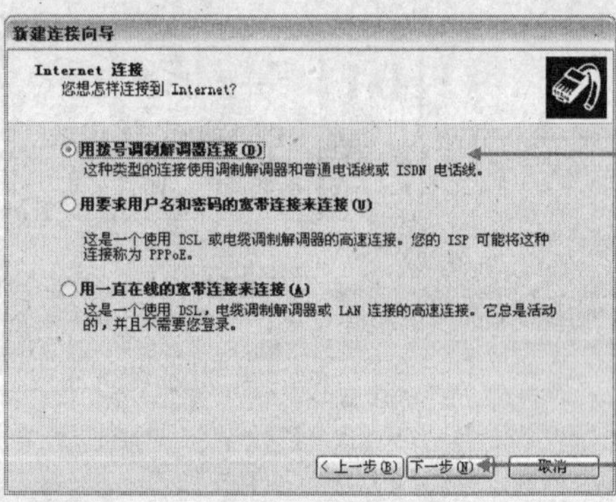

07 选择 合适的连接方式

08 单击 “下一步”按钮

图 1-17　选择连接方式

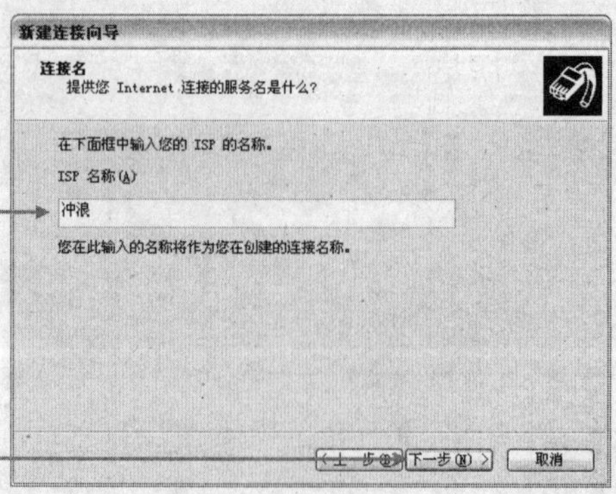

09 输入 ISP 名称，这个名称是用来描述该 ISP 的，用户可以随意输入内容

10 单击 “下一步”按钮

图 1-18　连接名称

图 1-19　输入电话号码

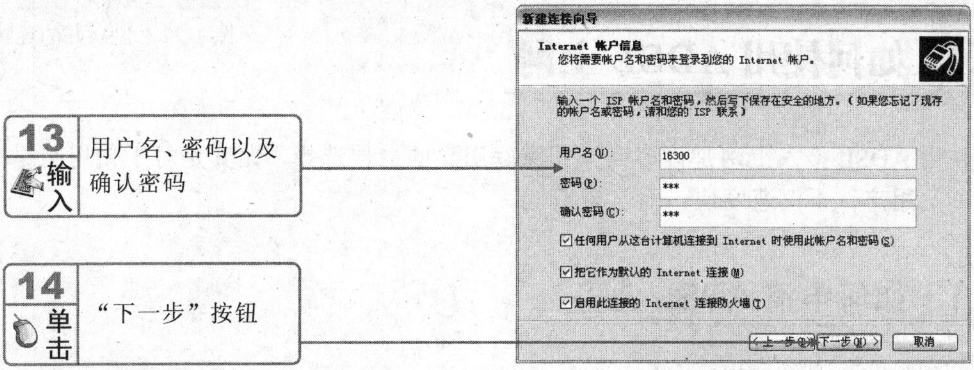

图 1-20　输入用户名和密码

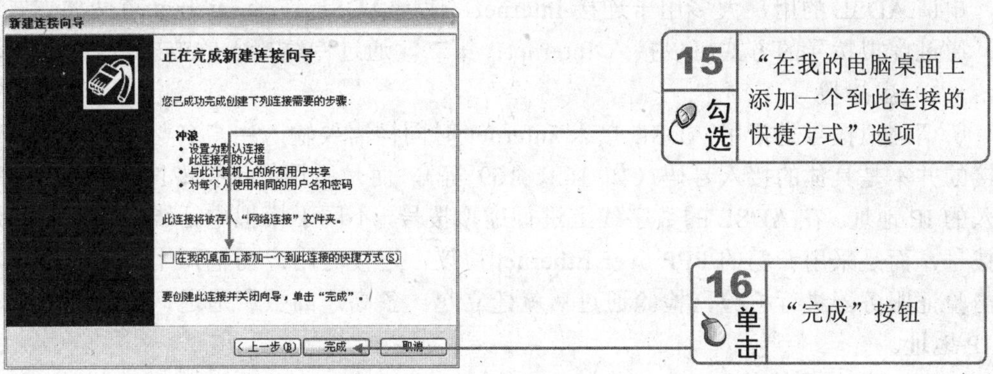

图 1-21　完成连接

你问我答

在图 1-17 中怎样选择连接方式？

如果用户是使用电话线拨号上网（或 ISDN 账户），选择第一个选项，即“用拨号调制解调器连接”；如果使用宽带上网，则选择第二个选项，即“用要求用户名和密码的宽带连接来连接”。

1.3.5 拨号上网接入 Internet

在完成了以上的步骤后，桌面上会出现一个“拨号连接”的快捷图标，双击它后，会打开“连接”对话框，如图 1-22 所示。该对话框的“用户名”和“拨号”文本框中已有了默认的数值（就是建立 Internet 连接时设置的值），在“密码”文本框中输入从 ISP 处获取的上网密码，单击“拨号”按钮，系统开始进行拨号并弹出“正在连接”提示窗口。此时，若启用了调制解调器的扬声器，则会发出沙哑的拨号声。在任务栏的系统托盘区出现连接状态图标，表示拨号成功。

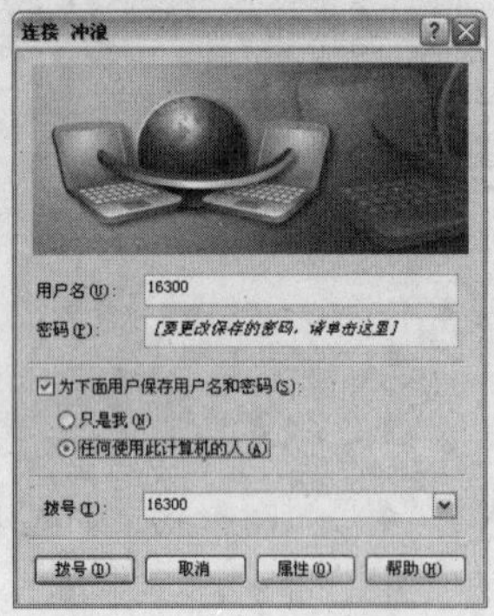

图 1-22 建立好的连接

1.4 如何使用 ADSL 上网

使用 ADSL 接入上网是许多商家和家庭用户的最佳选择，尤其是对于使用网络频率非常高的用户。不仅速度快，而且资费低。

1.4.1 如何申请 ADSL 业务

1. 选择 ADSL 上网的连接方式

申请 ADSL 的用户大多用于连接 Internet，使用 ADSL 连接 Internet 有两种方式：第一，通过虚拟拨号的方式可以接入 Internet；第二，通过专线接入的方式连接 Internet。

（1）虚拟拨号

所谓虚拟拨号是指用 ADSL 接入 Internet 时同样需要输入用户名与密码，但 ADSL 连接的并不是具体的接入号码（如 163、169 等），而是所谓的虚拟专网 VPN 的 ADSL 接入的 IP 地址。在 ADSL 的数字线上进行虚拟拨号，不同于模拟电话线上用调制解调器的拨号，而是采用专门的 PPP over Ethernet 协议，连接时用户需输入用户名与密码，直接由验证服务器进行检验，检验通过后就建立起一条高速的数字通道，并分配一个动态的 IP 地址。

（2）ADSL 专线接入

ADSL 专线接入是采用一种类似于专线的接入方式。用户连接好硬件设备并配置好 ADSL 调制解调器后，先在自己的电脑上设置好相应的 TCP/IP 协议及网络参数（IP 地址、子网掩码及网关等都是由电信局事先分配好的），开机后，即可自动连接到 ADSL 网。因为其有固定的 IP 地址并且能自动连接，这非常类似于专线接入的方式，所以称其为 ADSL 专线接入。

2. 申请 ADSL 的方法

在全面了解申请 ADSL 的所有注意事项后，即可申请 ADSL 了。一般申请 ADSL 可以通过两条途径实现：第一，携带有效证件（个人用户携带电话机主身份证，单位用户携带公章)，直接到受理 ADSL 业务的当地电信局申请；第二，登录当地电信局推出的办理 ADSL 业务的网站进行在线申请。下面来介绍这两种申请方法的详细过程。

（1）到电信局申请

到电信局申请 ADSL 线路，个人用户需携带电话机主身份证及经办人身份证；单位用户凭经办人身份证复印件和单位证明各一份，到电信营业厅找到办理 ADSL 业务的窗口，并向业务受理人员说明来意。

如果电信局的 ADSL 业务处于正常营业状态，受理员会提供给一份《网络快车（ADSL）用户申请表》和一份《CHINANET 用户入网责任书》。填写好表后，个人用户需要签名，单位用户则需要加盖电话所属单位的公章。

做好以上各项工作后，电信局会尽快电话联系用户，预约上门安装时间。安装完成后，用户还需同电信局签订《ADSL 宽带上网接入服务协议书》，并在《ADSL 用户装机单》上签名或盖章。

（2）在线申请

如果用户所在地开通了 ADSL 的在线申请业务，就可以不用去邮局而是直接上网登记申请，在线申请的方式与步骤根据网站的不同会有所区别，但具体方式在网页上都有详细的说明。

1.4.2 如何安装 ADSL 设备

使用 ADSL 上网同其他上网方式一样，也需要一些专用的硬件设备。下面将详细介绍这些硬件设备及其连接方式。

1. 安装网卡

网卡有 PCI 接口和 ISA 接口，买回网卡后首先要将其插入主板上相应的插槽内，然后再安装上相应的驱动程序才能正常工作，下面是连接 PCI 接口网卡的简单操作。

01 打开主机箱，将网卡对准主板上的可用 PCI 插槽，用力平衡地按下去，如图 1-23 所示。

02 拧紧螺丝以固定网卡，然后再盖上机箱并固定即可。

安装好后观察一下机箱的后面，如图 1-24 所示。

图 1-23　安装网卡

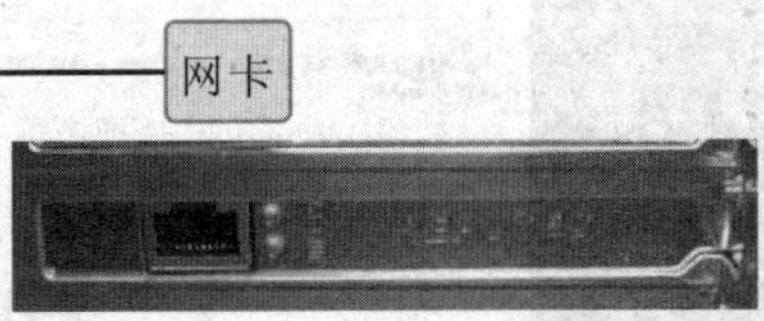

图 1-24　机箱背面的网线插座

2. 安装 ADSL 设备

安装好网卡，并准备好 ADSL 信号分离器、ADSL 调制解调器、一根两端都有 RJ45 水晶头的五类交叉双绞线以及两根两端接好 RJ11 头的电话线（用来连接分离器和 ADSL 调制解调器的为 M 线；另一根用来连接分离器和电话机的为 P 线）后，就可以连接这些设备了，操作很简单。

01 将电话线从电话机上拔下来，并插接到 ADSL 分离器上标有 LINE 字样的接口上。

02 将 M 线一端插接到分离器上标有 Modem 字样的接口上；将 P 线一端插接到分离器上标有 Phone 字样的接口上。

03 将 Phone 线的另一端插接到电话上。

04 将已插接到分离器 M 线的另一端插接到 ADSL 调制解调器上标有 Phone 字样的接口上。

05 将带有水晶头的五类双绞线的一端插接到 ADSL 调制解调器上标有 ENET 字样的接口上。

06 将购买 ADSL 调制解调器时附带的电源插接到 ADSL 调制解调器的电源插孔中。

07 将已插接到 ADSL 调制解调器上的双绞线的另一端，插接到网卡接口上（网卡已经安装到主机箱内），至此 ADSL 硬件设备的连接便彻底完成了。

1.4.3 安装网卡驱动程序

实现 ADSL 上网，还必须安装必要的软件。安装网卡的驱动程序是必须也是唯一的一个安装软件。

网卡同其他电脑硬件一样，只要安装到主板上，在启动电脑时，操作系统就会发现添加了新硬件并自动为其安装驱动程序。如果系统发现了网卡而没有找到相应的驱动程序，就会弹出“添加新硬件向导”对话框，此时只需将购买网卡时附带的驱动程序光盘或软盘插入相应的驱动器内，并按照向导的提示一步一步地操作，即可轻松地安装好网卡的驱动程序。

安装网卡驱动程序的具体步骤如图 1-25～图 1-27 所示。

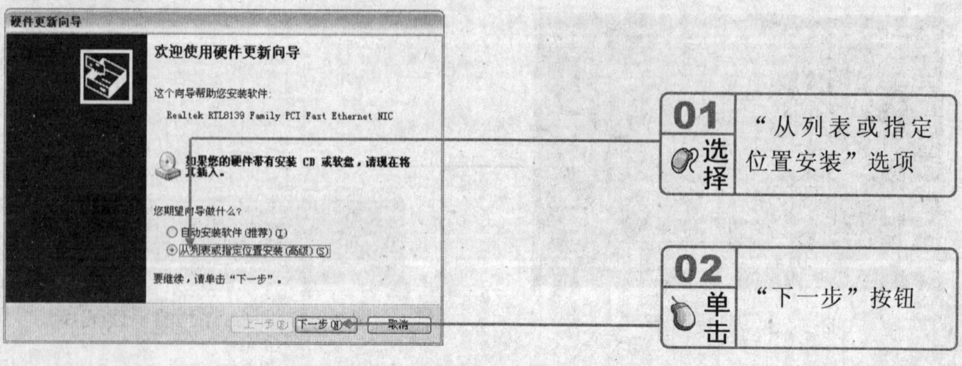

图 1-25　硬件更新向导

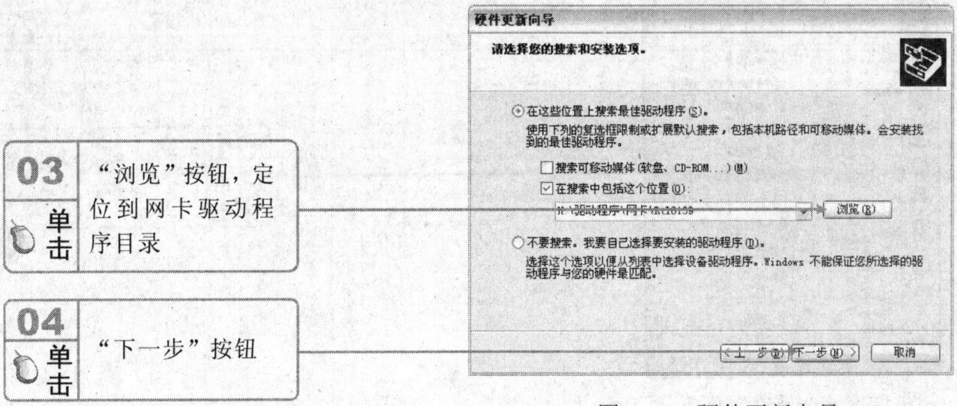

图 1-26　硬件更新向导

图 1-27　安装驱动程序

小　测　试

准备将电脑与 Internet 连接之前，先要确定电脑中安装有（　　）。

A. 声卡　　B. 网卡　　C. 键盘　　D. 鼠标

动 手 练 习 dongshoulianxi　在自己的电脑中，如果已经安装了网卡，请为其安装网卡驱动程序。

1.4.4 在 Windows XP 中建立连接

Windows XP 改良的网络功能，为建立各种网络连接提供了一个建立连接向导。只要打开“网上邻居”窗口，在窗口中单击“创建一个新的连接”选项，然后按照提示一步步进行操作，便能够很轻松地完成 ADSL 上网的相关设置。

在 Windows XP 中建立连接的具体操作步骤如图 1-28～图 1-36 所示。

图 1-28 “开始”菜单

01 单击 “开始\网上邻居”命令

02 单击 创建一个新的连接

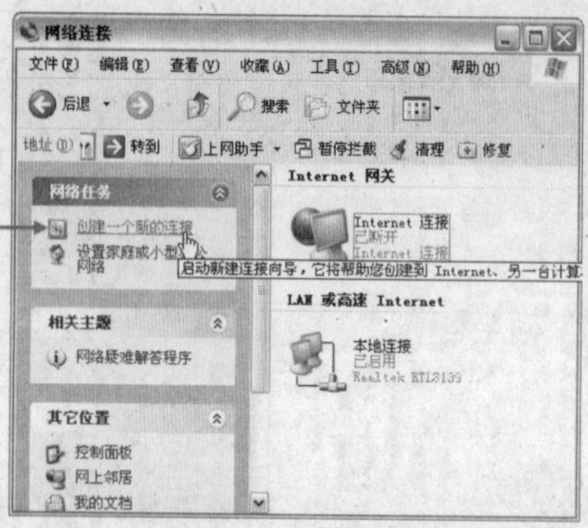

图 1-29 “网络连接”窗口

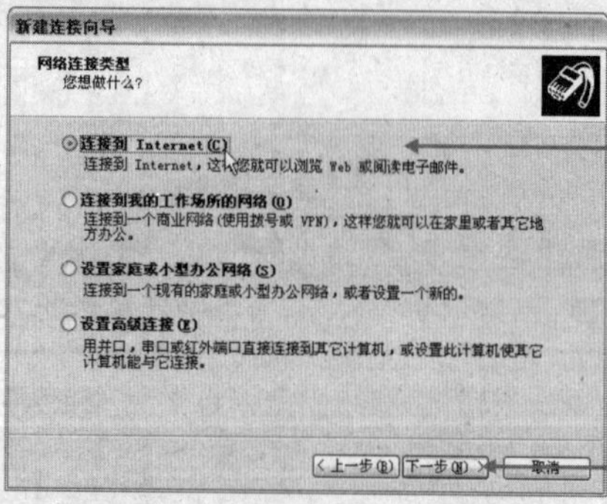

图 1-30 选择网络连接类型

03 选择 “连接到 Internet”选项

04 单击 “下一步”按钮

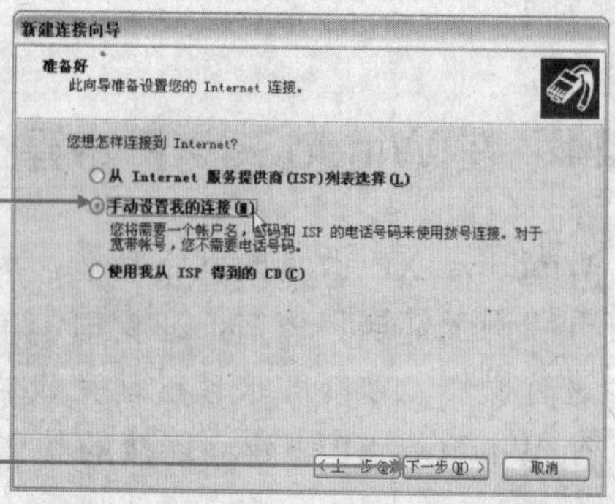

图 1-31 “准备好”对话框

05 选择 “手动设置我的连接”选项

06 单击 “下一步”按钮

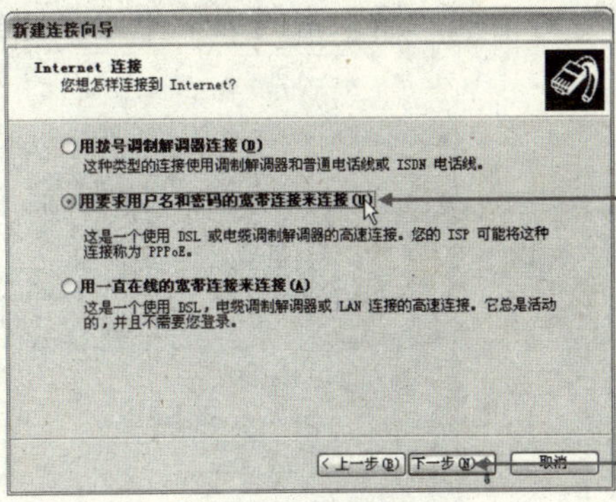

07 选择 “用要求用户名和密码的宽带连接来连接”选项

08 单击 “下一步”按钮

图 1-32 “Internet 连接”对话框

09 输入 ADSL 连接的名称

10 单击 “下一步”按钮

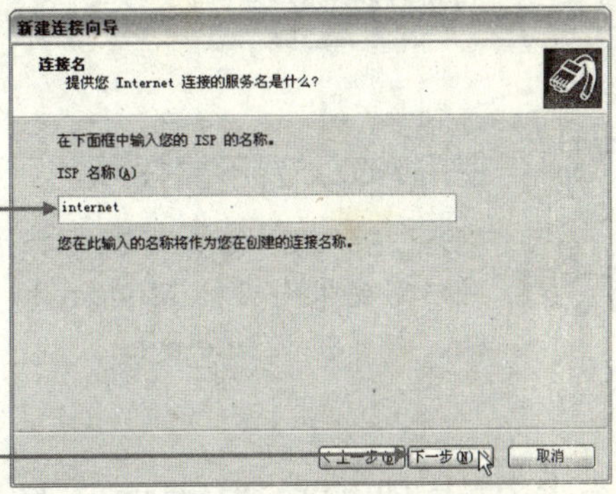

图 1-33 “连接名”对话框

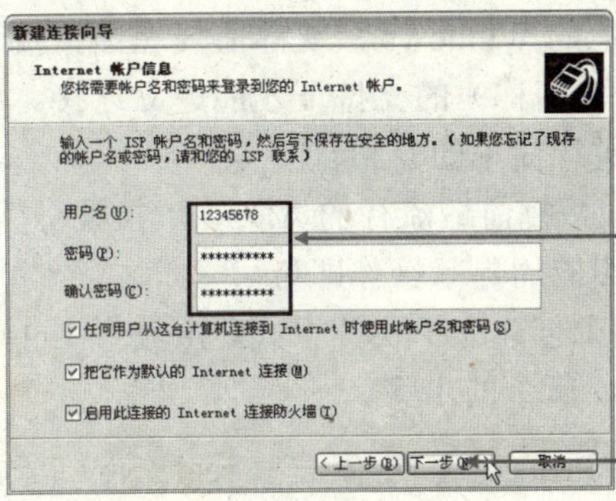

11 输入 申请 ADSL 时得到的用户名和密码

12 单击 “下一步”按钮

图 1-34 “账户信息”对话框

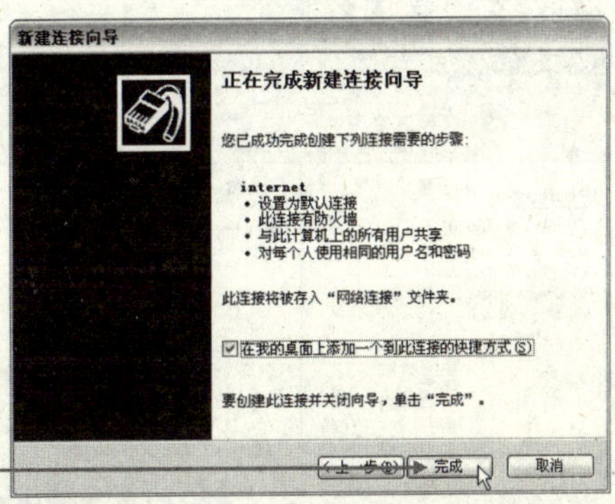

13 单击 “完成”按钮

图 1-35 “新建连接向导”对话框

此时，双击桌面上的连接图标，打开“连接”对话框，输入密码后，单击“连接”按钮，就可以实现 ADSL 上网了。

14 单击 “连接”按钮，即可进行拨号连接

图 1-36 “连接”对话框

你问我答

使用 ADSL 要不要拨号？

ADSL 接入 Internet 有虚拟拨号和专线接入两种方式。如果采用虚拟拨号方式，用户需要采用类似 Modem 和 ISDN 的拨号程序；采用专线接入的用户，只要开机，即可接入 Internet。

1.4.5 用虚拟拨号程序建立连接

除了 Windows XP 自带的拨号程序以外，其他的 Windows 系统都需要在虚拟拨号程序（PPPoE，Point-to-Point Protocol over Ethernet 的简称）的支持下才能建立连接。下面对目前最常用的虚拟拨号程序——EnterNet 500 进行简单的介绍。

EnterNet 500 由 Efficient Networks 公司开发，是目前最流行的 ADSL 虚拟拨号软件。EnterNet 500 的安装过程非常简单，只需要按照相应的提示操作即可。

完成 EnterNet 500 的安装后，会自动在桌面上创建一个快捷方式。要使用 EnterNet 500 创建 Internet 连接，请执行如图 1-37～图 1-46 所示的步骤。

01 双击桌面上的 EnterNet 500 图标，打开“Profile”窗口。双击“Create New Profile”图标，开始设置连接。在弹出的“Connection Name”对话框中，输入所要建立连接的名称。

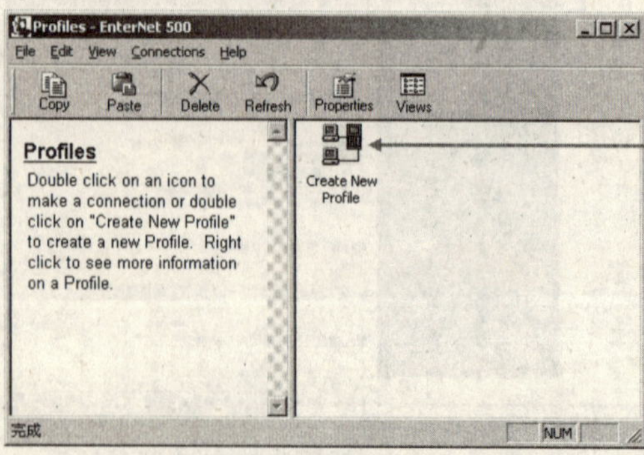

02 双击 “Create New Profile”图标

图 1-37 Profile 窗口

03 输入 所要建立连接的名称

04 单击 “下一步”按钮

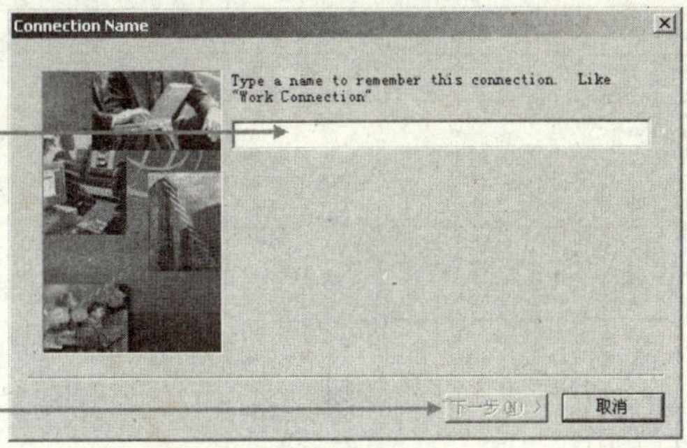

图 1-38　输入连接名称

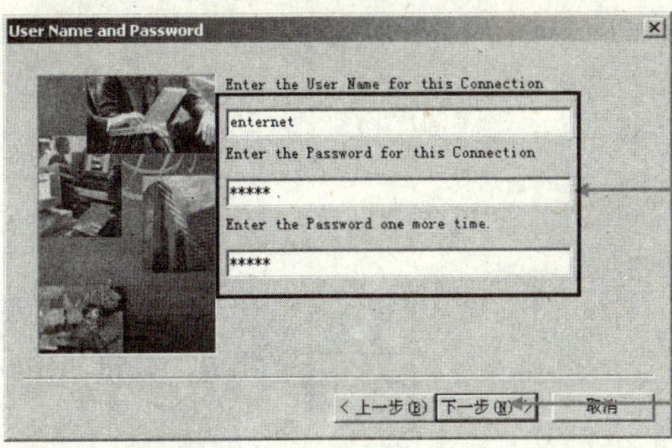

05 输入 申请ADSL时得到的用户名及密码

06 单击 “下一步”按钮

图 1-39　输入用户名密码

07 选择 与 ADSL 调制解调器相连接的网卡型号

08 单击 “下一步”按钮

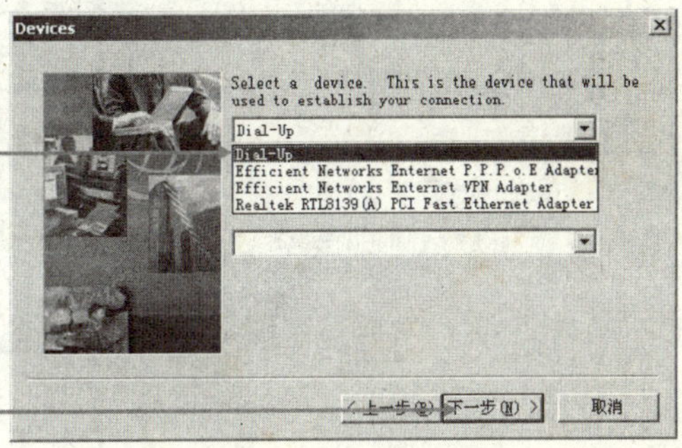

图 1-40　选择网卡型号

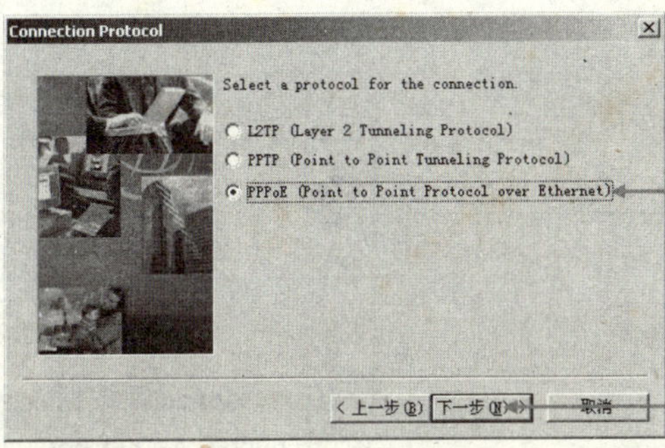

09 选择 该单选项

10 单击 “下一步”按钮

图 1-41　选择连接协议

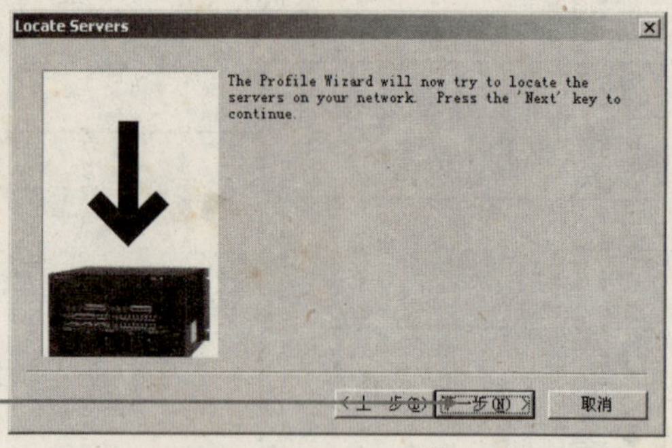

11 单击 “下一步”按钮

图 1-42 创建连接

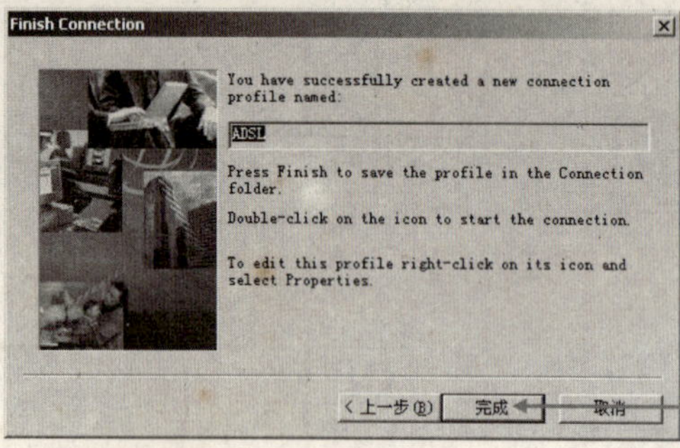

12 单击 “完成”按钮

图 1-43 完成连接

13 双击 “ADSL”图标

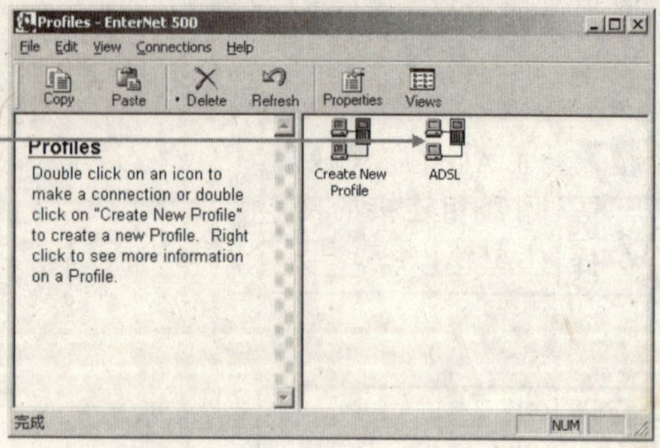

图 1-44 Profiles 窗口

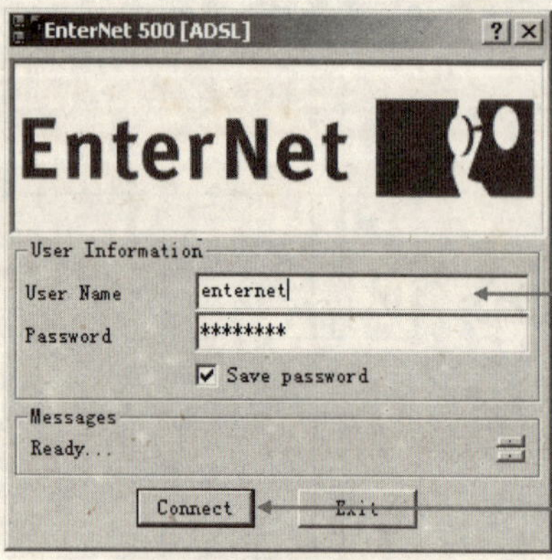

14 输入 用户名和密码

15 单击 “Connect”按钮，开始接入 Internet

图 1-45 连接窗口

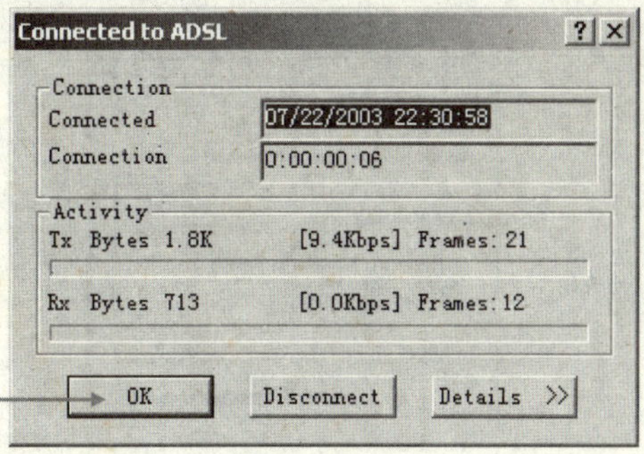

16 单击 “OK”按钮

图 1-46　连接成功

你问我答

什么是虚拟拨号？

虚拟拨号是指用 ADSL 接入 Internet 时同样需要输入用户名与密码，但 ADSL 连接的并不是具体的接入号码（如 163、169 等），而是所谓的虚拟专网 VPN 的 ADSL 接入的 IP 地址。

融会贯通——共享 ADSL 连接

在许多家庭或者办公的局域网中，都会使用共享宽带来上网。这样在宽带运营商允许的条件下，就会节约上网的成本，而且也相当方便。使用 Windows XP 操作系统，能够轻松实现共享接入 ADSL。操作的具体步骤如下。

01 在准备作为服务器的电脑上创建连接，并打开该连接的“属性”对话框，切换到“高级”选项卡。

02 选择“允许其他网络用户通过此电脑的 Internet 连接来连接”复选框，单击“确定”按钮。系统会提示本地 IP 地址将更改为 192.168.0.1，如图 1-48 所示。单击“是”按钮，此时作为服务器端的电脑 IP 地址被设置为 192.168.0.1。

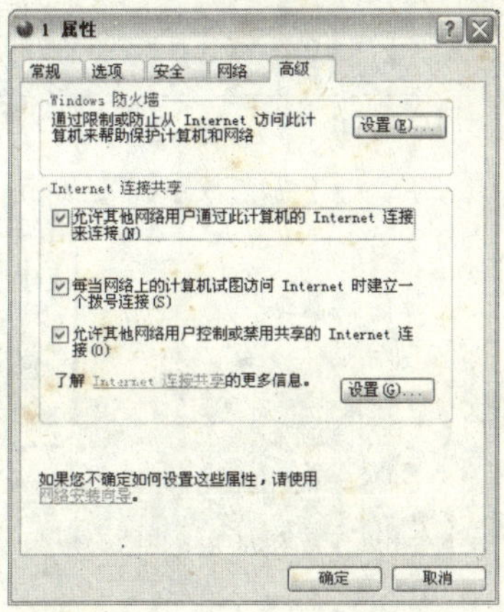

图 1-47　“属性”对话框

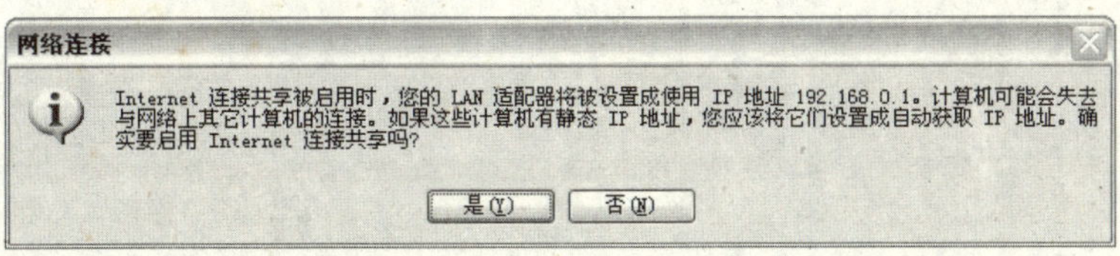

图 1-48　网络连接提示

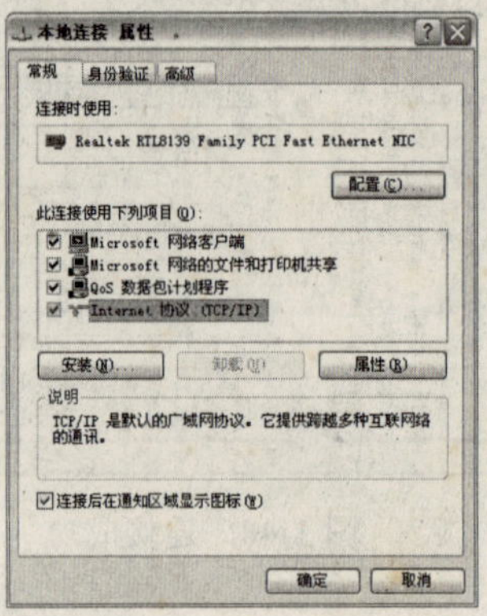

图 1-49 “本地连接属性”对话框

03 在其他电脑中，执行“开始\连接到\打开所有连接”命令，打开“网络连接”窗口后右键单击“本地连接”，选择“属性”命令，在打开的对话框中选择“Internet 协议（TCP/IP）”，并单击“属性”按钮，如图 1-49 所示。

04 将 IP 地址设为 192.168.0.*（*在 2~255 之间），子网掩码设置为 255.255.255.0，默认网关设置为 192.168.0.1，DNS 设置与服务器电脑相同，如图 1-50 所示。客户端电脑就可以通过服务器电脑共享 Internet。完成后单击“确定”按钮即可。

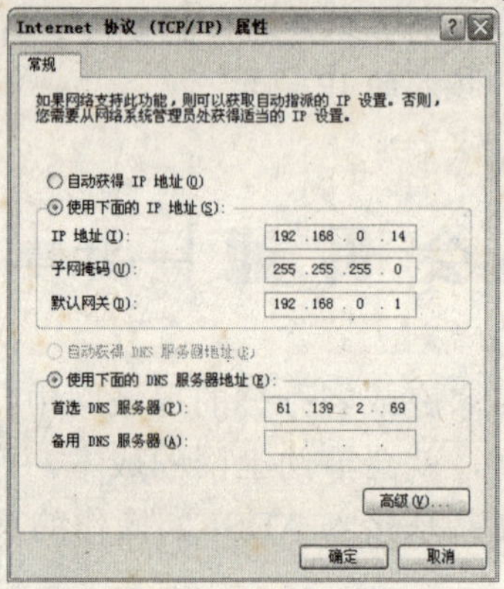

图 1-50 设置 IP 地址

小测试答案 ●●●●● （请翻转阅读答案）

1. B 2. B

Study

CHAPTER

【第 2 章】

IE 浏览器

内容导读

1．本章需要了解的概念：

IE 浏览器

2．本章需要掌握的操作：

浏览网页、保存网页上的资料、IE 的基础设置、使用收藏夹

3．本章需要提高的内容：

为 IE 设置分级审查

02

2.1 IE 浏览器的使用

大家上网的时候，必须通过浏览器去访问 Internet 信息。Windows 自带的 IE 浏览器（Internet Explorer）是使用最为广泛的一种浏览器，这里给大家简单介绍一下。

2.1.1 认识 Internet Explorer 浏览器

Internet Explorer 是由微软公司开发的基于超文本传输技术的浏览器（简称“IE”），并捆绑在所有发售的 Windows 系统中。经过不断的推陈出新，Internet Explorer 已发展到了 7.0 版本。

无论是搜索新信息还是浏览你喜爱的站点，Internet Explorer 都可以让你从 WWW 上获得丰富信息。其内置的 IntelliSense 技术在完成常规的 Web 任务时能节省时间，例如自动完成 Web 地址和表单，以及自动检测网络和连接状态。

1．启动 IE 浏览器

用户要启动 Internet Explorer，可以通过以下方法来实现：

- 如果桌面上有 Internet Explorer 的图标，则双击该图标。
- 如果任务栏的快速启动区域中有 Internet Explorer 小图标，则单击该图标，如图 2-1 所示。

图 2-1　任务栏显示

- 执行“开始\Internet Explorer”命令，打开浏览器窗口，这样就可以浏览网页中的信息了，如图 2-2 所示。

图 2-2　IE 浏览器窗口

2. 认识 IE 浏览器的界面

要使用 Internet Explorer 进行上网浏览，首先要认识并了解 Internet Explorer 的窗口组成，这样有利于用户更高效地使用浏览器查看网页。Internet Explorer 的窗口主要由标题栏、菜单栏、工具栏、地址栏、链接栏、网页窗口、状态栏和滚动条组成，如图 2-3 所示。

图 2-3 IE 窗口组成

（1）标题栏：标题栏位于窗口的顶部，其左上角显示了所打开网页的名称，如“微软（中国）有限公司”，标题栏右边是窗口控制按钮，用来控制窗口的大小和关闭窗口。

（2）菜单栏：Internet Explorer 的菜单栏有“文件”、“编辑”、“查看”、“收藏”、“工具”和“帮助”6 个菜单项，这 6 个菜单项包括了 Internet Explorer 所有的操作命令。用户可以通过这些菜单项，实现保存网页、查找内容、收藏站点、脱机浏览等操作。

（3）工具栏：Internet Explorer 工具栏列出了用户在浏览网页时所需要的最常用的工具按钮，如“后退”、“前进”、“停止”、“刷新”、“主页”、“搜索”、“收藏夹”和“邮件”等。单击工具栏上的按钮可以执行相关操作，如单击“后退”按钮，可以后退到上一次浏览的网页。

（4）地址栏：在工具栏的下方是地址栏，它用来显示用户当前所打开的网页的地址。我们常称地址为网址。在地址栏的文本框中输入网页地址并按下“Enter”键，Internet Explorer 就会打开相应的网页。用户可以通过地址栏的下拉列表，快捷地访问曾经访问过的网页站点。

（5）链接栏：链接栏位于地址栏的右边或下方，Internet Explorer 自带了“Windows”、“Windows Media”、“免费的 Hotmail”和“自定义链接”4 个网页的链接。用户可以通过单击这些链接来直接访问相应的网页，也可以向链接栏添加新的链接，建立该网页的快捷访问方式。

（6）浏览网页的主窗口：浏览网页的主窗口显示的是网页的信息，用户主要通过它来浏览网页。如果网页较大，用户可使用主窗口的垂直滚动条和水平滚动条来进行浏览。

（7）状态栏：Internet Explorer 的状态栏显示了 Internet Explorer 当前状态的信息。用户通过状态栏，可以查看到网页的打开过程。

（8）滚动条：拖动滚动条可以在页面中浏览更多的内容。

2.1.2 其他浏览器简介

在浏览器这个家族中，不仅只有 Internet Explorer，还有许多其他类型的浏览器，下面给大家简单地介绍一下。

1. 腾讯 TT

“腾讯 TT”具有亲切、友好的用户界面。“腾讯 TT”不仅提供了完善的多页面浏览功能，而且还新增了多项人性化的特色功能，如广告过滤、快捷体贴的鼠标手势、最近浏览列表、自动填表功能等，这一切使浏览网页变得更加轻松自如！“腾讯 TT”浏览器如图 2-4 所示。

图 2-4 腾讯 TT

2. 傲游

傲游（Maxthon）是一款基于 IE 内核、多功能、个性化的多页面浏览器，它和 IE 相比，减少了对系统资源的占用率，提高了网上冲浪的效率。

傲游允许在同一窗口内打开任意多页面，而 IE 每打开一个网页就打开一个 IE 窗口，对系统来说，开销更大。默认安装傲游后，会在桌面建立一个快捷方式图标，双击这个图标即可打开傲游的窗口，如图 2-5 所示。

图 2-5 傲游窗口

通过单击傲游的“选项”菜单，在弹出的菜单中选择“广告猎手”可以进行更多的设置，傲游的另一特色就是可在同一窗口打开多个页面。

图 2-6　广告猎手功能

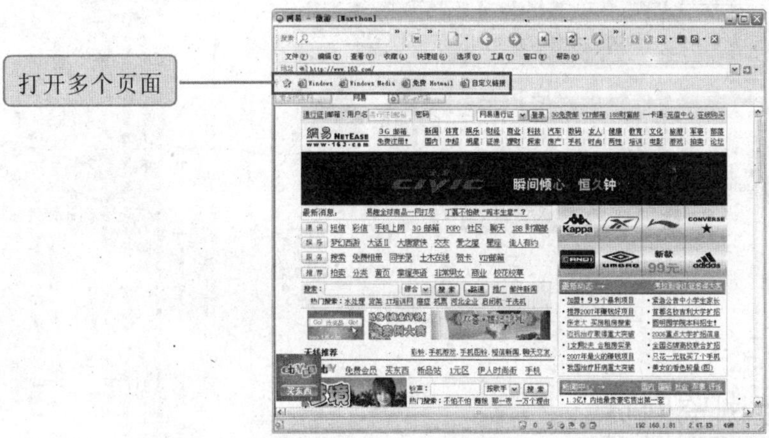

图 2-7　傲游特色

01 小 测 试

当前使用最为广泛的一种浏览器是（　　）。

A. 腾讯 TT　　B. Internet Explorer　　C. MyIE2　　D. Net Captor

2.2 浏览网页

用户要访问的 Web 页站点拥有自己唯一的地址，例如微软中国公司的主页地址 http://www.microsoft.com/china，只需在地址栏中输入此地址即可。以下介绍浏览网页的几种方法及浏览形式。

你问我答

什么是 HTTP？

HTTP 是代表超文本传输协议，即 Hyper Text Transfer- Protocol 的缩写；WWW 是指 World Wide Web，大多数的站点都是以 http://www 作为开头。

2.2.1 通过地址栏浏览网页

用户要访问一个 Web 页站点，需要在地址栏的文本框中输入该 Web 站点的地址，然后按 Enter 键，或单击“转到”按钮即可。

通过地址栏浏览网页的具体操作步骤如下：

01 在桌面上双击 IE 图标，打开 IE 浏览器，如图 2-8 所示。

02 输入 网站的地址，如 http://www.163.com

03 单击 “转到”按钮

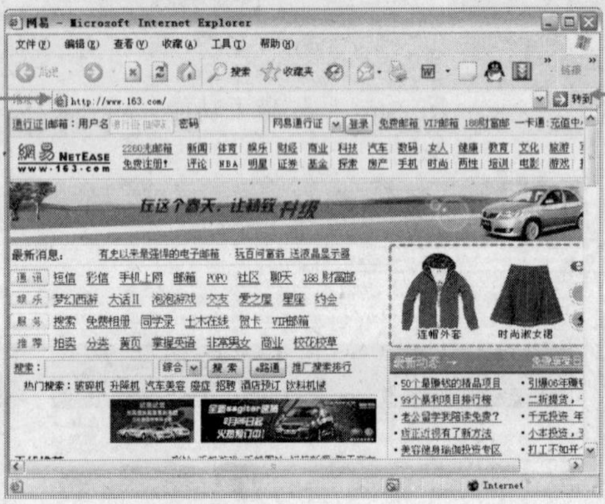

图 2-8 通过地址栏浏览网页

2.2.2 通过工具栏浏览网页

IE 中的工具栏中，隐藏了许多的栏目，通过单击这些栏目的按钮同样能够达到访问网页的目的。比如用户单击“主页”按钮，那么 IE 设置的主页就会立刻展现在你的眼前，如图 2-9 所示。

单击“主页”按钮

图 2-9 主页页面

2.2.3 同时浏览多个窗口

当用户在浏览网页的时候，是否需要同时浏览多个网页呢？答案是肯定的，因为这样不但能够浏览到更多的信息，而且可以对相关的信息进行比较，极大地方便了大家。

在网页中打开新窗口的具体操作步骤如图 2-10 和图 2-11 所示。

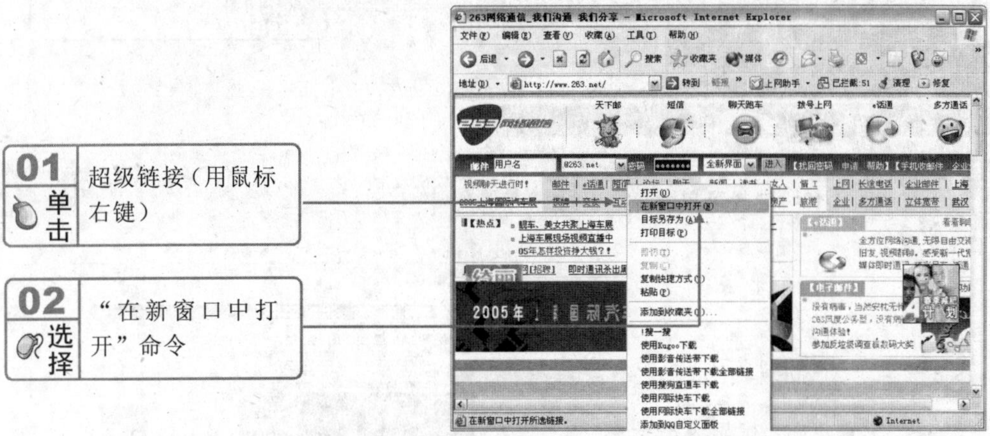

图 2-10　选择右键菜单命令

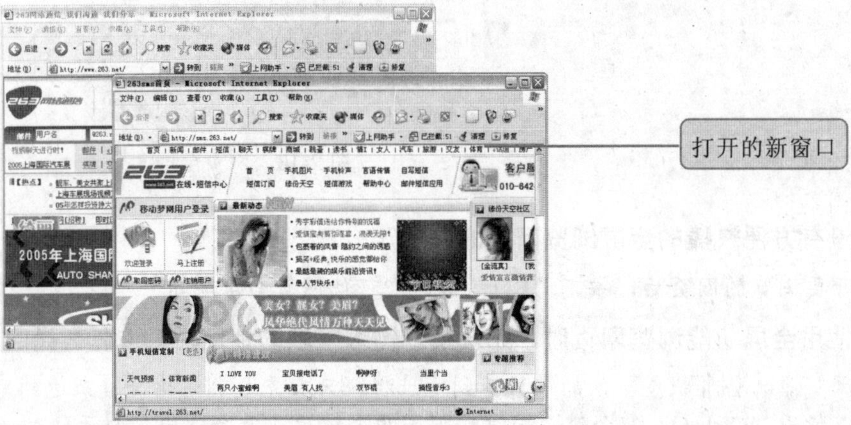

图 2-11　打开新窗口

2.2.4 全屏浏览

当你在窗口中浏览网页的时候，是否会因为窗口的大小而限制了你浏览网页的细节呢？有没有一个好的办法来避免这个缺陷？方法非常简单，只需要在你浏览网页的同时，执行菜单中的“查看\全屏显示”命令即可。

全屏浏览网页的具体操作步骤如图 2-12 和图 2-13 所示。

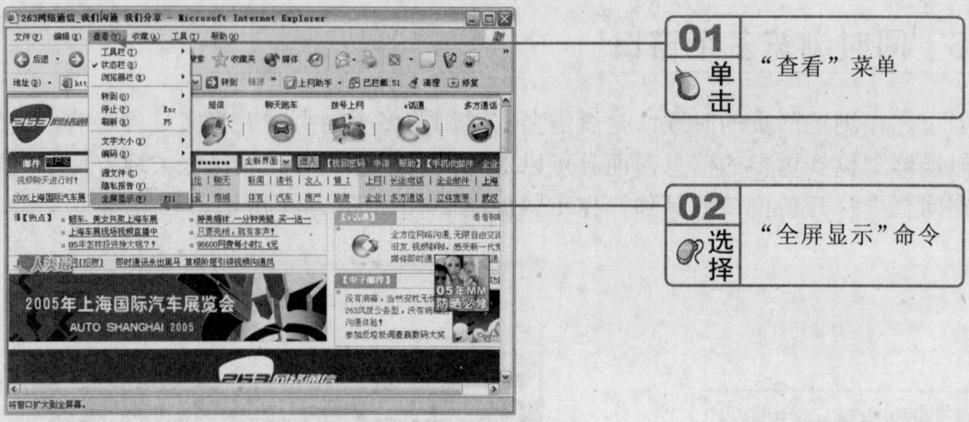

图 2-12　选择菜单命令

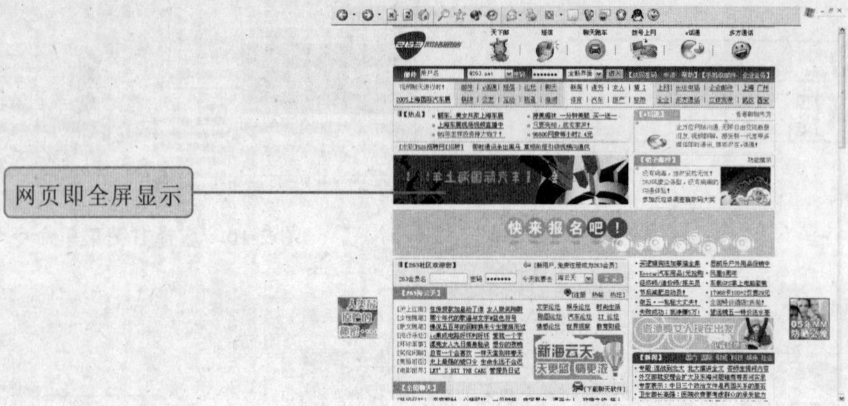

图 2-13　网页全屏

你问我答

有没有方便快捷的全屏浏览网页的方式？

打开要浏览的网页后，按下"F11"键，即可使网页全屏显示。

当使用全屏功能浏览网页时，无法找到输入网址的地址栏，该怎么找回？

在浏览器的全屏状态下，的确找不到地址栏。只有充分利用快捷键来达到目的。可以使用"Ctrl+O"组合键，同时按下这两个键后，就会弹出"打开"对话框，在对话框中输入网址即可达到一样的效果。

2.2.5　脱机浏览

拨号上网或需要限时上网的用户，可以选择脱机浏览网页，这样可以节省上网费用和上网时间。脱机浏览是指计算机在没有与 Internet 连接时也可阅读 Web 页的内容。执行"收藏\整理收藏夹"命令，打开"整理收藏夹"对话框，在对话框中可以设置需要脱机浏览的网页。

实现脱机浏览网页的具体操作步骤如图 2-14～图 2-19 所示。

01 执行“收藏\整理收藏夹”命令，打开“整理收藏夹”对话框。

02 单击 需要设置为脱机浏览的网页

03 勾选 “允许脱机使用”复选框

04 单击 “属性”按钮

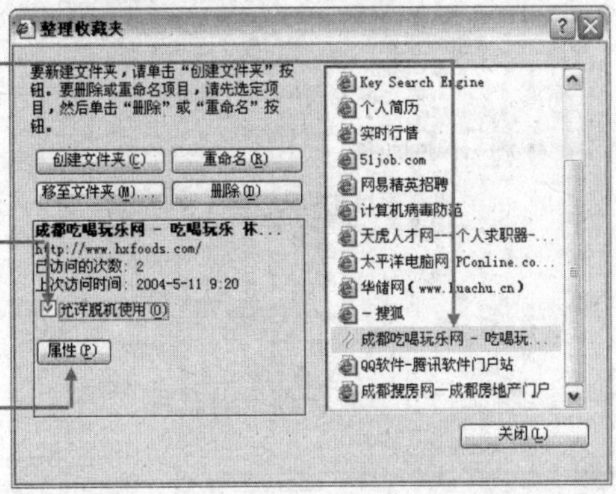

图 2-14 “整理收藏夹”对话框

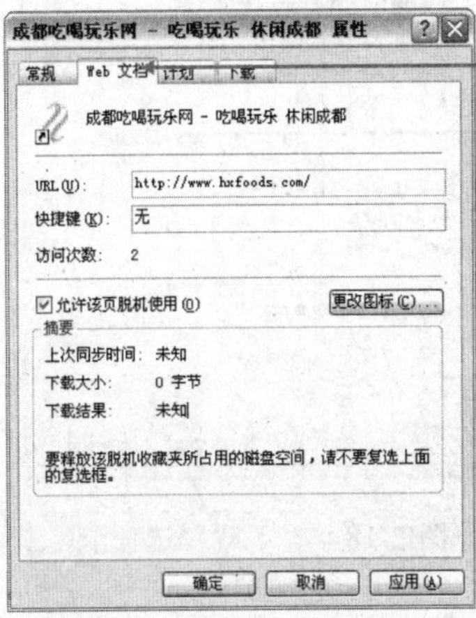

05 单击 “Web 文档”选项卡，设置超级链接、添加设置快捷键等内容

图 2-15 “Web 文档”选项卡

06 单击 “计划”选项卡，设置同步选项

07 单击 “添加”按钮

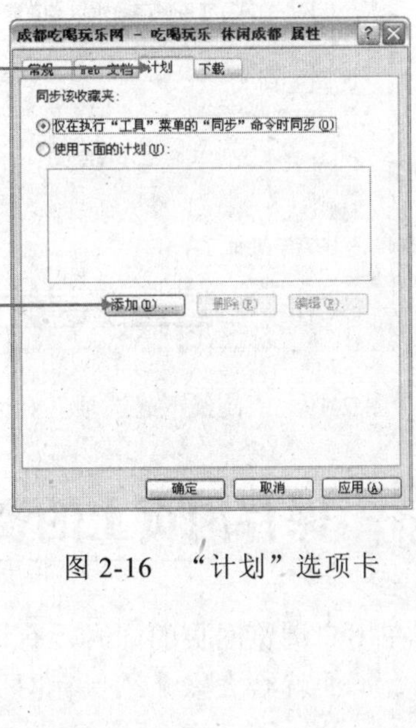

图 2-16 “计划”选项卡

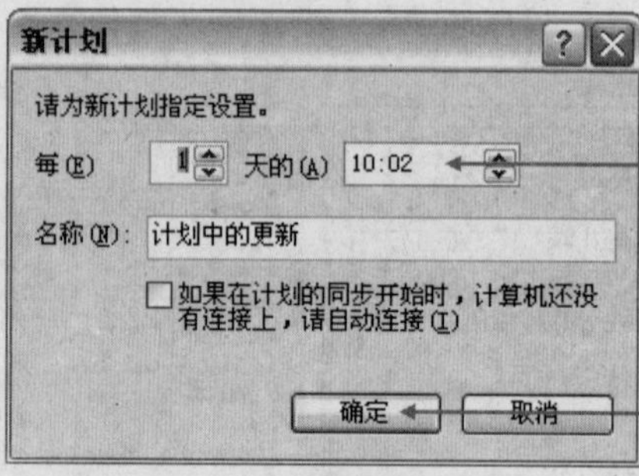

08 设置 自动更新时间

09 单击 “确定”按钮

图 2-17 “新计划”对话框

10 单击 “下载”选项卡，在选项卡中可以设置下载该页面的层次等

11 单击 “高级”按钮

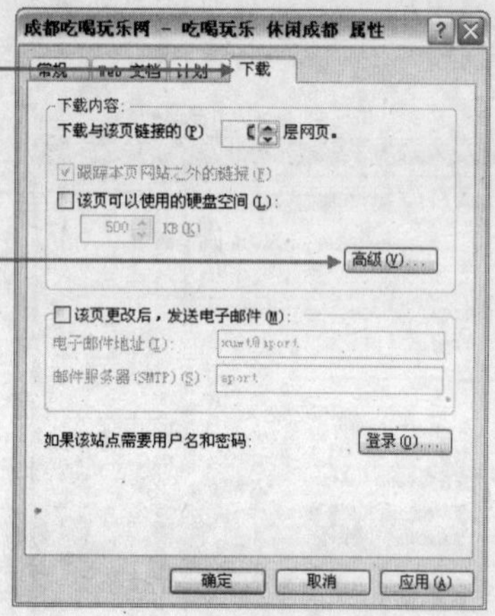

图 2-18 “下载”选项卡

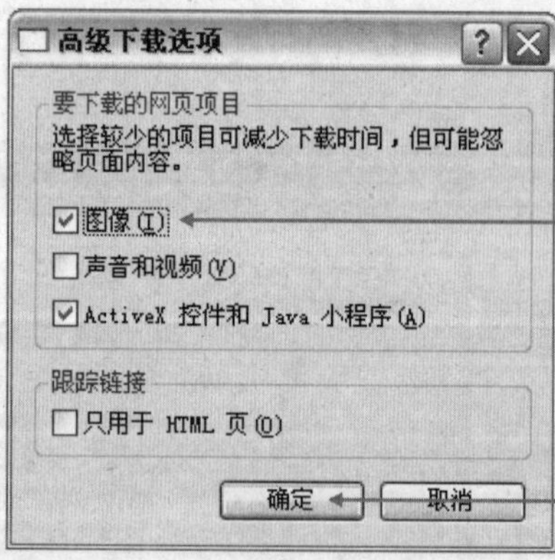

12 勾选 需要在网页上显示的项目

13 单击 “确定”按钮

图 2-19 “高级下载选项”对话框

2.3 保存网页上的资料

在用户浏览网页的同时，有许多的信息和资料值得收藏，怎么做才能够保存这些资料呢？下面就给大家介绍保存网页上的资料的方法。

2.3.1 保存当前网页

使用 Internet Explorer 可以轻松地把正在浏览的 Web 页面保存在计算机上，做到不用上网也能浏览网页。

保存当前网页的具体操作步骤如图 2-20 和图 2-21 所示。

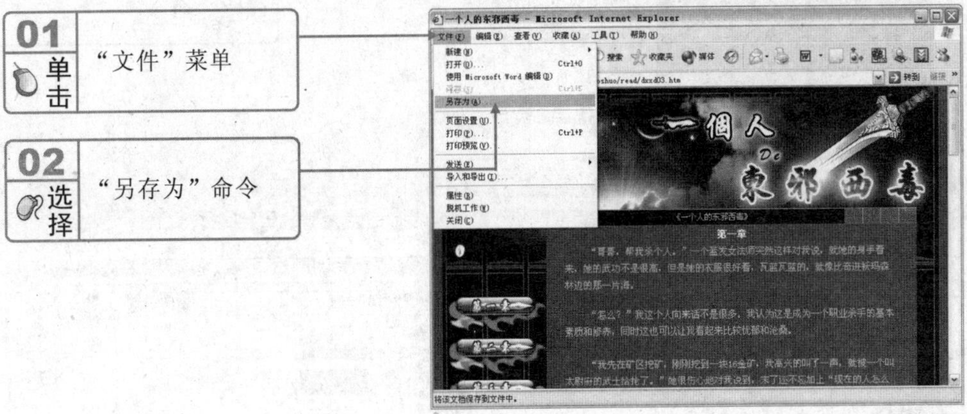

图 2-20　选择菜单命令

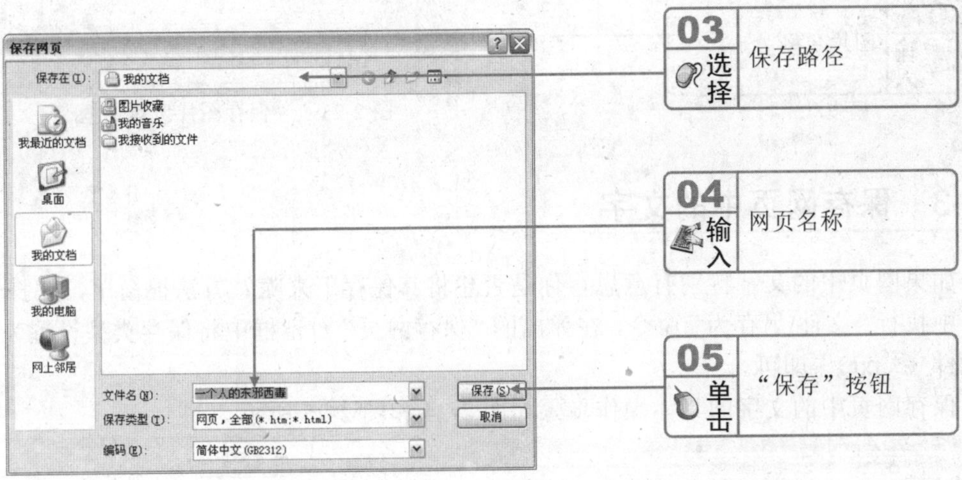

图 2-21　"保存网页"对话框

2.3.2 保存网页中的图片

在打开的网页中找到要保存的图片，并在图片上单击鼠标右键，在弹出的快捷菜单中选择"图片另存为"命令，即可在弹出的"保存图片"对话框中保存图片。

将网页中的图片保存到本地磁盘的具体操作步骤如图 2-22 和图 2-23 所示。

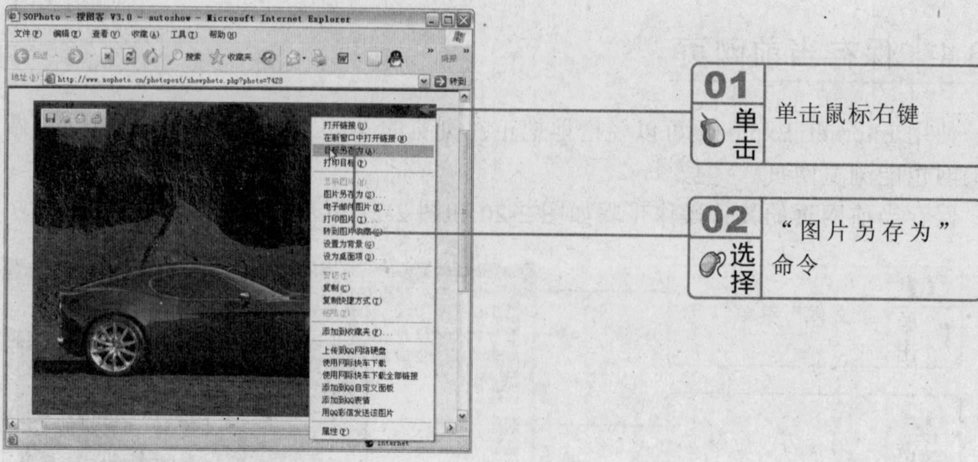

图 2-22 选择右键菜单命令

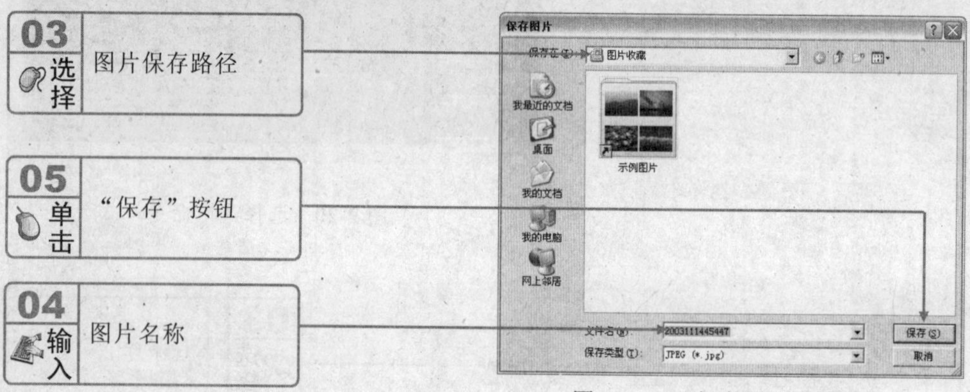

图 2-23 “保存图片”对话框

2.3.3 保存网页中的文字

如果网页中的文字特别有意思，你是否想将其保存下来呢？方法很简单，在打开的网页中执行“文件\另存为”命令，在弹出的“保存网页”对话框中将保存类型设置为“文本文件（*.txt）”即可。

保存网页中的文字的具体操作步骤如图 2-24 和图 2-25 所示。

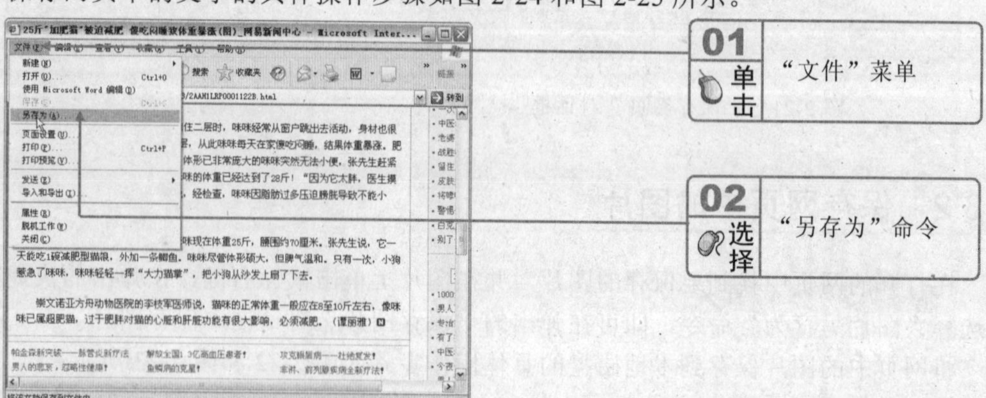

图 2-24 选择菜单命令

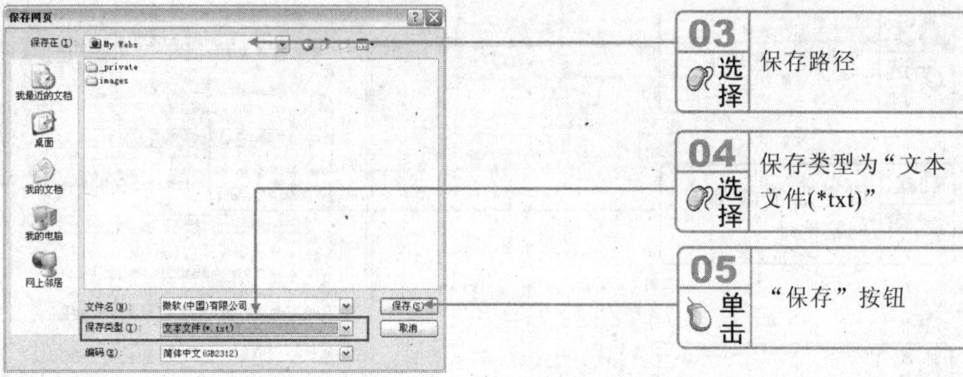

图 2-25 “保存网页”对话框

你问我答

怎样才能只保存网页上的一段文字呢？

可以在打开的网页中将需要的文字选中，单击鼠标右键，在弹出的快捷菜单中选择“复制”命令。然后新建并打开一个记事本文件或 Word 文档，在文档中单击鼠标右键，在弹出的快捷菜单中选择“粘贴”命令即可。

动手练习 dongshoulianxi

访问网易体育频道（http://sports.163.com），并将当前网页保存到自己的电脑中。

2.4 IE 的基本设置

上网浏览网页，最让人头疼的就是“速度”！如何利用现有的网络速度高效上网是我们十分关心的问题。而掌握一些 IE 的基础设置，可让我们的操作更方便、快捷。

2.4.1 设置浏览器的启动首页

在启动 Internet Explorer 浏览器时，它将打开默认设置的主页，用户可以更改这个默认的主页，将它换成自己经常浏览的站点。设置 Internet Explorer 的默认主页，可按如图 2-26 和图 2-27 所示的操作步骤进行。

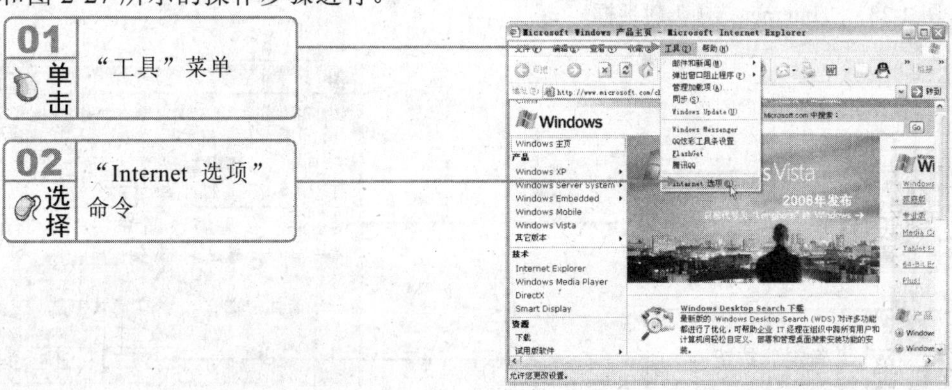

图 2-26 选择菜单命令

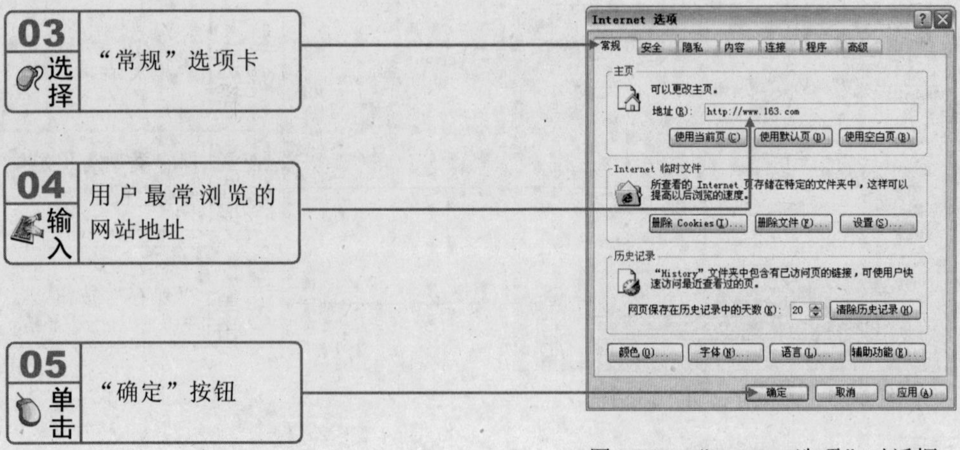

图 2-27 “Internet 选项”对话框

2.4.2 设置网页中字体的大小

当你在浏览网页的时候，如果觉得网页中的文字大小查看起来不如意，那么还可以对 IE 进行相关的设置，以达到你所满意的效果。具体的设置方法如图 2-28 和图 2-29 所示。

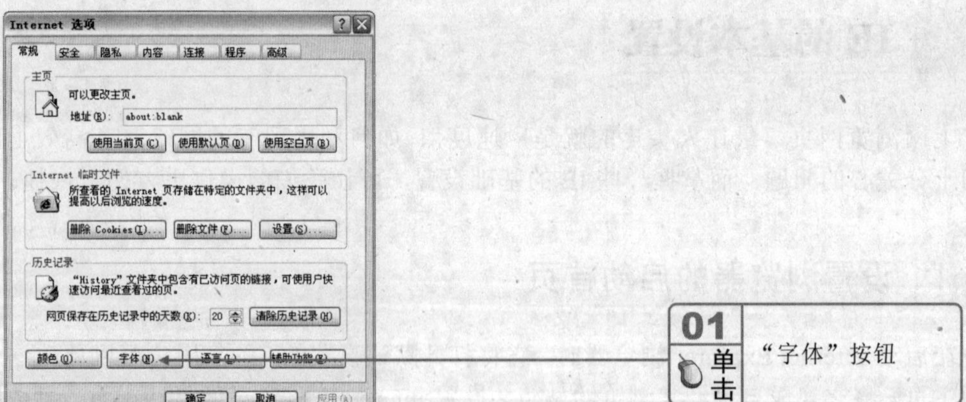

图 2-28 “Internet 选项”对话框

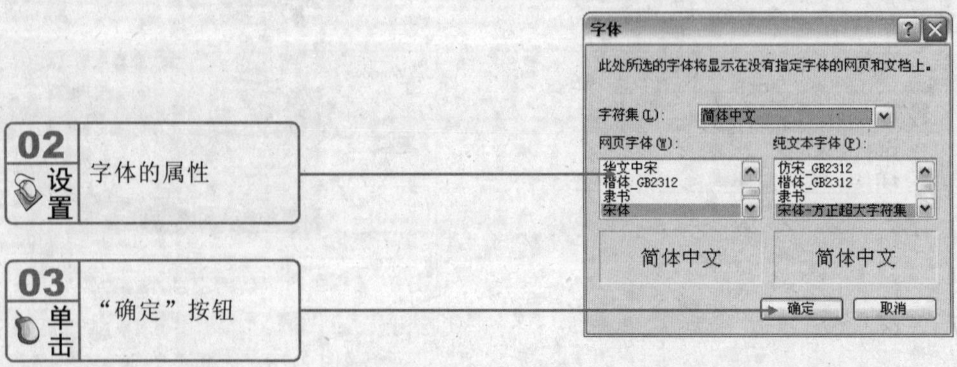

图 2-29 “字体”对话框

2.4.3 处理 IE 中的临时文件

Internet Explorer 浏览器在浏览网页时，会有专用的文件夹来保存用户曾经浏览过的网页的部分数据，以便用户再次访问这些站点时，能够快速地打开整个网页。具体设置方法如图 2-30～图 2-32 所示。

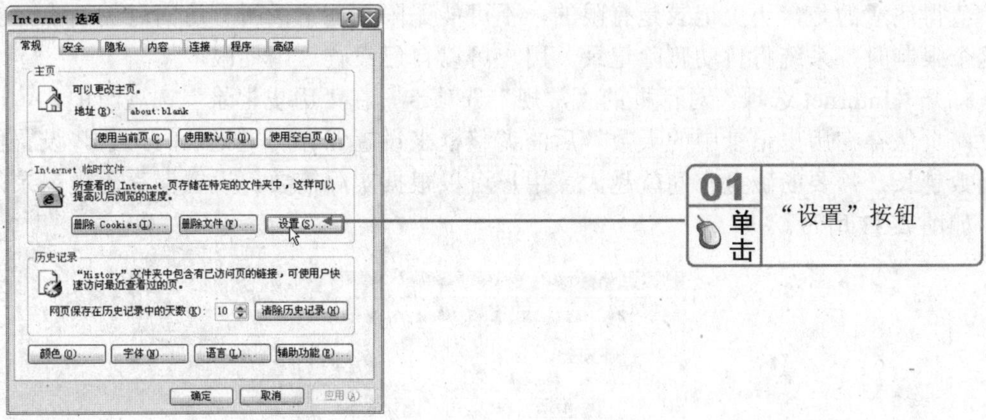

图 2-30　“Internet 选项”对话框

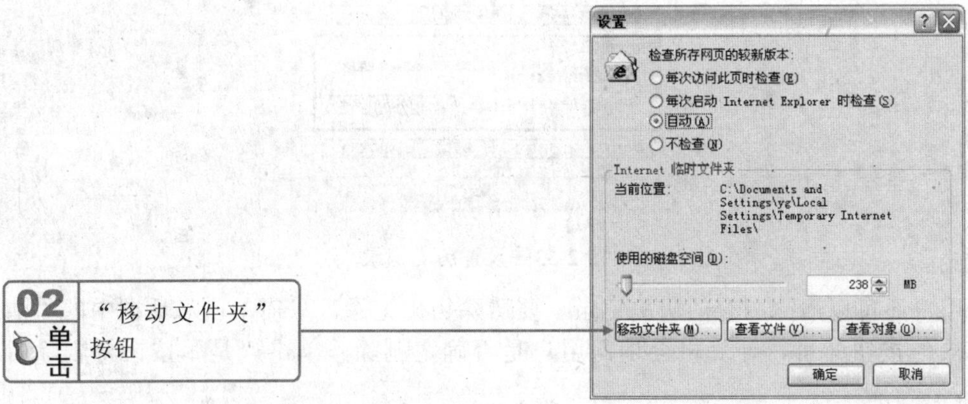

图 2-31　“设置”对话框

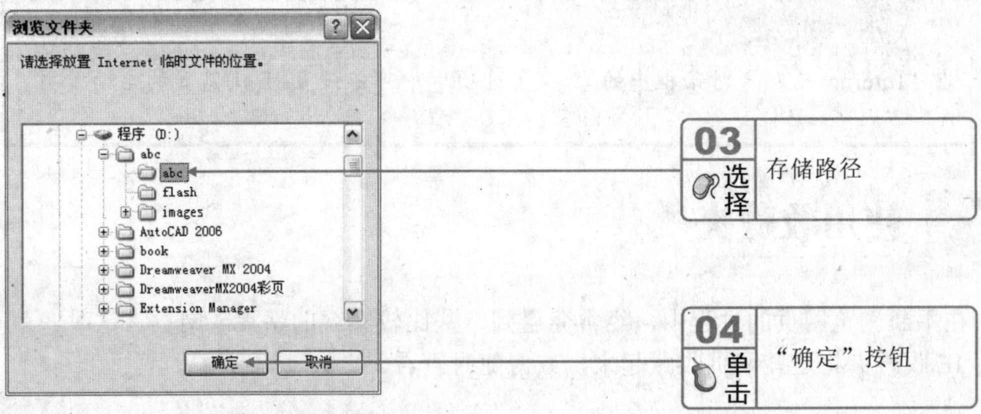

图 2-32　设置保存路径

2.4.4 设置历史记录

用户在使用 Internet Explorer 浏览器浏览网页时，浏览器会自动将最近几星期、几天、几小时前访问过的 Web 地址保存在历史记录文件夹中。用户需要再次访问这些站点时，就可以通过历史记录栏来访问。

值得注意的是，历史记录是有限的，不可能无限制地记录所有访问过的站点，当超过这个限制时，系统将自动删除记录。用户可以自己设置这个期限。

打开“Internet 选项”对话框的“常规”选项卡，在“历史记录”选项组中，可以通过“网页保存在历史记录中的天数”后的调整框来设置保存历史记录的天数。设置保存的天数越长，需要的磁盘空间就越大，用户可以根据实际需要，设置保存历史记录的天数，如图 2-33 所示。

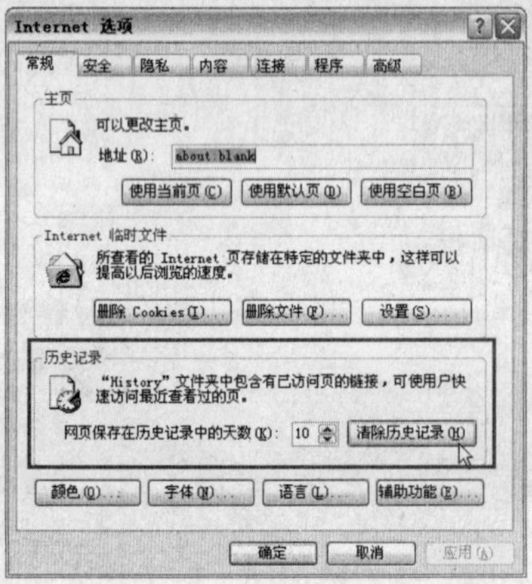

图 2-33　设置历史记录

用户还可以清除所有的历史记录。要清除历史记录，只需单击对话框中的“清除历史记录”按钮即可，计算机会询问用户是否确定删除，单击“是”按钮将删除所有的记录。

02 小　测　试

在“Internet 选项”对话框中的（　　）选项卡中可以设置 IE 浏览器的启动首页。

A. 常规　　B. 安全　　C. 内容　　D. 程序

2.5 使用收藏夹

在不断浏览网页的过程中，经常会遇到一些比较喜欢的站点或网页。这时，就可以使用 IE 收藏夹将这些网页收藏起来，方便随时查看。

2.5.1 收藏自己喜欢的网页

怎样使开启网页的操作更加简单呢？将网页地址添加到收藏夹中，用户便可以快速地选择需要浏览的网页，免去输入地址的麻烦，也用不着去记那些复杂的网站域名。这对于需要经常浏览的网页来说，是非常方便的，例如阅读新闻、收发电子邮件、下载网络资源、快速登录搜索引擎等。

将经常访问的网站的网址添加到收藏夹的具体操作步骤如图 2-34 和图 2-35 所示。

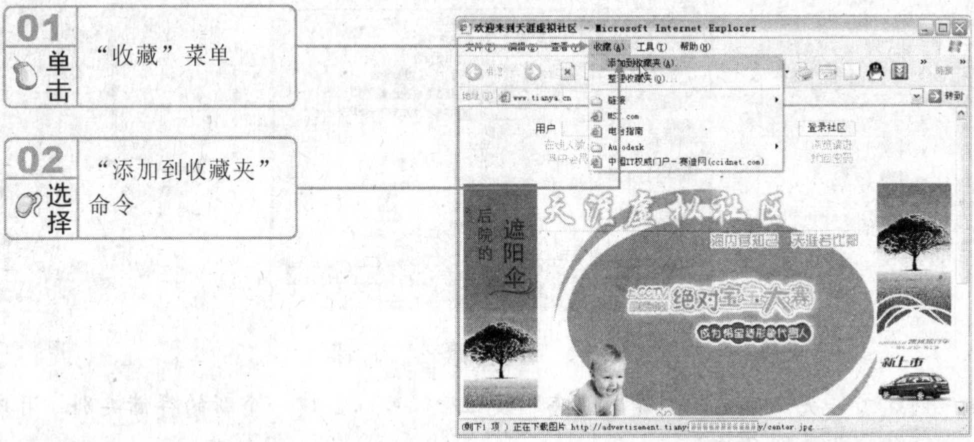

图 2-34　选择菜单命令

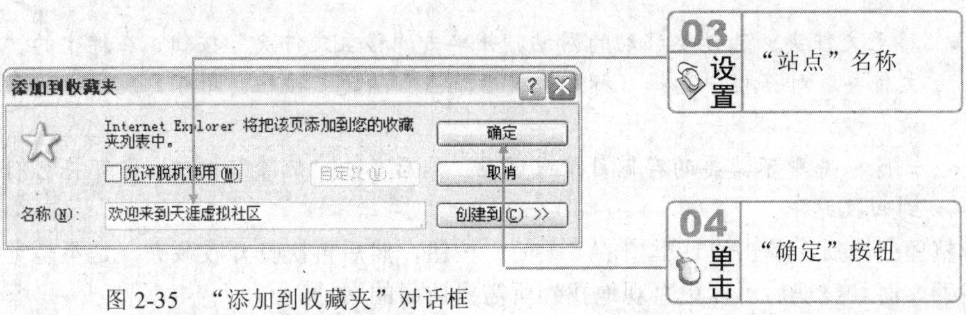

图 2-35　“添加到收藏夹”对话框

你问我答

有没有方便、快捷的将网页添加到收藏夹的方式？

将网页添加到收藏夹，还可以通过一种快捷方法来实现。即打开需要收藏的页面，然后按下组合键“Ctrl+D”。Internet Explorer 将在不显示“添加到收藏夹”对话框的情况下将页面添加到收藏夹。

动手练习 dongshoulianxi　访问搜狐网站（www.sohu.com.cn），并将其添加到收藏夹中。

2.5.2 整理收藏夹

上网时间长了，收藏夹中收藏的网址也就越来越多。如果要从杂乱无章的收藏目录中找到所需的网址，是非常不方便的。这时，就有必要对收藏夹中的内容进行分类整理。在浏览器中执行“收藏\整理收藏夹”命令，打开如图 2-36 所示的“整理收藏夹”对话框。在对话框中，用户可进行如下操作：

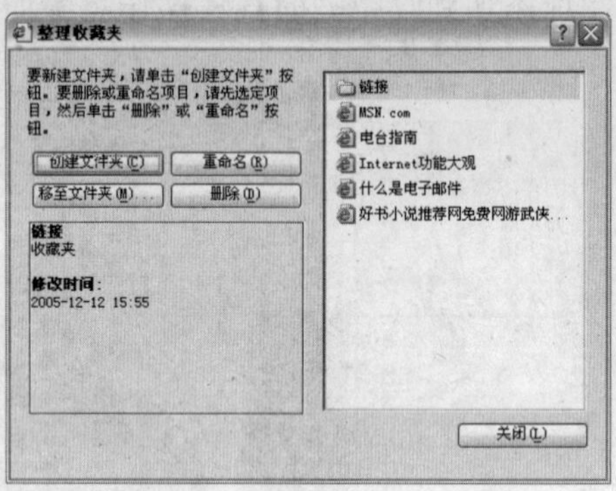

图 2-36 “整理收藏夹”对话框

- 创建文件夹：单击“创建文件夹”按钮后，可以创建一个新的存储类别，用户可以自定义类别名称。
- 重命名：选中收藏夹中的网站后，单击“重命名”按钮，即可更改网站的收藏名称。
- 移至文件夹：选择要移动的网站，并单击“移至文件夹”按钮，在弹出的“浏览文件夹”对话框中选择目标文件夹后单击“确定”按钮，即可更改网站的存储目录。
- 删除：选中不需要的存储目录或网站，然后单击“删除”按钮，即可将它们删除到回收站中。

整理完毕后，单击对话框中的“关闭”按钮，然后再次打开收藏夹，是不是觉得简洁多了。而且整理后可以更直观地找到所需要访问的网址。

你问我答

怎样使用收藏夹访问网页？

将站点添加到收藏夹中后，用户再次打开这个站点时，可以通过工具栏上的“收藏”菜单来快速实现。单击“收藏”菜单，从中选择所收藏的站点，Internet Explorer 将自动打开对应的网页。

融会贯通—为 IE 设置分级审查

Internet 提供了丰富多彩的信息，但并非所有的信息都适合每一个用户，如小孩浏览互联网就应该禁止查看有关性和暴力方面的内容。在“Internet 选项”对话框的“内容”选项卡中，用户可以通过设置分级审查，限制浏览这方面的内容。

01 打开 Internet Explorer 浏览器，执行“工具\Internet 选项”命令。在打开的对话框中选择“内容”选项卡，如图 2-37 所示。

02 在选项卡中单击“启用”按钮。

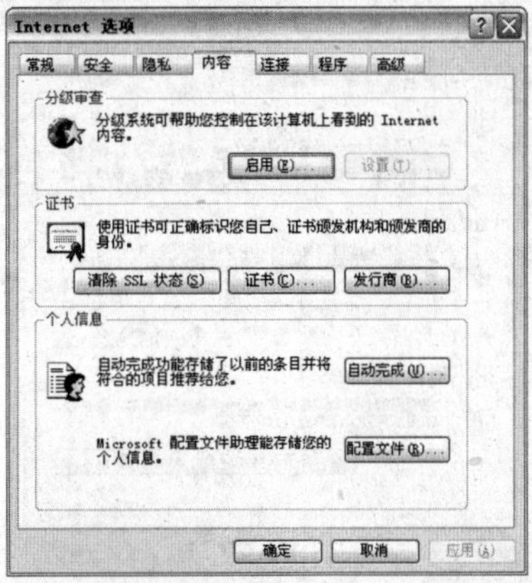

图 2-37　“Internet 选项”对话框

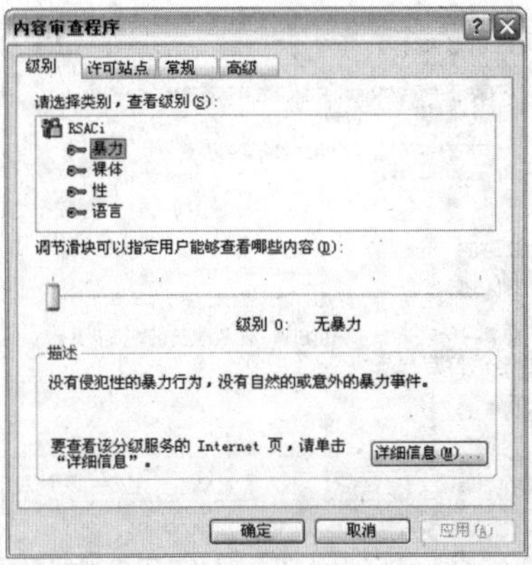

图 2-38　“级别”选项卡

03 在弹出如图 2-38 所示的“内容审查程序”对话框中选择“级别”选项卡。

04 在选项卡的列表框中选中对应的类别，并拖动列表框下方的滑块对该类别的级别进行调节。

05 单击“许可站点”选项卡，在选项卡中，可以选择许可的站点和不能查看的站点，如图 2-39 所示。

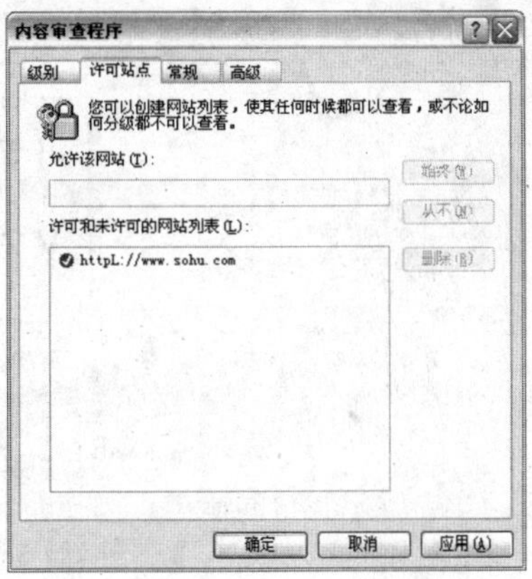

图 2-39　“许可站点”选项卡

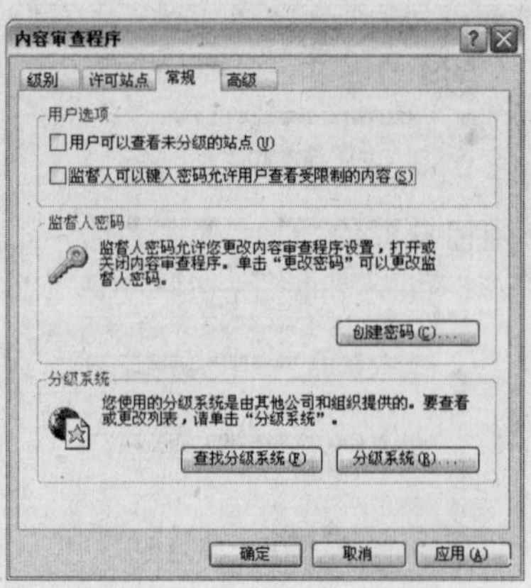

图 2-40 “常规”选项卡

06 选择“常规”选项卡，并单击“创建密码”按钮。打开如图 2-40 所示的对话框。

07 在对话框中输入密码与确认密码。为了防止被监督人更改“分级审查”设置或关闭“分级审查”功能，监督人必须设置密码。

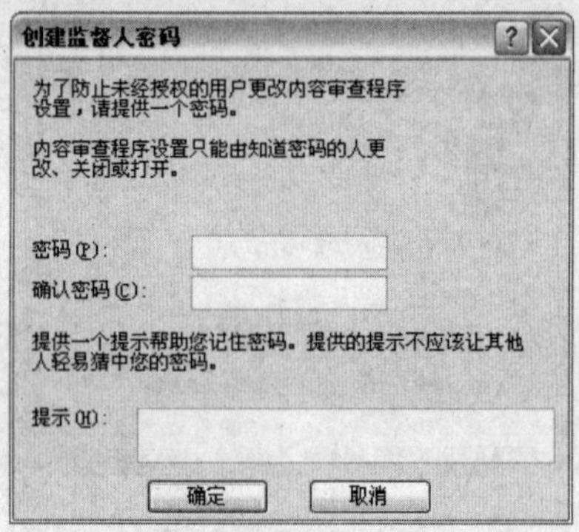

图 2-41 “创建监督人密码”对话框

08 完成后单击“确定”按钮，如图 2-41 所示。

小测试答案 ●●●●● （请翻转阅读答案）

1. B　　2. A

S t u d y

CHAPTER

【第 3 章】

收发电子邮件

内容导读

1. 本章需要了解的概念:

   电子邮件地址

2. 本章需要掌握的操作:

   申请免费电子邮箱　使用浏览器收发电子邮件

   使用 Outlook Express 收发电子邮件

3. 本章需要提高的内容:

   下载 Outlook Express 中邮件的附件

03

3.1 电子邮件入门

收发电子邮件一直是广大网络用户最常进行的网上活动之一。电子邮件在人们的日常生活、工作中正在发挥着越来越重要的作用，无论是对亲朋好友的问候，还是商业资料和信息的互通，都随着一封封的电子邮件在网络中传播。

3.1.1 电子邮件地址

如同平常收信、发信需要有地址一样，电子邮件也需要有地址。让我们来看一个典型的电子邮件地址，如图 3-1 所示。

电子邮件的英文名字是 E-mail，或许，朋友递给你的名片上就写着类似这样的联系方式：E-mail：good@sohu.com。

图 3-1　电子邮件地址图示

这就是一个电子邮件地址。符号@是电子邮件地址的专用标识符，它前面的部分是对方的信箱名称，后面的部分是信箱所在的位置，这就好比信箱 good 放在“邮局”里。当然这里的邮局是 Internet 上的一台用来收信的计算机，当收信人取信时，就把自己的电脑连接到这个“邮局”，打开自己的信箱，取走自己的信件。

你问 @是什么？

我答 @是电子邮件地址的专用标识符。

3.1.2 申请免费电子邮箱

目前很多网站都提供了免费邮箱服务，这些免费邮箱的容量也不尽相同。在本节中，我们以网易免费邮箱为例，介绍如何申请及使用免费电子邮箱。步骤如图 3-2～图 3-6 所示。

01 输入 http: //www.163.com，进入网易网站的首页

02 单击 “3G 邮箱，免费注册”链接

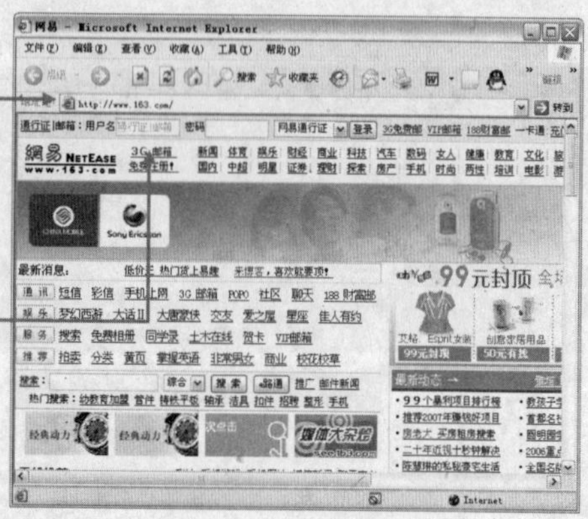

图 3-2　网易首页

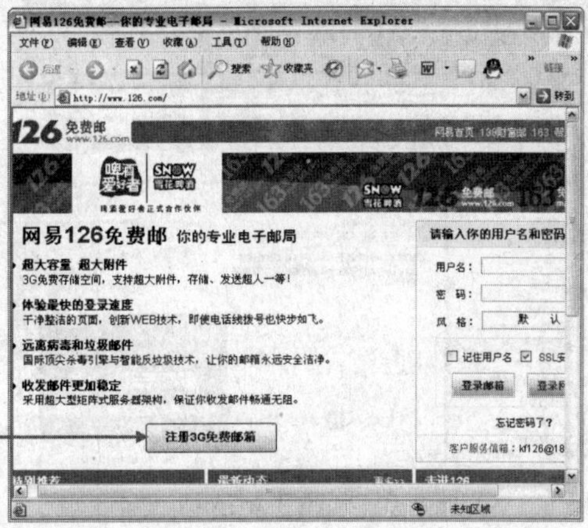

03 单击 “注册 3G 免费邮箱”按钮，进入邮箱的申请页面

图 3-3　网易邮件中心

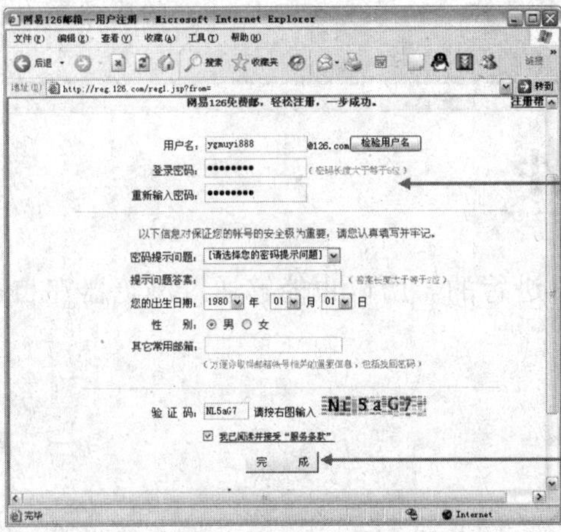

04 输入 用户名、密码以及个人资料

05 单击 “完成”按钮

图 3-4　注册页面

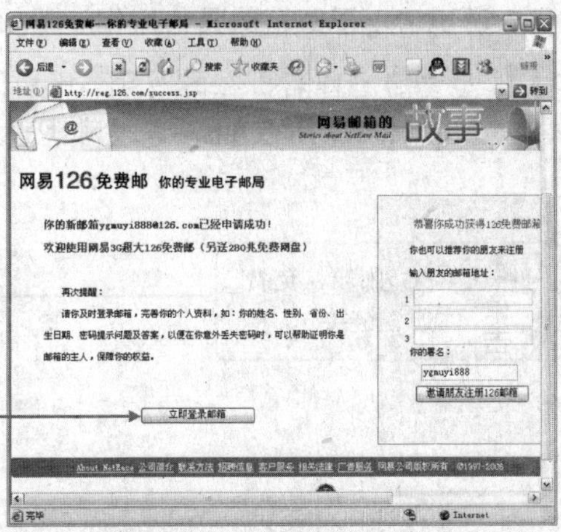

06 单击 “立即登录邮箱”按钮

图 3-5　网易邮件中心

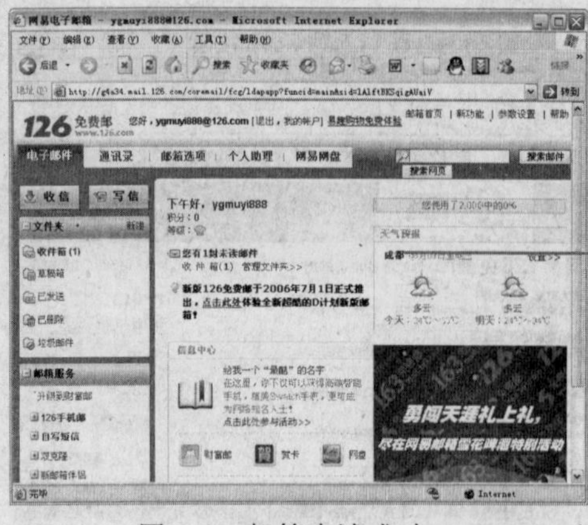

图 3-6　邮箱申请成功

01 小 测 试

一个电子邮件地址通常由三部分组成：信箱名称＋（　）＋收取 E-mail 的服务器。

A. Θ　　B. @　　C. ố　　D. σ

3.2 使用浏览器收发电子邮件

大家在申请邮箱的时候，都是通过浏览器进行的。所以也能够通过浏览器在自己的邮箱中收发电子邮件。

3.2.1 进入自己的邮箱

自己申请了邮箱以后，怎么样才能使用它呢？当然，首先必须在浏览器中打开自己申请电子邮箱的网站地址，然后才能进入所申请的邮箱中进行收发电子邮件的操作。

进入所申请电子邮箱的具体操作步骤如图 3-7～图 3-9 所示。

01 登录自己邮箱所在的网站，比如你的邮箱是网易的，那么在 IE 地址栏中输入 http://www.163.com，进入网站的主页

图 3-7　网站主页

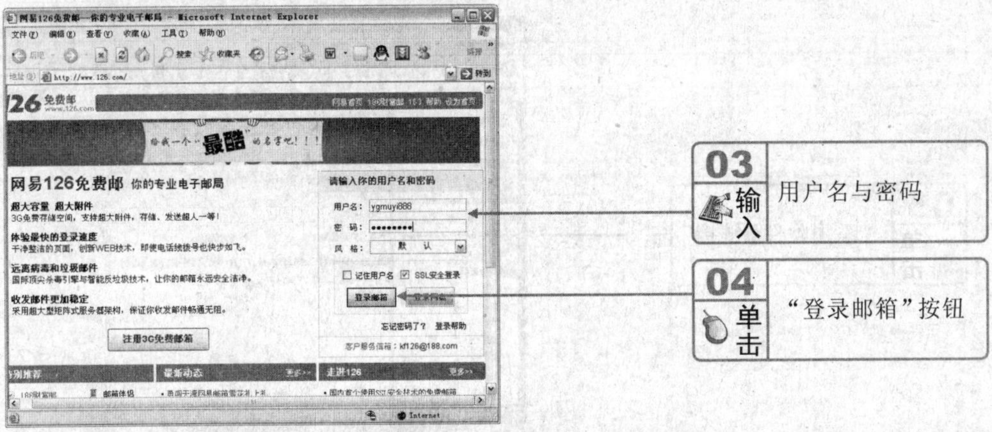

图 3-8　登录页面

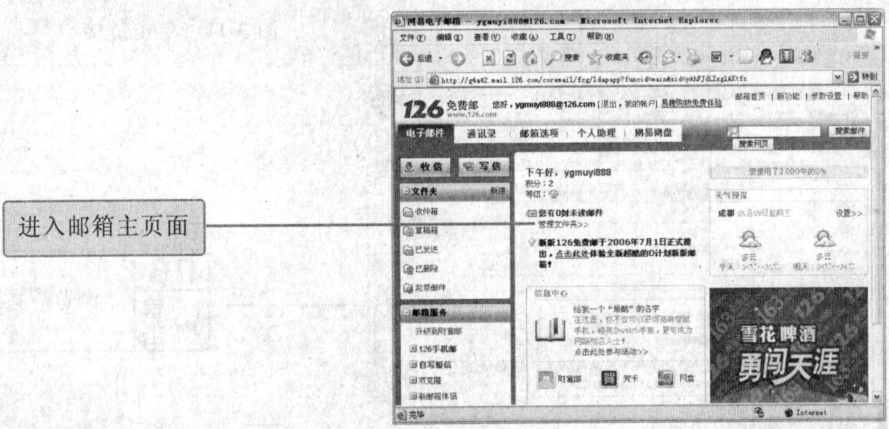

图 3-9　邮箱主页面

3.2.2　撰写和发送电子邮件

进入自己的邮箱后，就可以开始使用自己的邮箱发送和接收电子邮件了。怎么样撰写和发送电子邮件是许多刚学上网的人需要解决的问题。

撰写和发送电子邮件的具体操作步骤如图 3-10～图 3-15 所示。

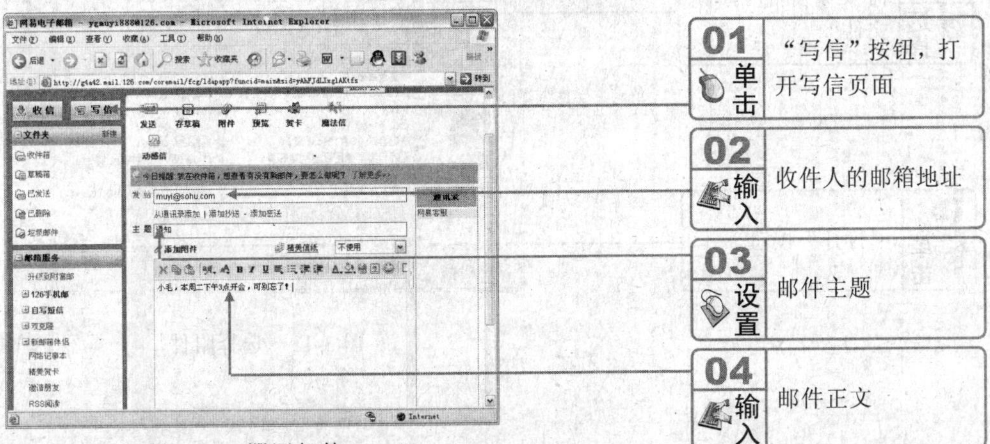

图 3-10　撰写邮件

05 单击 “添加附件”链接

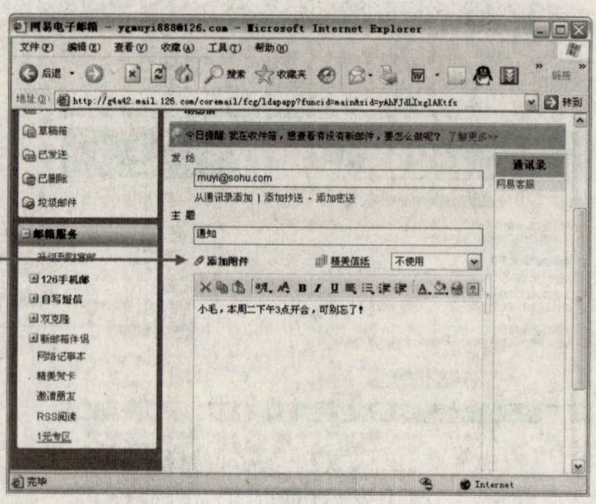

图 3-11　单击链接

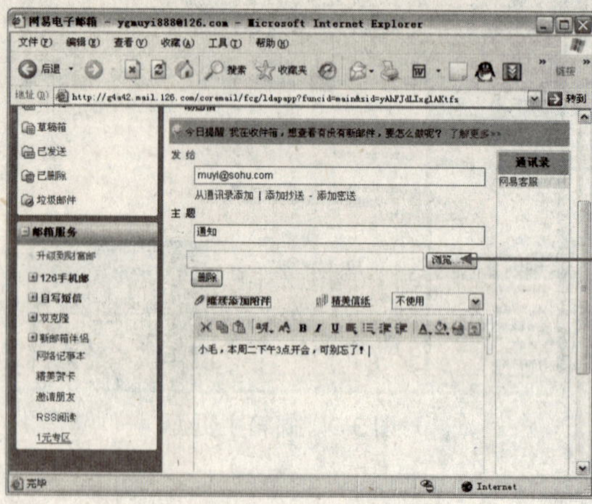

06 单击 “浏览”按钮

图 3-12　添加附件

07 选择 需要添加的附件文件

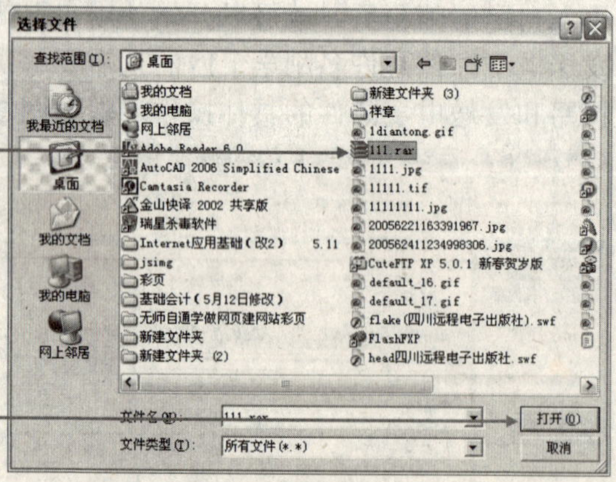

08 单击 “打开”按钮

图 3-13　选择附件

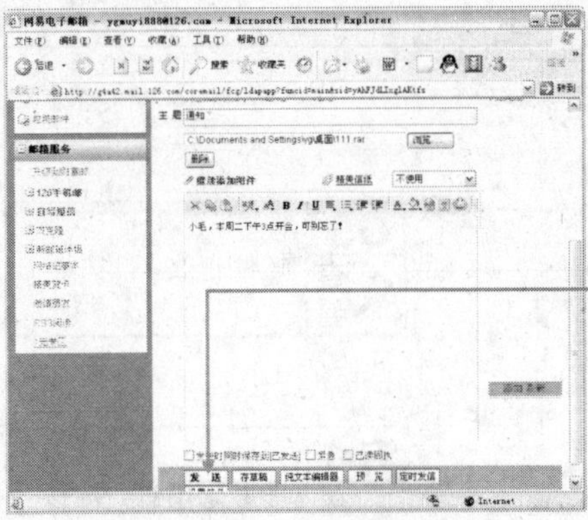

图 3-14　发送邮件

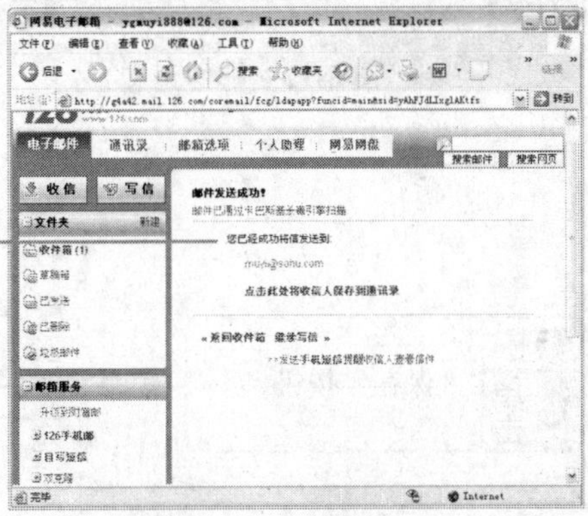

图 3-15　邮件发送成功

动手练习 dongshoulianxi　自己动手申请一个电子邮箱，并给朋友发送一封电子邮件。

3.2.3 接收和查看电子邮件

使用电子邮箱当然还要接收到别人发送的电子邮件，怎样才能查看它们呢？首先要登录自己的电子邮箱，进入“收件箱”栏目，然后在需要查看的邮件的主题上单击鼠标左键，即可在打开的页面中查看邮件的具体内容了。

查看邮箱内电子邮件内容的具体操作方法如图 3-16～图 3-19 所示。

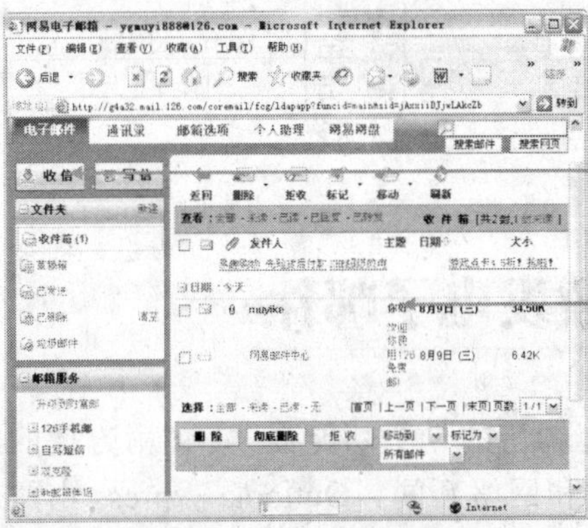

图 3-16　进入收件箱

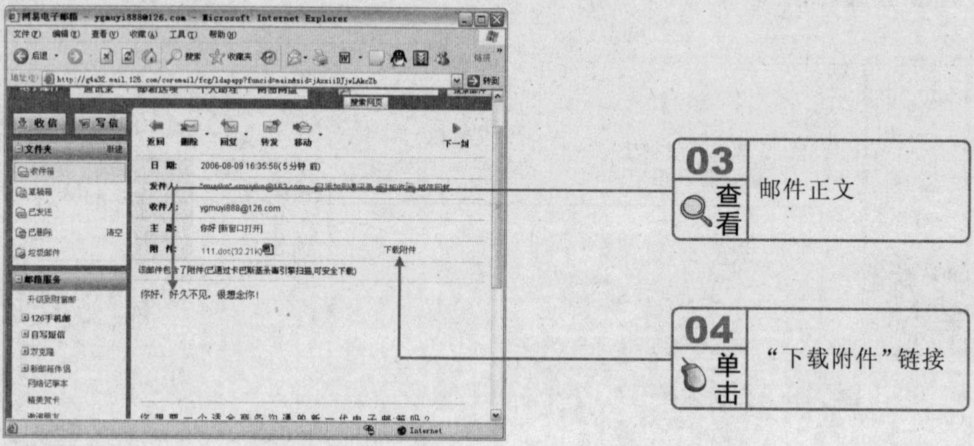

图 3-17　邮件正文

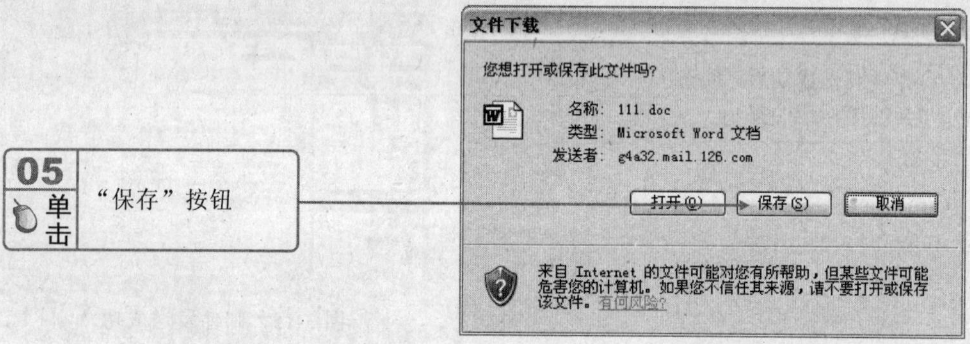

图 3-18　“文件下载”对话框

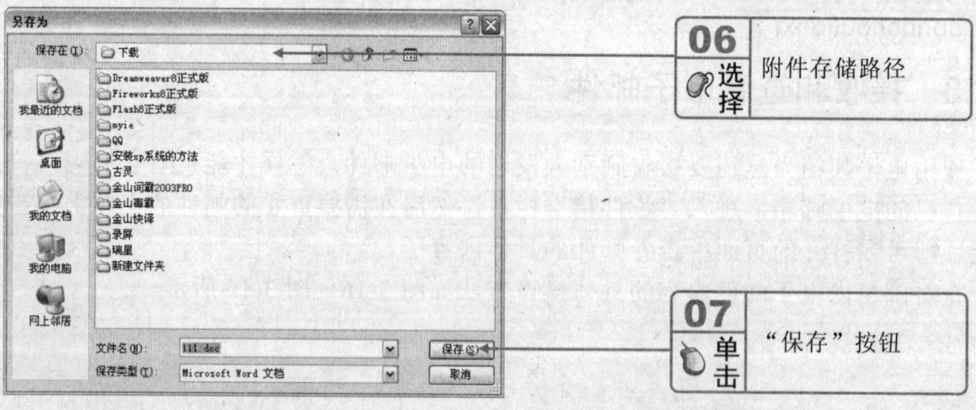

图 3-19　“另存为”对话框

3.3　使用 Outlook Express 收发电子邮件

Outlook Express 是随 Windows 操作系统一起销售的一个功能强大、使用方便的电子邮件客户端软件，它可以帮助用户收发电子邮件和网络新闻。Outlook Express 由两个部分组成：一是 Outlook Express Mail，即电子邮件；二是 Outlook Express News，新闻组。

下面，我们就以内置于 Windows XP 系统中的 Outlook Express 6.0 为例，对 Outlook Express 的功能进行全面介绍。

3.3.1 设置电子邮件账户

在使用 Outlook Express 的电子邮件服务之前，用户需要设置自己的电子邮件账号，以便建立与邮件服务器的连接。对于邮件账号，需要清楚所使用的邮件服务器类型（POP3、IMAP 或 HTTP）、账号名和密码以及接收邮件服务器的名称、POP3 和 IMAP 所用的发送邮件服务器名称，这些信息可以从 ISP 或网络管理员那里得到。在 Outlook Express 中，为用户提供了专门的连接向导程序，用户根据向导可以很容易地设置自己的邮件账号。

设置邮件账号的具体操作如图 3-20～图 3-36 所示。

01 执行“开始\程序\Outlook Express”命令，打开 Outlook Express 窗口。

02 单击 “工具\账户”命令

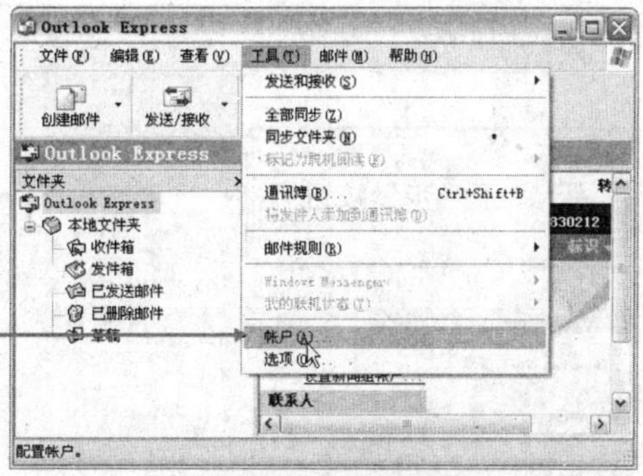

图 3-20 单击菜单命令

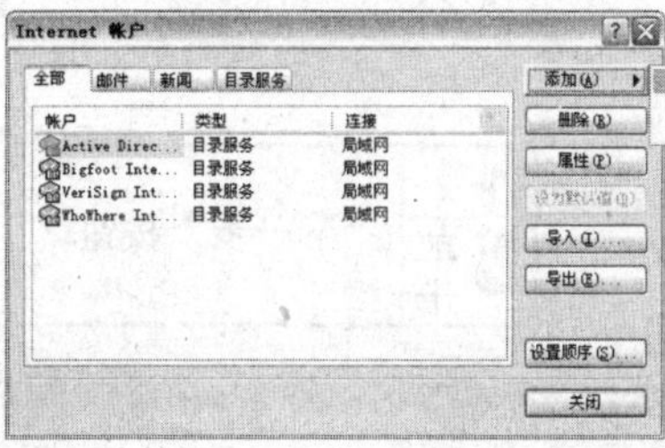

图 3-21 “Internet 账户”对话框

03 单击 “添加”按钮，在弹出的菜单中选择“邮件”命令

04 输入 用户的账户名

05 单击 “下一步”按钮

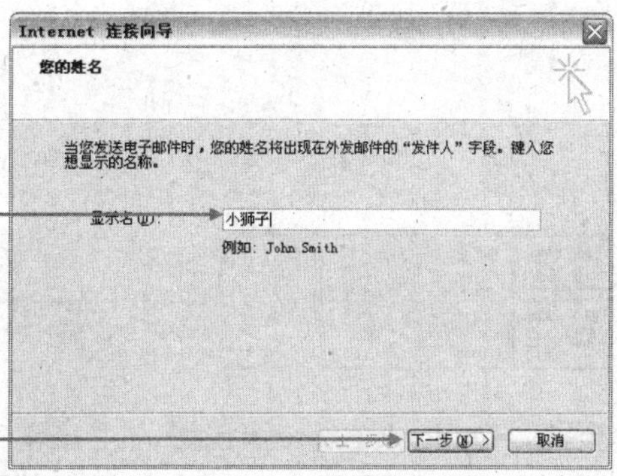

图 3-22 输入账户名

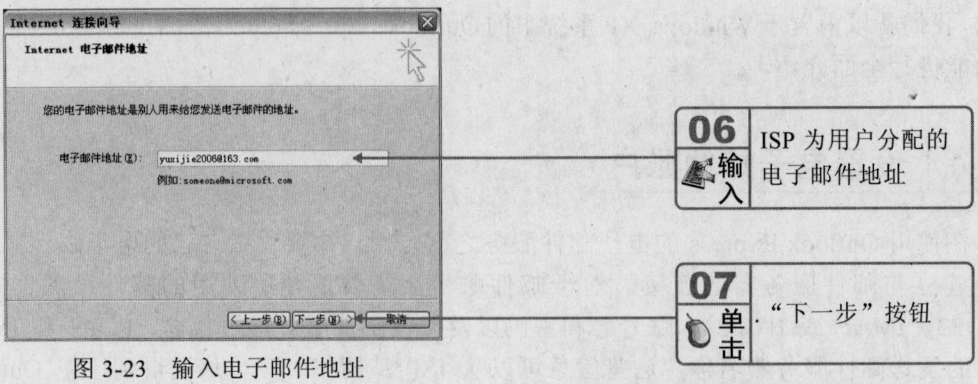

图 3-23 输入电子邮件地址

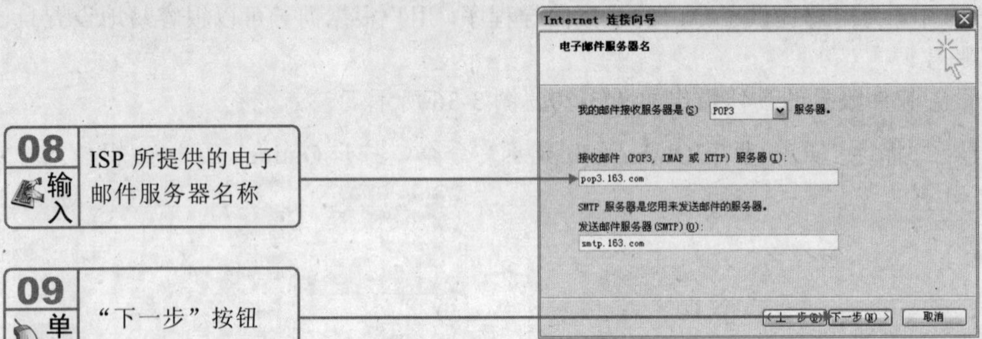

图 3-24 输入电子邮件服务器名称

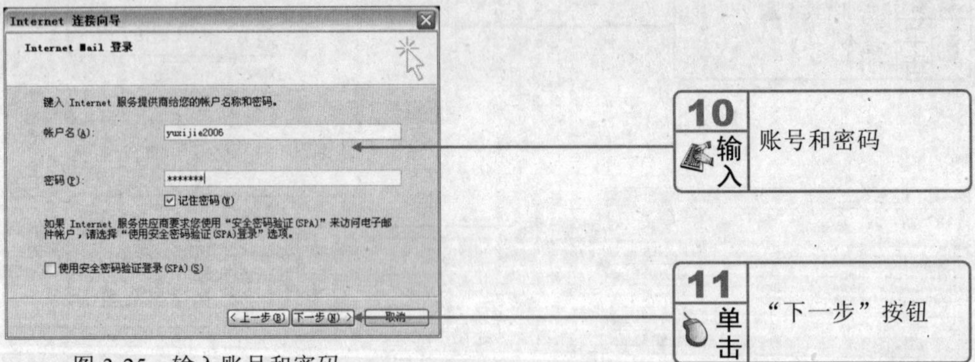

图 3-25 输入账号和密码

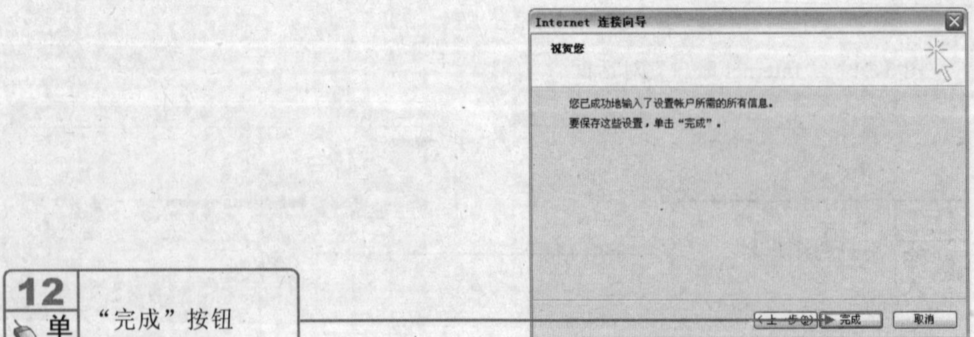

图 3-26 完成设置

至此，Outlook Express 已经为用户建立了一个电子邮件账号，用户可以用这个账号来收发邮件了。如果用户有多个电子邮件账号，可以按照上面的方法重复设置。

3.3.2 新建电子邮件

使用 Outlook Express 可以很方便地创建一封电子邮件。Outlook Express 提供了功能强大的邮件编辑工具，用户可以轻轻松松地创建出图文并茂、美观大方的电子邮件。在邮件中用户不但可以输入文本信息，还可以轻而易举地插入超级链接与多媒体信息，这些都是在传统的邮件中办不到的。

使用 Outlook Express 撰写电子邮件和书写传统的信件一样，需要有收件人和寄件人地址、信件正文和信件签名等，但 Outlook Express 还有一些其他的要素，使电子邮件较之传统邮件具有更多的功能。比如，用户直接将邮件发送给收件人，也可以将邮件副本抄送给某收件人。在 Outlook Express 中还提供了多种安全措施，可以确保用户接收和发送安全的电子邮件。

新建电子邮件的操作步骤如下：

01 执行“文件\新建\邮件”命名，或单击工具栏中的“创建邮件”按钮，打开“新邮件”窗口，如图 3-27 所示。

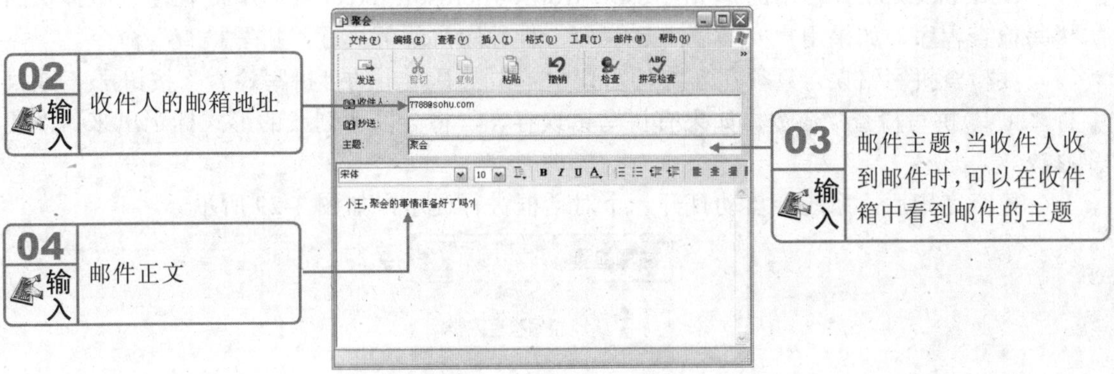

图 3-27 “新邮件”窗口

你问我答

如果想将邮件同时发送给多个收件人，应该怎么操作？

可以在“新邮件”窗口中的“抄送”文本框中输入其他收件人的邮箱地址，中间用逗号或分号分隔即可。

3.3.3 发送电子邮件

新邮件撰写完毕，单击工具栏上的“发送”按钮或执行“文件\发送”命令，便可将一封新邮件发送出去。如果是在脱机情况下发送邮件，则邮件并没有被立即发送出去，而是保存到“发件箱”文件夹中，待以后连接到 Internet 时，再进行发送。

若要保存邮件的草稿以便以后继续修改，可执行“文件\保存”命令，将邮件以 eml、txt、HTML 等格式保存到文件夹中。

另外，在发送电子邮件之前，用户还可以设置一些细节问题，以便邮件能够正确发送并有利于收件人阅读邮件。

1．在发送邮件之前检查收件人名称

如果用户记不住某个联系人电子邮件地址，可以输入一部分名称，然后在新邮件窗口中执行“工具\检查姓名”命令来搜索匹配项，如图 3-28 所示。Outlook Express 首先搜索用户的通讯簿，如果未找到匹配项，再搜索已经设置的目录服务。

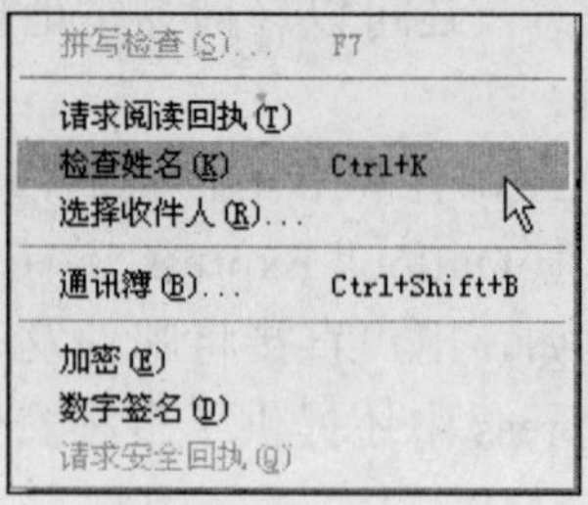

图 3-28　执行菜单命令

2．检查邮件中的拼写错误

Outlook Express 使用的是 Microsoft Word、Microsoft Excel 等 Office 程序中所提供的拼写检查程序，如果用户安装了上述任何一种程序，就可执行“拼写检查”命令。

要检查拼写错误，只须在新邮件窗口中单击工具栏上的“拼写检查”按钮，或执行“工具\拼写检查”命令。如果有拼写错误存在，将会以下划线的形式标记出来，以便修改。

检查完毕后，系统会自动打开一个对话框进行提示，如图 3-29 所示。

图 3-29　拼写检查

3．设置邮件的优先级

邮件的优先级是用来标识一封邮件的重要程序的。在发送新邮件或回复邮件时，用户可以为邮件指定优先级，以使收件人决定是立即阅读（高优先级）还是有空时再看（低优先级）。如果将优先级设置为高，将有红色的惊叹号提醒收件人注意；如果将优先级设置为低，则表示这只是一封普通邮件。

在新邮件窗口中，单击“优先级”按钮右侧的下拉箭头，将会打开一个菜单，其中有“高优先级”、“普通优先级”和“低优先级”三个命令，执行某一命令，即可设置邮件的优先级程序。此设置只能为当前邮件指定优先级。

4．设置邮件的发送选项

用户可以设置一些发送电子邮件的选项，如邮件发送的方法、格式等。这些设置可以通过 Outlook Express 的“选项”对话框来实现。

执行“工具\选项”命令，打开“选项”对话框，单击“发送”选项卡，如图 3-30 所示。

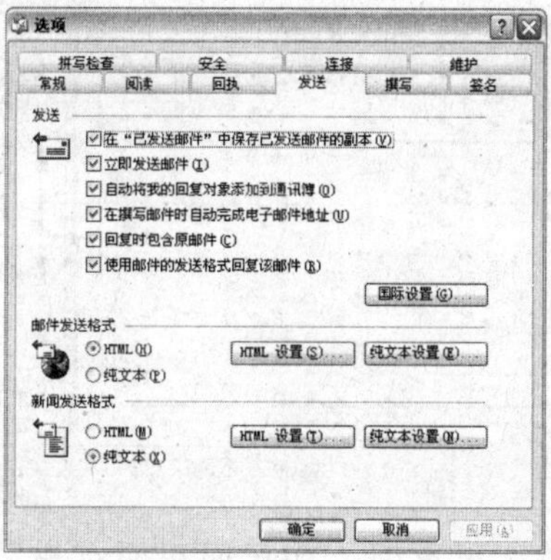

图 3-30　“发送”选项卡

标签中“发送”设置栏中的复选项可以用来设置发送邮件的方式。由于地区的不同，计算机使用的编码方式也不同，所以，用户可以根据自己的需要设置自己的编码方式，例如简体中文、繁体中文以及其他编码等。单击“发送”标签中的“国际设置”按钮，打开“发送邮件国际设置”对话框，从“默认编码”下拉列表框中选择一种编码，如图 3-31 所示。单击“确定”按钮即可。

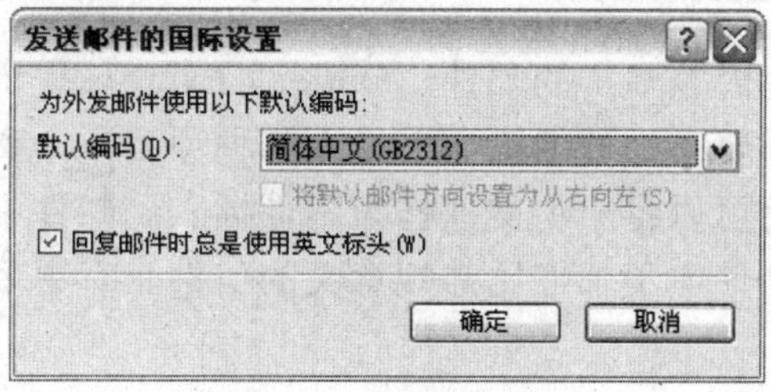

图 3-31　选择编码

如果要设置目录服务器，可进行如图 3-32 和图 3-33 所示的操作：

01 在 Outlook Express 窗口中，执行“工具\账户”命令，打开“Internet 账户”对话框。

02 单击 “目录服务”选项卡

03 选择 一个目录服务

04 单击 “属性”按钮

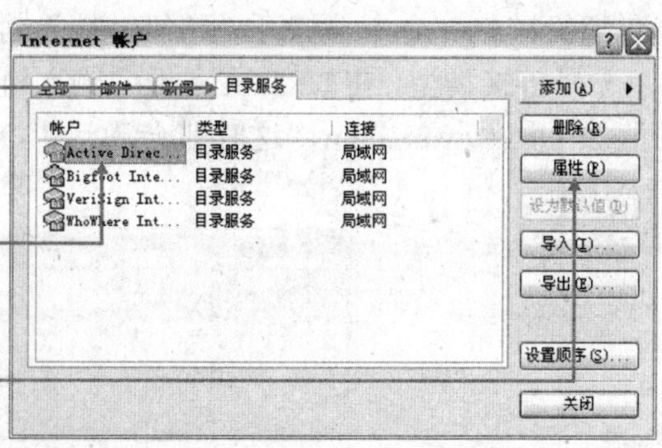

图 3-32　“Internet 账户”对话框

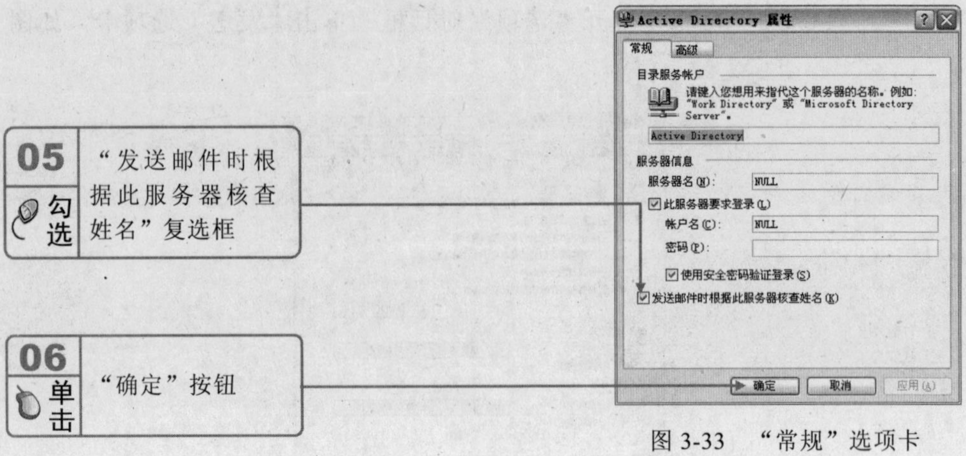

图 3-33 "常规"选项卡

当用户在邮件中检查收件人姓名时，如果通讯簿有与之匹配的联系人或通讯组，就会在该姓名下面出现一条下划线；如果没有相匹配的联系人或通讯组，则出现一个"检查名称"对话框，提示"未找到匹配的项目"。如果用户要查看联系人列表，单击"显示其他名称"按钮，即可打开联系人列表供用户查找；如果要添加新的联系人，可单击"新联系人"按钮。

3.3.4 在邮件中插入项目

为了让广大用户创建内容多样的邮件，Outlook Express 提供了大量丰富邮件内容的功能。用户还可以根据需要在邮件的正文中插入各种项目，如文本、图片、横线、名片以及超级链接等，甚至还可以将一个文件作为附件插入到邮件中发送给其他人，以达到快速交流信息的目的。这使电子邮件比常规意义的信件具有更多内容，也携带了更多的信息。

1. 插入超级链接

在邮件中可以插入超级链接，超级链接的目标可以是 Web 页、E-mail 地址、本地文件或是一个新闻组。如果用户收到一封邮件，其中有些文字以鲜明的天蓝色显示并带有下划线，就说明这些文字是一个超级链接，单击超级链接，即可打开其相关的内容。

在邮件中插入超级链接的方法是：在邮件正文区单击要插入超级链接的位置，执行"插入\超级链接"命令，打开"超级链接"对话框，如图 3-34 所示。在"类型"下拉菜单中选择链接类型，在 URL 文本框中输入链接位置和地址，例如输入一个完整的 Web 页地址 http://www.ux.com，这时即会激活"OK"按钮，单击该按钮，完成超级链接的设置。

图 3-34 "超级链接"对话框

如果要将邮件中的一些文字创建为超级链接，只需在创建超级链接前选中该文字即可。

2. 插入名片

通常情况下，名片用于提供某人的姓名、地址、身份等信息，可以在邮件中插入用户自己或其他详细资料，但是，也可以包含通讯簿中任何一个联系人的名片。可以在通讯簿中创建一个要应用其名片的联系人，然后将该名片插入到所有的邮件中去。

在 Outlook Express 窗口中，执行“工具\选项”命令，打开“选项”对话框，选择“撰写”选项卡，如图 3-35 所示。在“名片”区域中勾选“邮件”复选框，激活联系人下拉菜单，从中选择一个联系人，单击“确定”按钮。该名片将以图标的形式添加在邮件窗口“收件人”框的右边。如果要为某一封邮件添加名片，可在新邮件窗口中执行“插入\我的名片”命令。

图 3-35 “撰写”选项卡

3. 插入签名

用户可以使用签名自动将文本添加到要发送的邮件中。例如，可以创建包含姓名、职务和电话号码的签名，也可以用签名添加固定内容的段落，指明希望其他人以何种方式响应自己的邮件。用户可以根据需要创建多个不同的签名，并在创建邮件后选择要插入当前邮件的签名。

执行“工具\选项”命令，打开“选项”对话框，单击“签名”选项卡，如图 3-36 所示。在“签名”选项卡中单击“新建”按钮，将在“签名”列表框中自动添加一个名为“签名#1”的默认签名，并激活“编辑签名”设置栏中的选项。

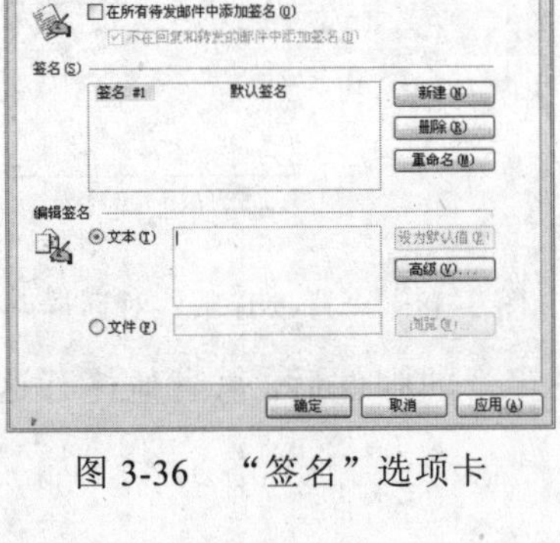

图 3-36 “签名”选项卡

如果用户在“编辑签名”设置栏中选择了“文件”选项，则可以将文件中的文字或HTML文件作为签名的内容；如果选择了“文本”项，则可以在文本框中输入一段文本作为签名的内容。勾选“在所有待发邮件中添加签名”复选框，则默认的签名将反映在所有新邮件中。如果只在个别邮件中使用签名，应取消此复选框，然后在撰写邮件时，打开“插入”菜单中的“签名”子菜单，并执行所要的签名。

如果用户有多个账号，并且不同的账号要使用不同的签名，可打开“选项”对话框，选择“签名”标签，在“签名”列表框中选定签名，然后单击“高级”按钮，打开“高级签名设置”对话框，如图3-37所示，从中选择使用该签名的账号。

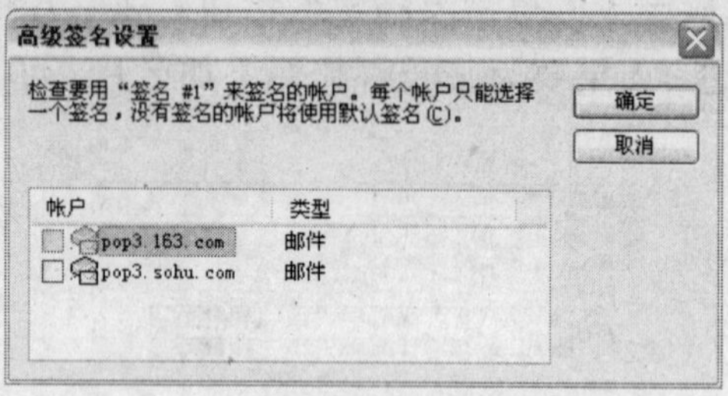

图3-37　“高级签名设置”对话框

以后要使用签名时，可直接执行“插入\签名”命令，在弹出的菜单中选择需要的签名，即可将该签名插入到邮件中。

动手练习 dongshoulianxi　使用Outlook Express给朋友发送一封电子邮件，并在邮件正文中插入自己的签名。

4．插入声音

用户还可以在邮件中插入声音档案，如一段音乐、一首歌曲等，使收件人在阅读邮件的同时还可以聆听到优美的乐曲。

在邮件窗口中执行“格式\背景\声音”命令，打开“背景音乐”对话框，如图3-38所示。在“文件”文本框中输入声音文件的路径，或单击“浏览”按钮，选择一个声音文件。在“重复设置”栏中设置播放声音的次数，单击“确定”按钮后完成设置。

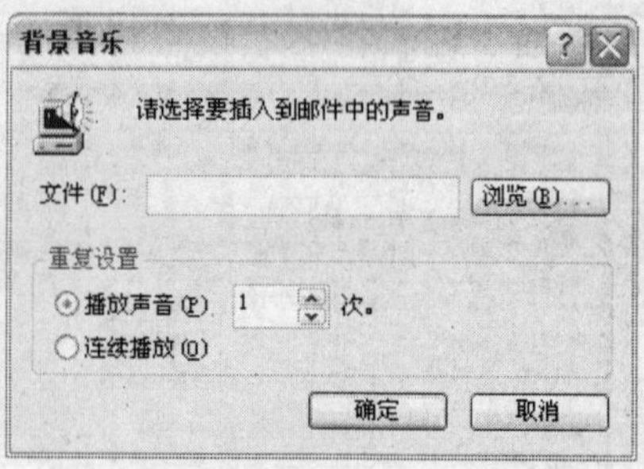

图3-38　“背景音乐”对话框

当收件人收到插入了背景声音的邮件后，每当他打开这封邮件，就会听到背景声音。

5. 插入附件

当发送邮件时，需要给对方发送一个比较小的文件的时候，就可以在邮件中以插入附件的方式进行发送。这样能很方便地将本机上的文件发送给对方。

插入附件的具体操作步骤如图 3-39～图 3-41 所示。

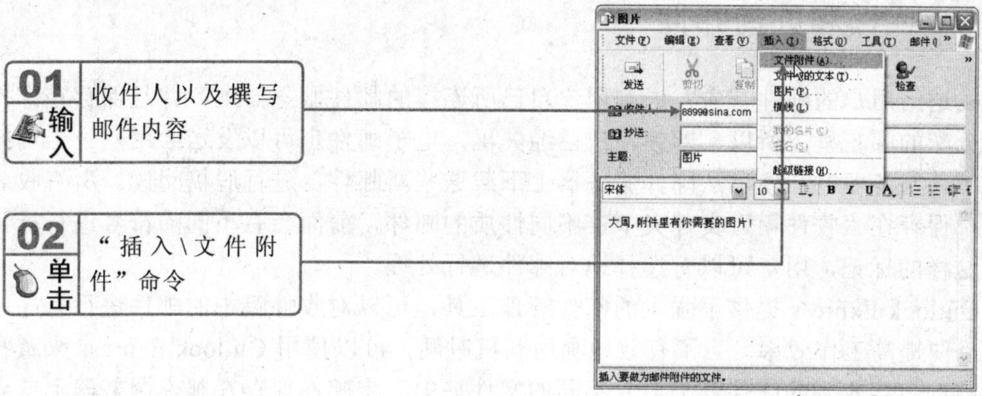

图 3-39　撰写邮件

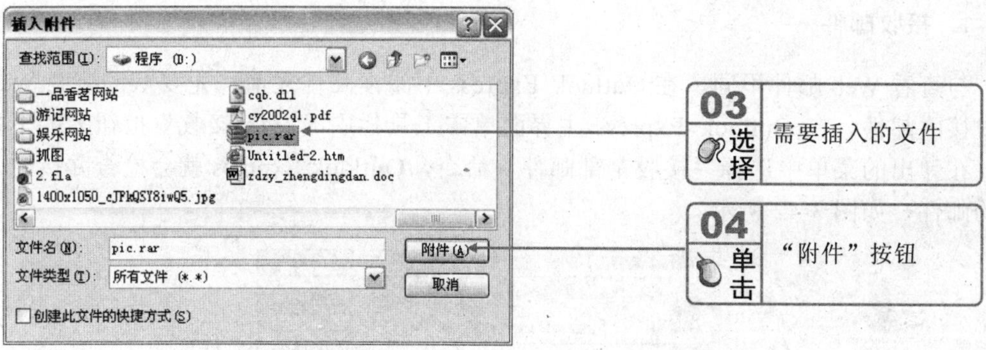

图 3-40　“插入附件”对话框

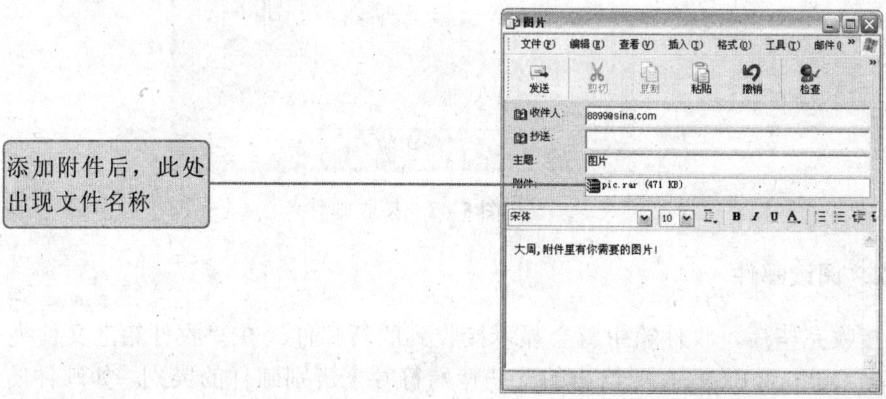

图 3-41　附件添加完成

02 小 测 试

使用 Outlook Express 发送电子邮件时，不能在邮件正文中插入（ ）。

A. 声音　B. 名片　C. 视频　D. 签名

3.3.5 阅读和处理邮件

发送给用户的邮件首先发送到用户自己所连接的邮件服务器上，并且保存在邮件服务器分配的邮箱里，所以，即使用户已经关机，电子邮件也可以发送给用户。当用户连接到邮件服务器时，便可从邮件服务器上下载这些新邮件，进行脱机阅读。所有收到的邮件都保存在“收件箱”文件夹中，不同性质的邮件，前面会有不同的符号进行标记，通过这样的标记，用户可以有选择地对邮件进行处理。

Outlook Express 提供了强大的邮件管理工具，可以对收件箱中的邮件进行有序的管理，以便提高工作效率。为了有效地利用联机时间，可以使用 Outlook Express 来查找邮件、自动将接收到的邮件分类放入不同的文件夹中、将邮件保存在邮件服务器上或者彻底删除邮件。

1. 接收邮件

与查看 Web 邮件不同，在 Outlook Express 中阅读邮件之前，先要从链接的 Web 邮箱中接收邮件。在 Outlook Express 主界面单击工具栏中“发送/接收”按钮旁的下拉按钮，在弹出的菜单中选择“接收全部邮件”命令，Outlook Express 就会检查并接收邮箱中的邮件，如图 3-42 所示。

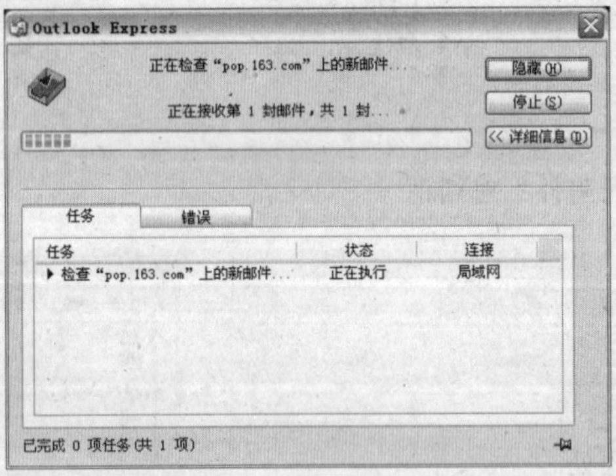

图 3-42　接收邮件

2. 阅读邮件

接收完毕后，收件箱中就会显示接收到的新邮件。在“收件箱”文件夹中，用户可以根据 Outlook Express 所给出的一些特殊符号来辨别邮件的类别，如邮件的优先级、是否有附加文件、邮件已读还是未读等，使用户可以有选择地阅读和处理邮件。在“收件箱”文件夹中，单击一个邮件项目，下面的预览窗格中即会出现该邮件的正文，用户可以拖动滚动条进行预览。

如果要打开一封邮件，在该邮件项目上双击鼠标左键即可。邮件上部显示出邮件的发件人、收件人、发送时间和主题，下面的文本框显示邮件正文，如图 3-43 所示。

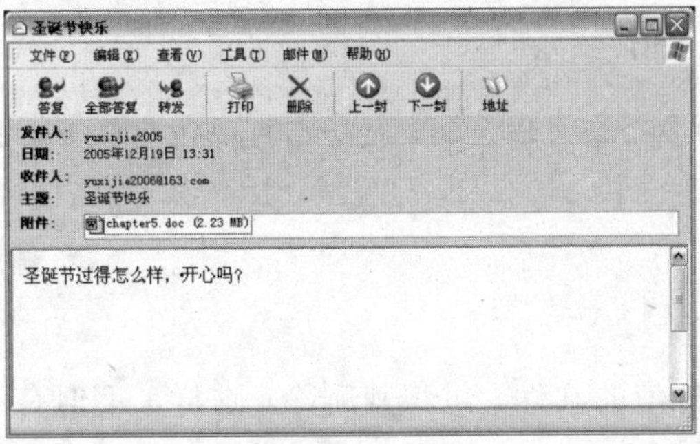

图 3-43　阅读邮件

在邮件窗口中可以阅读、打印、另存或删除邮件。如果用户需要查看有关邮件的所有信息，如发送邮件的时间等，可执行“文件\属性”命令，在打开的对话框中进行查看。

3. 答复和转发邮件

收到一封邮件后，可以向该邮件的发件人发送答复，也可以将答复发送给该邮件的“收件人”和“抄送”文本框中的全部收件人。对于含有公众事宜的邮件，如果需要，还可以转发给其他有关的人员。

答复发件人时，如果当前打开了邮件，单击邮件窗口工具栏上的“答复”按钮，开启一个新的邮件窗口，如图 3-44 所示。所收邮件的发件人的地址显示在答复邮件的“收件人”框中。在标题栏中显示“Re（答复）”字样并显示原件的主题。文本框中显示原始邮件的各种信息。

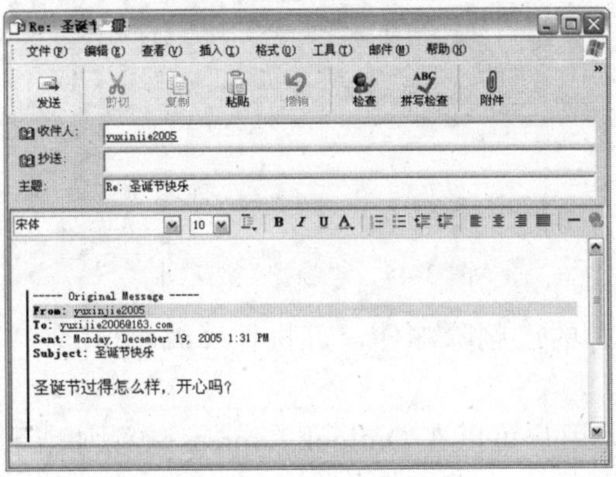

图 3-44　新邮件窗口

答复邮件时，在正文区中的原件顶部输入文字即可。如果用户需要答复全部发件人、收件人以及抄送的联系人，则要单击工具栏上的“全部答复”按钮。回复邮件时，会以原始邮件的语言编码来发送。如果在回复中更改了语言编码，则原始字符可能无法正确显示，除非以 HTML 格式发送邮件，并且接收程序可以读 HTML 格式的邮件。此外，用户也可以使用 Unicode 来发送邮件，但并非所有的邮件和新闻组都可以显示 Unicode 邮件。

如果要在一封邮件中使用不同的编码，可在邮件窗口中执行“格式\编码”命令，然后选择所需使用的语言编码。

你问我答

什么是 Unicode？

Unicode 是由多个公司联合制订的一套可以适用于全世界所有国家的字符码。

4．删除邮件

对于一些没有保存价值的邮件，可将其删除。这样，不但有利于“收件箱”的管理，还可以减少对硬盘空间的占用。

删除邮件的方法很简单，只要在邮件列表中选择一封邮件，单击工具栏上的“删除”按钮 就可以了。这时，邮件将被转移到“已删除邮件”文件夹中。如果要恢复已删除的邮件，可打开“已删除邮件”文件夹，然后将邮件拖回到收件箱或其他文件夹中。

如果希望在退出 Outlook Express 时将“已删除邮件”文件夹中的邮件清除，可执行“工具\选项”命令，打开“选项”对话框，单击“维护”选项卡，勾选“退出时清空‘已删除邮件’文件夹中的邮件”复选框即可，如图 3-45 所示。

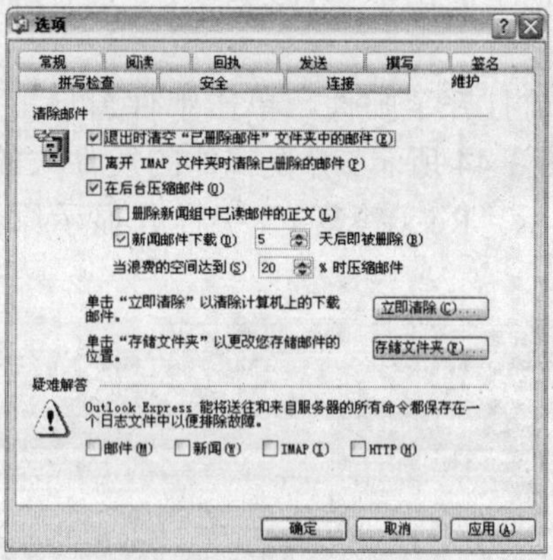

图 3-45 “维护”选项卡

如果要手工清除所有的已删除邮件，可执行“编辑\清空‘已删除邮件’文件夹”命令。

为了便于邮件管理，用户可以在 Outlook Express 中添加或删除文件夹，并可以很方便地在文件夹之间进行切换。

如果要添加文件夹，执行“文件\文件夹\新建”命令，打开“创建文件夹”对话框，在“文件夹名”文本框中输入名称，并在“选择新建文件夹的位置”列表框中选择一个新文件夹的父文件夹，然后单击“确定”按钮，在文件夹列表的相应位置即会出现一个新文件夹，如图 3-46 所示。

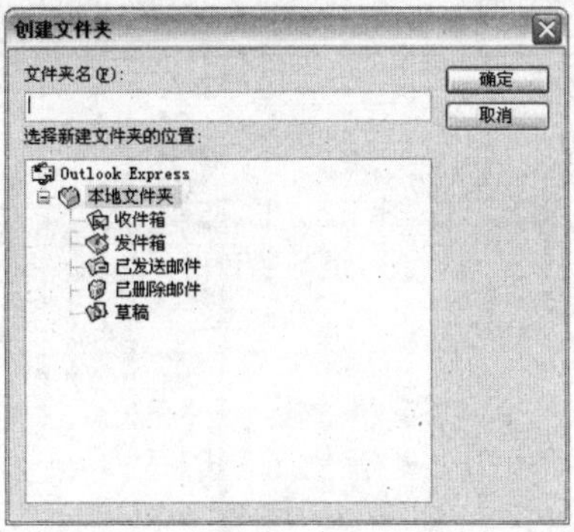

图 3-46　新建文件夹

创建一个文件夹后，如果要删除它，可以在文件夹列表中选定该文件夹，然后执行“文件\文件夹\删除”命令。此外，还可以对创建的文件夹进行重命名和移动操作。

用户只能对自己创建的文件夹进行删除、重命名和移动操作，而对于 Outlook Express 内置的“收件箱”、“发件箱”、“已发送邮件”或“草稿”这些文件夹就不能进行这些操作。

如果用户要从一个文件夹切换到另一个文件夹，只需单击文件夹列表中的目标文件夹名称。

你问我答

在 Outlook 中如何才能拒绝接收某个邮箱发来的邮件呢？

在收件箱中选中要阻止的这个邮箱发来的电子邮件，然后执行“邮件\阻止发件人”命令即可。

3.4 高级邮件管理

使用 Outlook Express 还能够对邮件进行一些特殊的处理，比如使用信纸编写邮件、将邮件编写为 HTML 格式等。

3.4.1 使用信纸编写电子邮件

信纸是一种模板，它可以包含背景图案、独特的字体颜色以及自定义的页边距。使用 Outlook Express 的信纸，用户可以创建更具吸引力的电子邮件或新闻组邮件。如果用户选择了使用 HTML 格式发送邮件，就可以在邮件中应用信纸，新邮件将使用信纸中设置的字体、背景颜色和图像等，这会使自己的邮件显得更亲切、美丽。Outlook Express 提供了几十种信纸模板，有的风趣活泼、有的凝重端庄、有的格调高雅，用户可根据不同的场合来选用这些信纸。

创建个性信纸的具体操作步骤如图 3-47～图 3-53 所示。

01 单击 “格式\应用信纸\其他信纸”命令

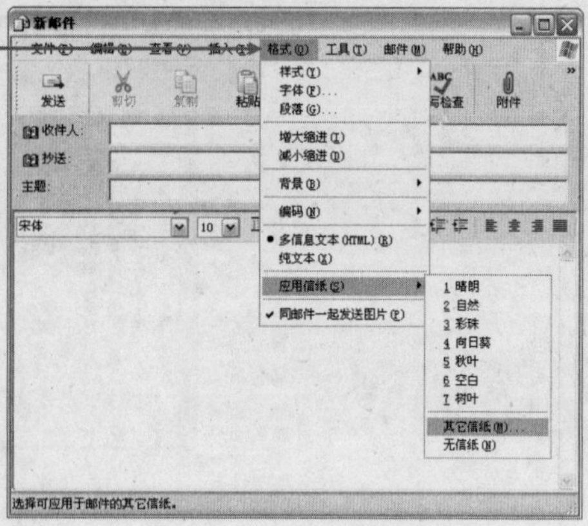

图 3-47 执行菜单命令

图 3-48 “选择信纸”对话框

02 单击 “创建信纸”按钮

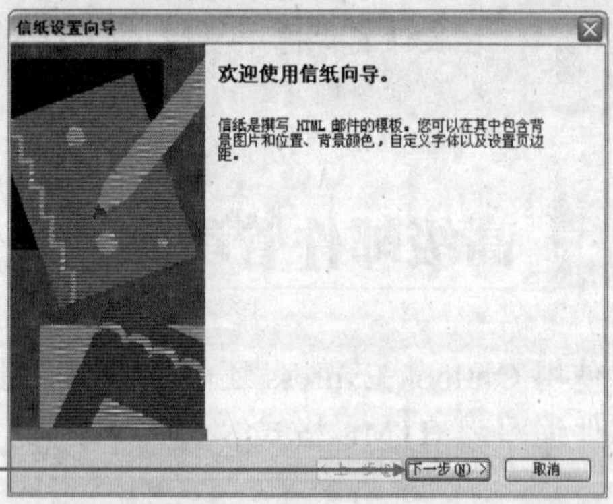

03 单击 “下一步”按钮

图 3-49 信纸设置向导一

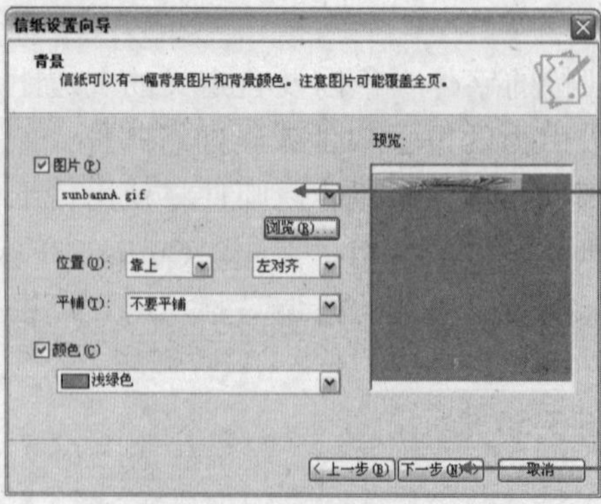

04 设置 对话框中的相关选项

05 单击 “下一步”按钮

图 3-50 信纸设置向导二

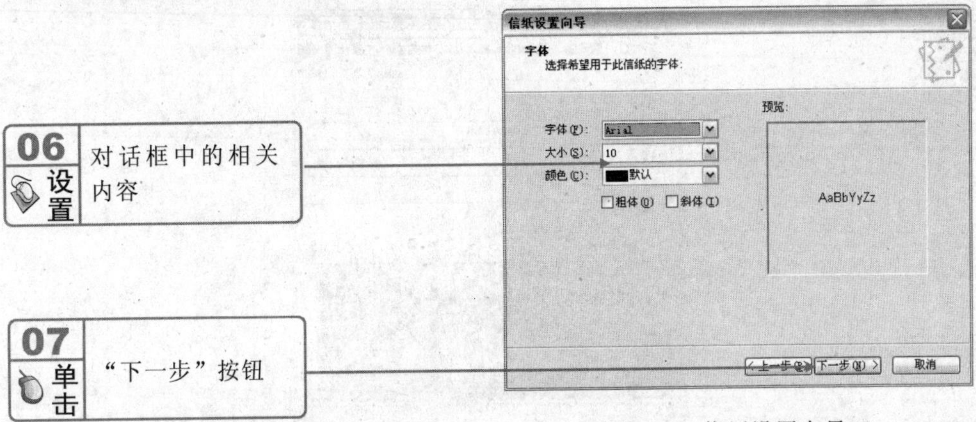

图 3-51　信纸设置向导三

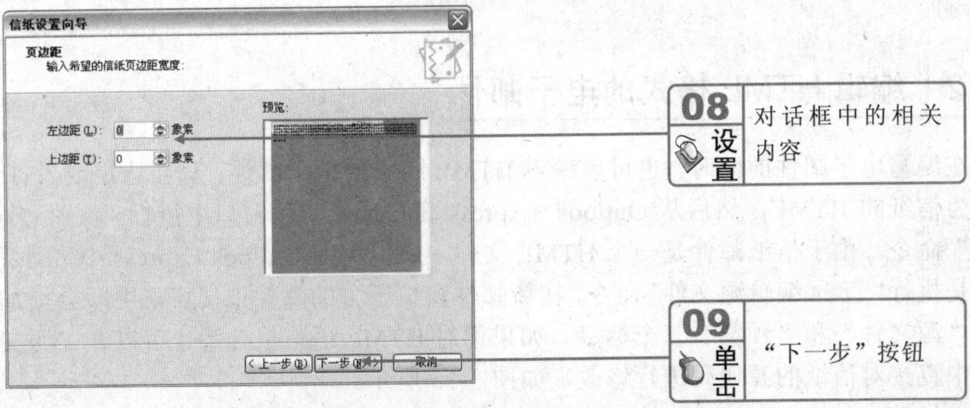

图 3-52　信纸设置向导四

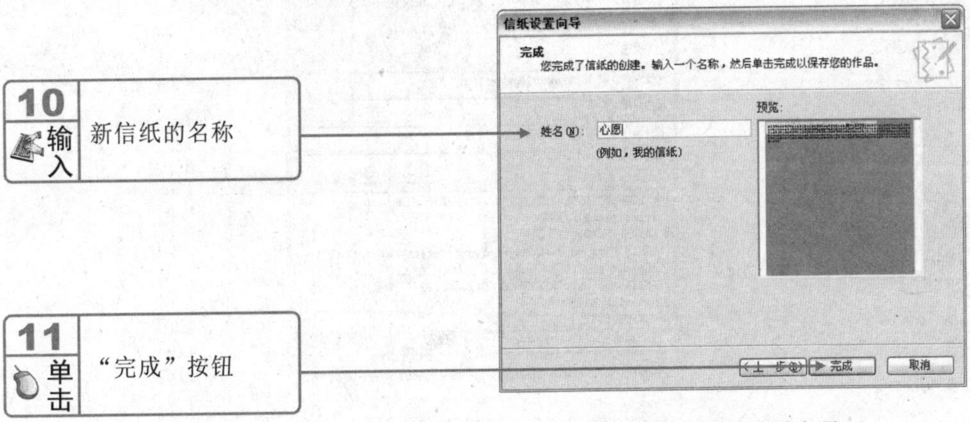

图 3-53　信纸设置向导五

一张新的信纸即创建完成，该信纸会保存在信纸列表中，以备以后使用。现在来看一下刚刚创建的新信纸的效果，在新邮件窗口中，执行“格式\应用信纸\其他信纸”命令，打开“选择信纸”对话框，在信纸列表框中，双击所建立的新信纸选项即可，效果如图 3-54 所示。

图 3-54　信纸效果

3.4.2 编辑 HTML 格式的电子邮件

在编写电子邮件的同时，也可以编辑 HTML 格式的电子邮件。只要选定或者打开要创建为信纸的 HTML，然后从 Outlook Express 窗口或新邮件窗口中执行“文件\另存为信纸”命令。由于信纸邮件是一个 HTML 文件，所以可在 Outlook Express 中进行编辑，方法是执行“查看\编辑源文件”命令，在新邮件窗口下方的邮件正文窗格中即会增加“编辑”、“源文件”和“预览”三个标签。如果你对 HTML 语言很熟悉，可以在“源文件”标签中直接对信纸的源代码进行修改，如图 3-55 所示。

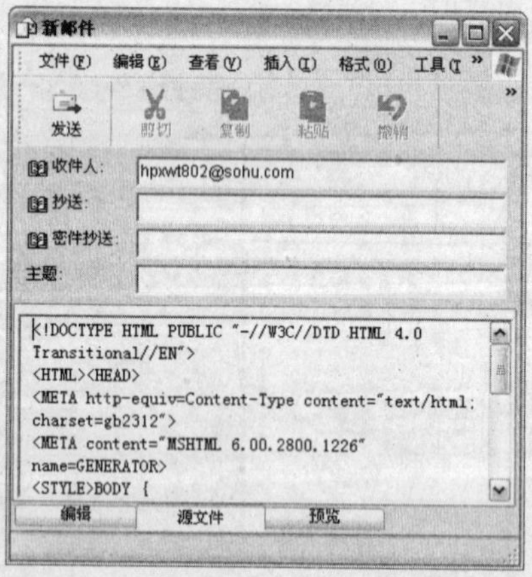

图 3-55　信纸的源代码

3.4.3 使用规则管理邮件

用户可以在 Outlook Express 中使用规则，从而将接收到的邮件自动分类并放入不同的文件夹中、以彩色显示特定的、自动回复或转发特定的邮件等。创建一条规则后，Outlook Express 将在接收或发送邮件时应用此项规则。

为邮件创建规则的方法如图 3-56～图 3-57 所示。

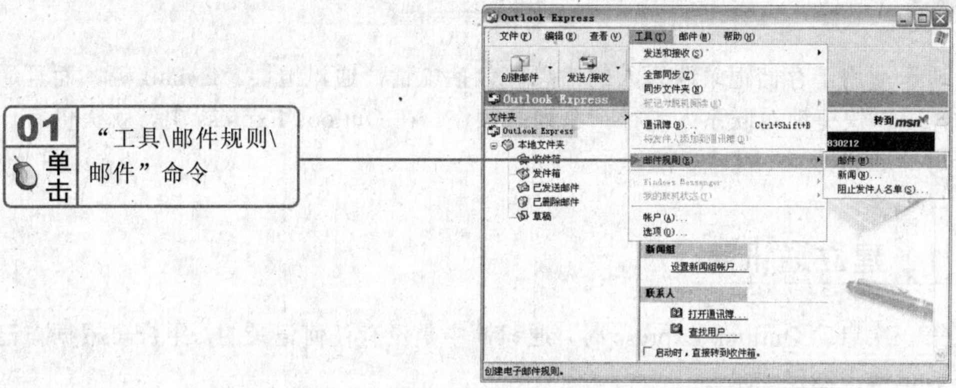

图 3-56 执行菜单命令

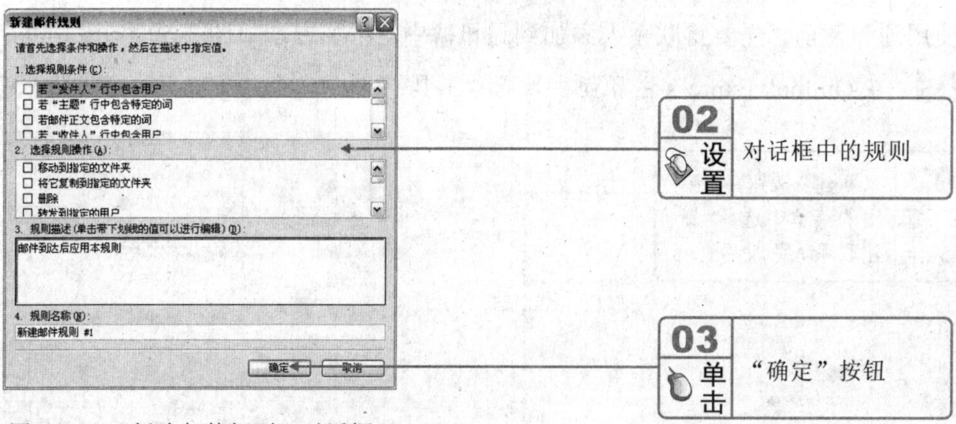

图 3-57 “新建邮件规则”对话框

04 如果你的电脑已经安装了“金山毒霸 6.0”这类型的杀毒软件，那么它会自动生成一个其自带的邮件规则，使你的邮件也会得到“金山毒霸”的保护，如图 3-58 所示。

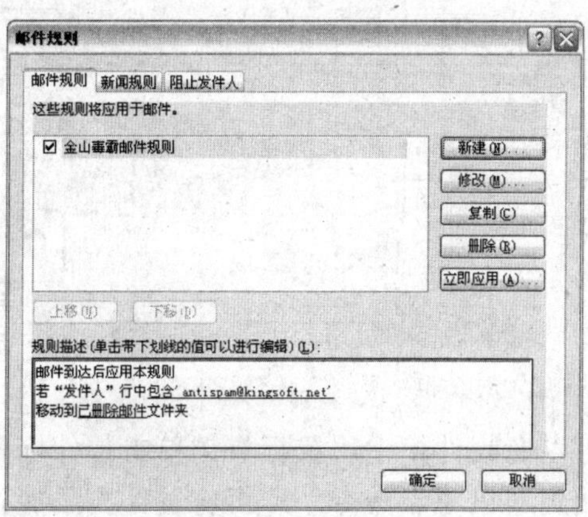

图 3-58 “邮件规则”对话框

3.5 Outlook Express 通讯簿

通讯簿用于存储记录联系人的信息，包括电话、通讯地址、E-mail 等。而且通过通讯簿，可以快捷地对联系人进行一系列的操作。在 Outlook Express 中，就提供有一个简单好用的通讯簿。

3.5.1 建立通讯簿

第一次启动 Outlook Express 时，通讯簿中是没有任何记录的，用户可根据自己的情况在通讯簿中创建记录。

1. 添加联系人

使用通讯簿前，先要将联系人添加到通讯簿中。添加方法如图 3-59 和图 3-60 所示。

01 在 Outlook Express 主界面中执行“工具\通讯簿”命令，打开“通讯簿”窗口。

02 单击 “新建”按钮，在弹出的菜单中选择“新建联系人”命令

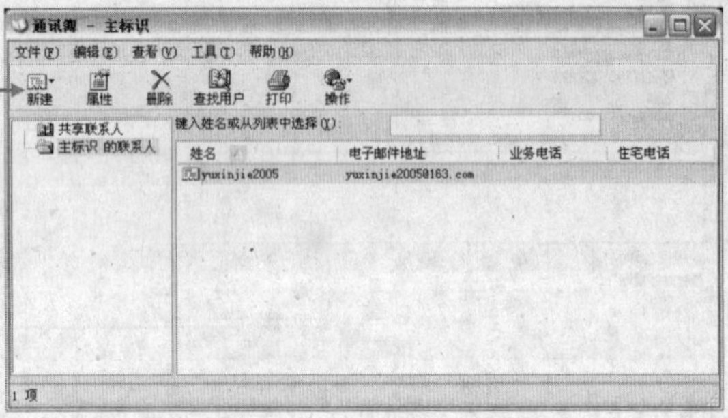

图 3-59 “通讯簿”窗口

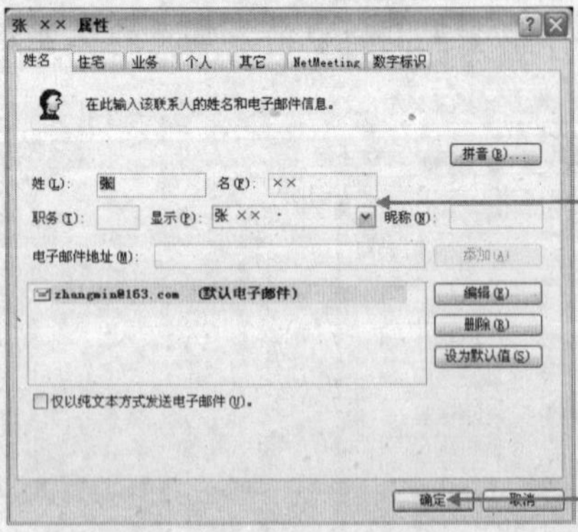

03 输入 各个选项卡中相关的联系人信息

04 单击 “确定”按钮，即可将联系人添加到通讯簿中

图 3-60 “联系人属性”对话框

除上述方法外，也可以在收件箱中用鼠标右键单击邮件标题，然后在弹出的快捷菜单中选择“将发件人添加到通讯簿”命令，即可将发件人添加到通讯簿中。但只是记录了发件人姓名及邮箱地址，此时可以在通讯簿中双击该联系人，在弹出的“联系人属性”对话框中添加其他信息。

另外，当用户给发件人回复邮件时，如果发件人不属于通讯簿中的联系人，Outlook Express 就会自动将其添加到通讯簿。

2. 新建组

如果通讯簿中有很多联系人，那么对联系人的管理就会非常不便。这时，可以按照某些类别将联系人分组管理。

利用 Outlook Express 中的“组”功能，不但可以对联系人实现分类管理，而且可以实现邮件的群发。创建“组”的操作方法如下：

01 在“通讯簿”窗口中单击“新建”按钮，在弹出的快捷菜单中选择“组”命令，打开“组属性”对话框，如图 3-61 所示。

02 在对话框中的“组名”文本框中输入组的名称后，单击“选择成员”按钮。

03 在弹出的“选择组成员”对话框右侧的列表框中选择要添加到该组的联系人，并单击“选择”按钮进行添加，添加完毕后单击“确定”按钮，如图 3-62 所示。

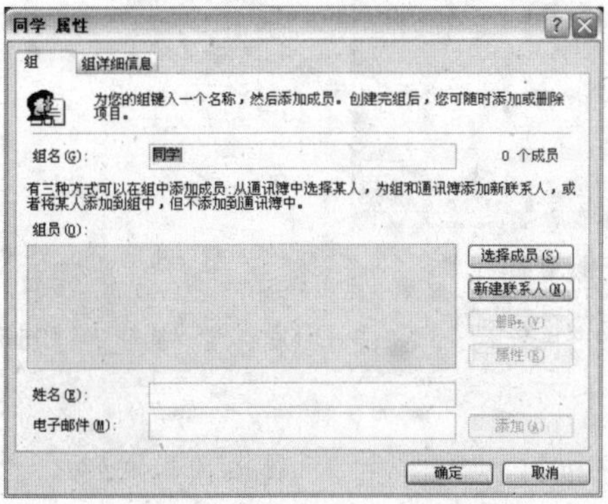

图 3-61 “组属性”对话框

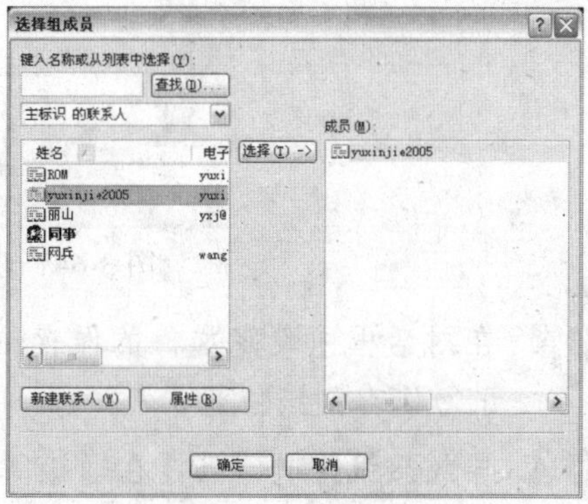

图 3-62 添加组成员

04 也可在“组属性”对话框中单击“新建联系人”按钮，直接在当前组中添加新的联系人。添加完毕后，单击“确定”按钮即可。

创建完成后，如果要给某个组的所有成员同时发送一封邮件，只要在 Outlook Express 主界面左下角的联系人面板中用鼠标右键单击该组，在弹出的快捷菜单中选择“发送电子邮件”选项，如图 3-63 所示。然后在打开的“新邮件”窗口中填写邮件主题及邮件内容，并单击“发送”按钮即可。

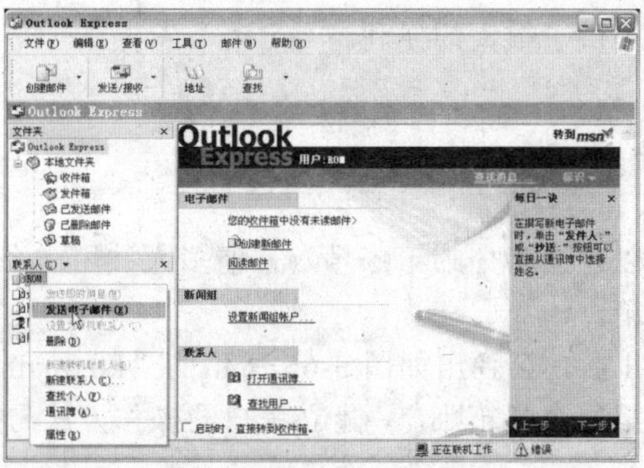

图 3-63 给组成员群发邮件

3.5.2 导入/导出通讯簿

由于Outlook Express是捆绑在Windows XP中的，因而如果要重新安装Windows XP，那么Outlook Express中的信息就会全部丢失。而通讯簿中有可能记录了很多重要联系人的信息，如果丢失的话，就会给用户带来一些不必要的困扰。这时，我们可以先将通讯簿中的信息导出到其他位置。

重新安装系统后，再将其导入就可以了。导出及导入通讯簿的具体操作方法如下：

01 在通讯簿窗口中执行“文件\导出\通讯簿”命令，打开“选择要导出至的通讯簿文件”对话框，如图3-64所示。

图3-64 选择文件的导出位置

02 在对话框中设定文件的保存位置和文件名后，单击“保存”按钮，即可将通讯簿保存到该位置。

03 导入通讯簿时，只要在通讯簿窗口中执行“文件\导入\通讯簿”命令，然后在弹出的“选择要从中导入的通讯簿文件”对话框中选中导出的通讯簿文件，然后单击“打开”按钮即可。

3.6 Foxmail收发电子邮件

Foxmail是一款著名的国产电子邮件客户端软件，提供了基于Internet标准的电子邮件收发功能。它具有强大的邮件编辑、邮件管理功能，同时与地址簿完美结合，为发送邮件和管理联系人信息提供了很大的便利。

3.6.1 建立Foxmail账户

在Foxmail中，可以建立多个邮箱账号，方便多人共用一个账号，或者是个人建立多个用于不同用途的邮箱。

安装并启动Foxmail后，会弹出如图3-65所示的“Foxmail用户向导”对话框，按照向导的提示即可建立第一个邮箱账户，建立账户的操作方法与Outlook Express基本相同，在此就不再赘述。

成功建立一个邮箱账户后，就可以进行多账户的创建了。在 Foxmail 主窗口中，执行“账户\新建”命令，打开“Foxmail 用户向导”对话框，然后只需按照新建账户的方法进行操作即可。

创建完成后，在 Foxmail 主界面中，就可以看到所有创建完成的账户，如图 3-66 所示。

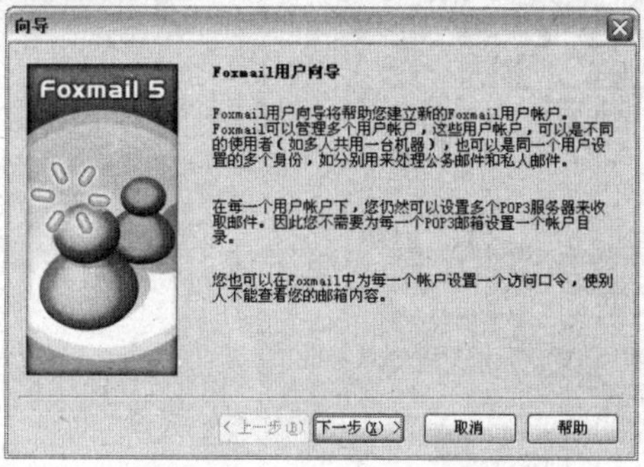

图 3-65　Foxmail 用户向导

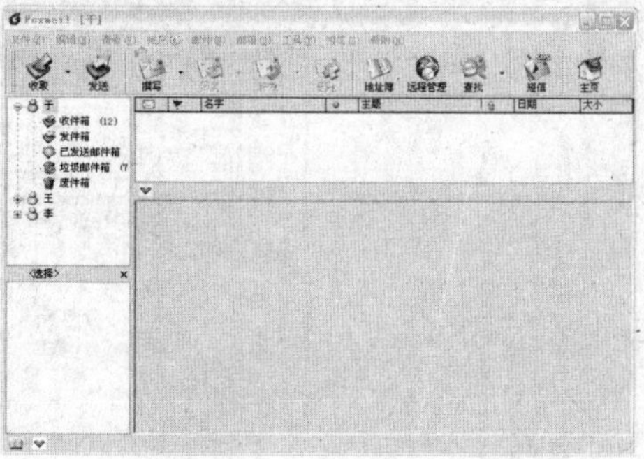

图 3-66　建立多个账户

在默认状态下，任何人都可以访问 Foxmail 中所有的邮件账户。如果要防止其他用户访问自己的邮箱账户，可以为账户添加访问口令。选中要添加的账户后，在 Foxmail 主界面中执行“账户\访问口令”命令，然后在弹出的“口令”对话框中输入要设置的密码，单击“确定”按钮即可。这样在访问该账户时，就会提示输入口令。

建立账户后，还可以根据实际情况更改账户信息，包括账户名、邮箱地址等等。选中要更改的账户后，执行“账户\属性”命令，在打开如图 3-67 所示的“属性”对话框中即可进行更改。

图 3-67　修改账户信息

3.6.2　收 发 邮 件

建立账户后，就可以在不同的邮箱账户中收发电子邮件了。Foxmail 简单易用的操作界面，可以使多个用户很方便地进行邮件的发送与接收等操作。

1．接收、回复与转发邮件

接收邮件时，只要登录到不同的邮件账户，然后单击工具栏中的“收取”按钮，即可接收信箱中的邮件，并在账户目录中显示邮件的存放位置及邮件数量。接收邮件时，

Foxmail 会自动判断邮件的类型，并会将判断出的垃圾邮件存放到垃圾邮件箱中而不是收件箱中。同时，会在右侧窗口中显示接收的邮件列表，单击列表中的邮件主题，即可在下侧窗口中显示邮件的内容，如图 3-68 所示。

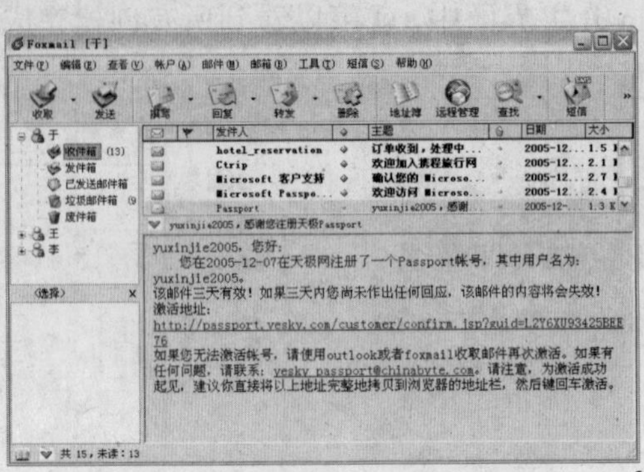

图 3-68　查看邮件内容

通过工具栏中的“回复”与“转发”按钮，即可对当前邮件进行回复或转发等操作。操作方法与 Outlook Express 基本相同。

2．撰写与发送邮件

单击工具栏中的“撰写”按钮，将打开“写邮件”窗口。单击“撰写”旁的下拉按钮，还可以在弹出的快捷菜单中为新邮件选择一份精美的信纸，如图 3-69 所示。

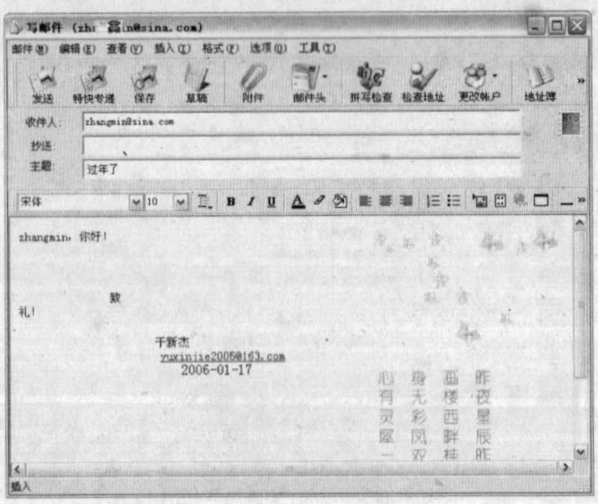

图 3-69　写邮件

窗口中已经设置好了邮件格式，用户只需修改及添加相关内容后，即可进行发送。在工具栏中有“发送”与“特快专递”两个按钮，其中“发送”按钮是以正常发送方式通过邮箱服务器发送邮件，而“特快专递”功能，则是能够找到收件人邮箱所在的服务器，从而直接将邮件发送到对方的邮件服务器中。这样，当邮件发送完毕后，对方就可以立刻收到邮件了。

3．邮件阅读收条

发送一封很重要的 E-mail 时，使用“邮件收条”可以帮助确认对方是否收到。它能在收件人收到发信人的E-mail后，反馈给发信人一个对方已收到邮件的信息。使用“邮件收条”的具体操作如下：

01 在主界面中执行“工具\系统设置”命令，并在打开的“设置”对话框中切换到“收条”选项卡，如图 3-70 所示。

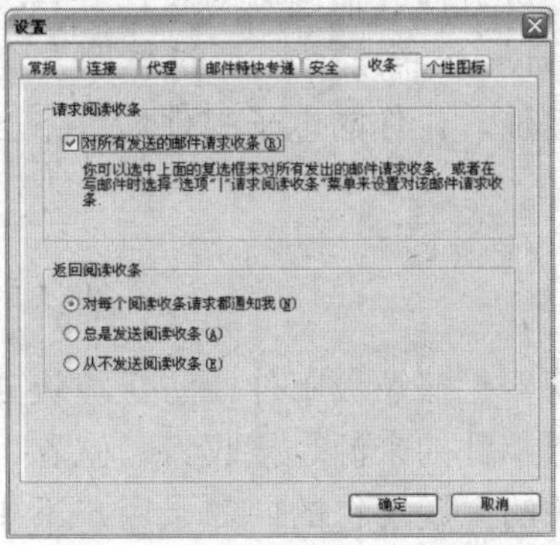

图 3-70 “收条”选项卡

02 如果希望所有发送的邮件都能收到邮件收条，则选中“对所有发送的邮件请求收条”选项。

03 在“返回阅读收条”区域中，选中“对每个阅读收条请求都通知我”选项，则打开要阅读收条的邮件时，会询问用户是否发送收条；选择“总是发送阅读收条”选项，则打开要求返回阅读收条的邮件时，Foxmail将自动生成收条邮件，并发送出去；选择“从不发送阅读收条”选项，则不会发送阅读收条。

04 设置完成后，单击“确定”按钮确认操作。

3.7 垃圾邮件的处理

在使用电子邮件的时候，最让人头疼的就是数以万记的垃圾邮件。这些邮件不但数目众多，有些内容也不健康，会不同程度地占用邮箱空间，对正常使用电子邮件带来很大的影响，本节将介绍拒绝垃圾邮件的解决方法。

3.7.1 拒收垃圾邮件的方法

拒收垃圾邮件的方法有很多，下面就把常用的方法介绍给大家：

（1）不要响应不请自来的电子邮件或者垃圾邮件。

（2）不要把你的邮件地址在Internet页面上到处登记。

（3）不要登陆并注册那些许诺在垃圾邮件列表中删除你名字的站点。

（4）不要把你的邮件地址告诉你不信任的人。

（5）不要订阅一些不健康的电子杂志，以防止被垃圾邮件收集者收集。

（6）谨慎使用邮箱的“自动回复”功能。

（7）发现收集或出售电子邮件地址的网站或消息，请告诉相应的主页提供商或主页管理员，将你删除，以避免邮件地址被他们利用。

（8）建议你用专门的邮箱进行私人通信，而用其他邮箱订阅电子杂志。

（9）不要轻易泄露自己的 ISP 信箱地址。

如果不得不留下邮箱地址以方便其他网友与自己联系，可以采取一些变通的方式。如将 myname@123.com 写成 myname#123.com，这样网友会明白你的意思，而 E-mail 地址收集软件会将其视为非法地址，让你的电子邮件地址不会轻易地被别人知道。

3.7.2 过滤垃圾邮件

用户可以利用邮箱的过滤器拦截垃圾邮件，防止垃圾邮件进入你的邮箱。电子邮箱的过滤器可以为用户提供按照邮件的来源、接收者、主题、长度来设置过滤规则。通常某一类的垃圾邮件是会有相关的主题字符的，如果用户不想再收到类似的垃圾邮件，可以对在主题中有特定字符的邮件设置过滤。例如：不想再收到关于 SEX 的垃圾邮件了，可以设置过滤在主题中的字符为 SEX 则可。对于那些经常不请自来的、或者你不愿意收的邮件，你可以设定过滤的办法，把他们直接送到废件箱里。人们常用 Outlook Express 等邮件管理工具来实现垃圾邮件的过滤。

Outlook Express 的过滤器设置、过滤规则的创建方法如图 3-71～图 3-73 所示。

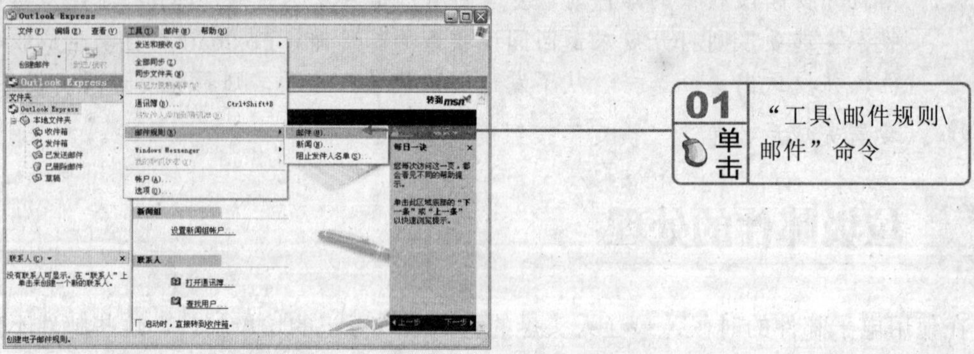

图 3-71 单击菜单命令

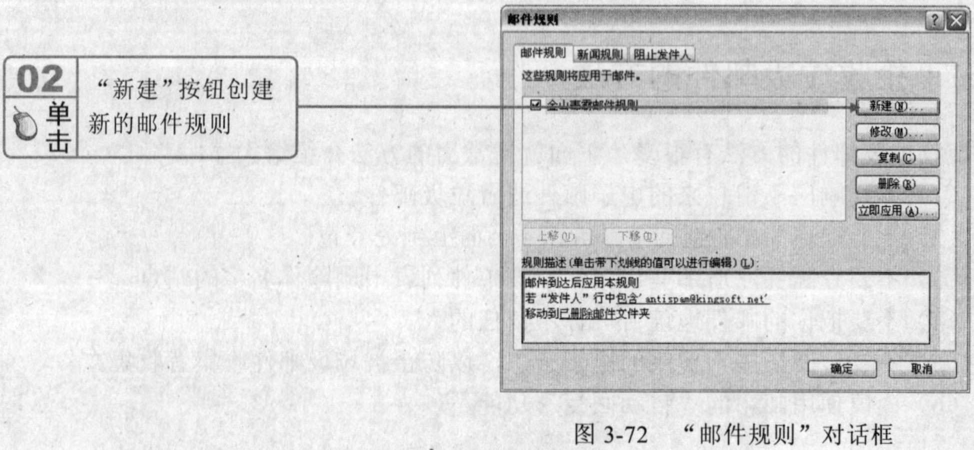

图 3-72 "邮件规则"对话框

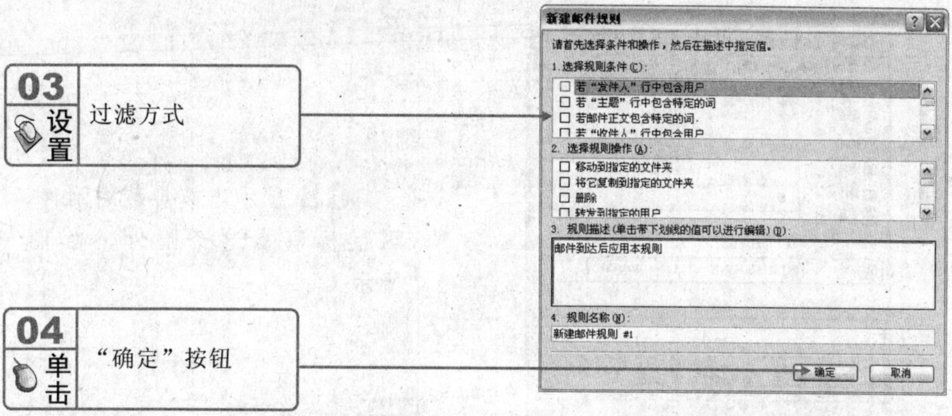

图 3-73　设置过滤方式

过滤规则的修改与创建的方法基本类似，这里就不再赘述了。

你问我答

能不能举报垃圾邮件呢？

能，举报垃圾邮件有两种方法，一是进入 http://aspam.isc.org.cn 网站页面，把垃圾邮件的完整信头和内容复制，并粘贴到垃圾邮件举报框中，点击“确定”按钮，得到你举报的 ID 号码；二是选中你确认的垃圾邮件，将其转发到垃圾邮件举报邮箱 abuse@isc.org.cn 中。

融会贯通 —下载 Outlook Express 邮件中的附件—

如果某些邮件带有附件，那么你需要将其保存在你的电脑上，而 Outlook Express 在默认的情况下，为了保证你使用电脑的安全，将这些附件都进行了屏蔽与删除操作。要下载邮件中的附件，只需执行以下操作即可。

01 在 Outlook Express 中打开邮件正文，如图 3-74 所示。

02 在窗口中执行“邮件\转发”命令，或单击“转发”按钮。

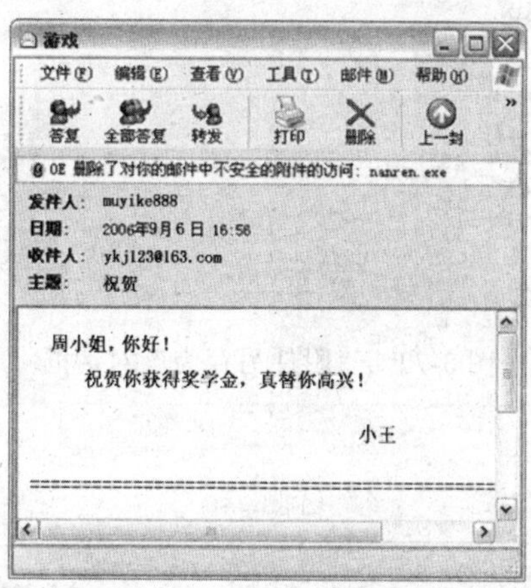

图 3-74　打开邮件正文

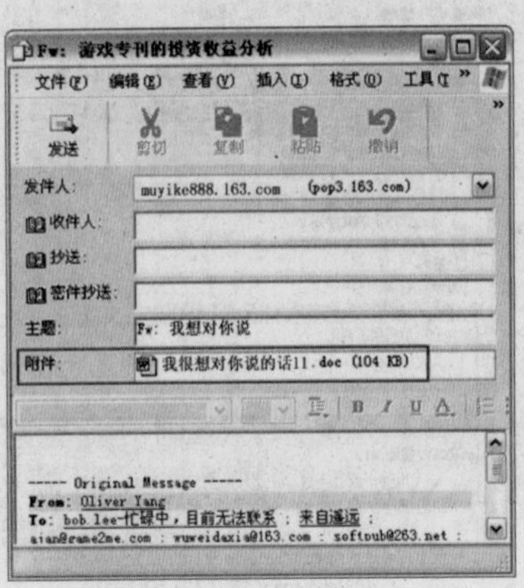

图 3-75　双击附件

03 显示出被屏蔽的附件，然后用鼠标双击这个附件，如图 3-75 所示。

04 在出现的对话框中选中“保存到磁盘”选项，如图 3-76 所示。

05 完成后单击“确定”按钮。

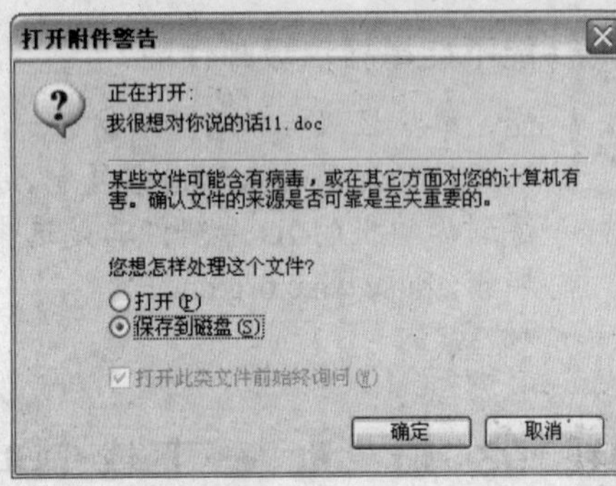

图 3-76　“警告”对话框

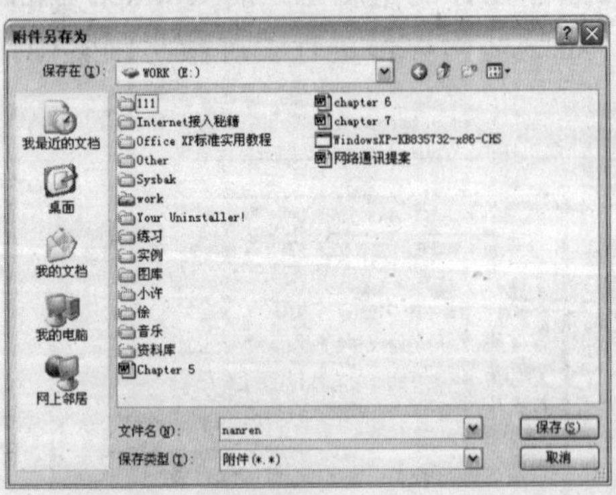

图 3-77　“附件另存为”对话框

06 在弹出的对话框中选择附件存放的路径。

07 完成后单击“保存”按钮，如图 3-77 所示。

小测试答案 ●●●●●　（请翻转阅读答案）

1. B　2. C

Study

CHAPTER

【第 4 章】

Internet 资源搜索

→内容导读

1. 本章需要了解的概念：

 搜索引擎

2. 本章需要掌握的操作：

 百度搜索引擎的使用　搜索引擎的选择

3. 本章需要提高的内容：

 百度搜索技巧

04

4.1 利用搜索引擎搜索信息

在浩如烟海的网络资讯海洋中寻找需要的资料，你是否有大海捞针的感觉？网络资源种类繁多，这么大的一个信息宝库，通过什么方法来查找所需要的信息呢？搜索引擎是你的首选。搜索引擎（Search Engine）意为信息查找的发动机，它以一定的方式在Internet中搜集和发现信息，对信息进行提取、组织和处理，并为用户提供检索服务，从而起到信息导航的目的。

4.1.1 初识搜索引擎

搜索引擎由存放信息的大型数据库、信息提取系统、信息管理系统、信息检索系统和用户检索界面组成。信息提取系统的主要任务是在因特网上主动搜索WWW服务器或新闻服务器上的信息，并自动为它们制作索引，索引内容甚至信息本身则存放在搜索引擎的大型数据库中。搜索引擎管理系统的任务是对信息进行分类处理，有些搜索引擎还使用专业人员对信息进行人工分类和审查，以保证信息没有质量问题。信息检索系统的任务将用户输入的检索词与存放在大型数据库系统中的信息进行匹配，多数情况下还需要根据内容对检索结果进行排序。搜索引擎检索界面的任务是通过网页接收用户的查询请求，用户输入查询内容后，网页上将显示出查询结果。多数搜索引擎的检索界面都相差无几。在Internet上具有搜索功能的网站有很多，如“新浪”、“雅虎”等，这些网站都为用户提供了信息搜索服务，如图4-1与图4-2所示。

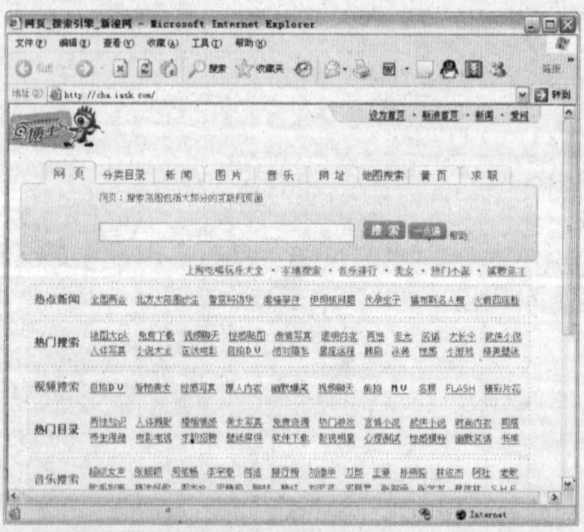

图4-1　新浪搜索

图4-2　雅虎搜索

搜索引擎其实也是一个网站，专门为你提供信息“检索”服务，它使用特有的程序把因特网上的所有信息归类以帮助人们在浩如烟海的信息海洋中搜寻到自己所需要的信息。

这里以一个简单的例子来说明。如果你需要网上定购鲜花，具体的操作步骤如图4-3和图4-4所示。

01 打开雅虎 http://www.yahoo.com.cn/。

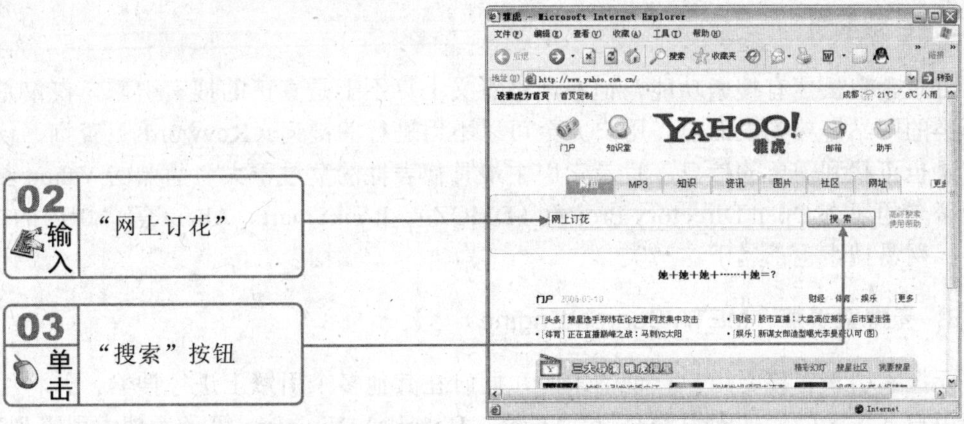

图 4-3　雅虎网站

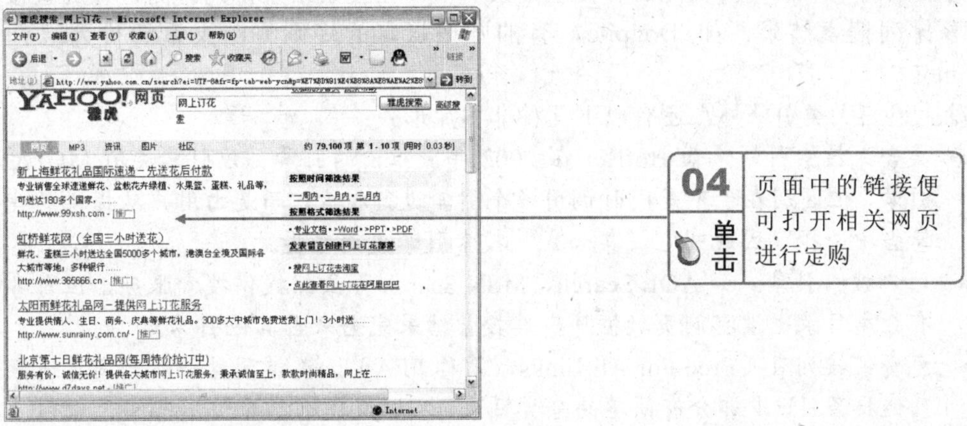

图 4-4　搜索结果

4.1.2　搜索引擎的分类

搜索引擎按其工作方式主要可分为三种，它们分别是全文搜索引擎（Full Text Search Engine）、目录索引类搜索引擎（Search Index/Directory）和元搜索引擎（Meta Search Engine）。

1. 全文搜索引擎

全文搜索引擎是名副其实的搜索引擎，国外具有代表性的有 Google、Fast/AllTheWeb、AltaVista、Inktomi、Teoma、WiseNut 等，国内著名的有百度（Baidu）。它们都是通过从互联网上提取的各个网站的信息（以网页文字为主）而建立的数据库中，检索与用户查询条件匹配的相关记录，然后按一定的排列顺序将结果返回给用户，因此他们是真正的搜索引擎。

从搜索结果来源的角度，全文搜索引擎又可细分为两种，一种是拥有自己的检索程序（Indexer），俗称“蜘蛛”（Spider）程序或“机器人”（Robot）程序，并自建网页数据库，搜索结果直接从自身的数据库中调用，如上面提到的 7 家引擎；另一种则是租用其他引擎的数据库，并按自定的格式排列搜索结果，如 Lycos 引擎。

2. 目录索引

目录索引虽然有搜索功能，但在严格意义上算不上是真正的搜索引擎，仅仅是按目录分类的网站链接列表而已。用户完全可以不用进行关键词（Keywords）查询，仅靠分类目录也可找到需要的信息。目录索引中最具代表性的莫过于大名鼎鼎的 Yahoo 雅虎。其他著名的还有 Open Directory Project（DMOZ）、LookSmart、About 等。国内的搜狐、新浪、网易搜索也都属于这一类。

3. 元搜索引擎（META Search Engine）

元搜索引擎在接受用户查询请求时，同时在其他多个引擎上进行搜索，并将结果返回给用户。著名的元搜索引擎有 InfoSpace、Dogpile、Vivisimo 等（元搜索引擎列表），中文元搜索引擎中最具代表性的有搜星搜索引擎。在搜索结果排列方面，有的直接按来源引擎排列搜索结果，如 Dogpile，有的则按自定的规则将结果重新排列组合，如 Vivisimo。

除上述三大类引擎外，还有以下几种非主流形式：

- 集合式搜索引擎：如 HotBot 在 2002 年底推出的引擎。该引擎类似 META 搜索引擎，但区别在于不是同时调用多个引擎进行搜索，而是由用户从提供的 4 个引擎当中选择，因此叫它“集合式”搜索引擎更确切些。
- 门户搜索引擎：如 AOL Search、MSN Search 等虽然提供搜索服务，但自身既没有分类目录也没有网页数据库，其搜索结果完全来自其他引擎。
- 免费链接列表（Free For All Links，简称 FFA）：这类网站一般只简单地滚动排列链接条目，少部分有简单的分类目录，不过规模比起 Yahoo 等目录索引来要小得多。

4.1.3 常用搜索引擎

搜索引擎其实也是一个网站，只不过该网站专门为你提供信息“检索”服务，它使用特有的程序把因特网上的所有信息归类以帮助人们在浩如烟海的信息海洋中搜寻到自己所需要的信息。常用的搜索引擎有如下几个：

Google：http://www.google.com/

百度：http://www.baidu.com/

yahoo：http://www.yahoo.com.cn/

新浪：http://cha.iask.com/

搜狐：http://www.sogou.com/dir/

网易：http://so.163.com/

4.1.4 网上信息查询系统

因特网上还有很多信息查询系统，例如查询天气预报、电话费、期刊文献资料、商品目录或价格等，也能为用户提供非常多的信息，而且这些信息很可能是通过搜索引擎无法查找到的。

因特网上的信息查询系统的工作方式跟搜索引擎表面上类似，用户通过它们可以查询到很多信息，而且提供给用户的操作界面和操作方法都没有什么区别，例如天气查询系统、电话费查询系统、图书检索系统、报纸或期刊提供的全文搜索系统。

这些信息查询系统和搜索引擎的本质区别在于信息的来源不一样。搜索引擎的信息来源于因特网上的网站或网页，而信息查询系统向用户提供的信息基本上来自于自身，很少到因特网上去搜索信息供用户查询。例如，电信局为用户提供查询电话费及电话话费清单的数据库来源于电信局。

因特网上还有一些网站也提供信息检索服务，但其检索的范围介于专业的信息查询系统和传统的搜索引擎之间。用户通过这些网站搜索到的信息往往比较专业，很多信息也来源于因特网。因此，若不特别说明，搜索引擎则包括信息查询系统在内，因为它们的操作方法和工作原理都类似。

4.1.5 如何选择搜索引擎

现在互联网上大大小小的搜索引擎大约有几百个之多，而且每个都声称自己是最好的。要是随便抓起来就用，只会是事倍功半，甚至越搜索越糊涂。

选择什么样的搜索工具才称得上恰当呢？一般来说，有以下几条判断标准：

1. 搜索引擎的速度

查询速度当然是搜索引擎的重要指标，优秀的搜索工具内部应该有一个含时间变量的数据库，能保证所查询的信息都是最新的和最全面的。这是衡量一个搜索引擎好坏的重要指标。

2. 搜索引擎的准确性

准确性高是我们使用搜索引擎的宗旨。好的搜索引擎内部应该含有一个相当准确的搜索程序，搜索精度高，查到的信息总能与我们的要求相符。

3. 搜索引擎的易用性

易用也是我们选择搜索引擎的参考标准之一，一个搜索引擎是否能搜索整个互联网，而不仅仅限于万维网？搜索结果出来之后，我们能改变描述的长短或者改变显示结果页面的数量吗？能否实现这些功能，应该是选择搜索引擎的重要考虑因素。

4. 搜索引擎的功能是否完善

理想的搜索引擎应该既有简单查询的能力，也应该有高级搜索的功能。高级查询最好是图形界面，并带有选项功能的下拉菜单，可以使用像“AND”（或&号），“OR”（或|号），“NOT”（或！号）等操作符来连接词或词组，这样可以缩小搜索范围，甚至可以限定日期、位置、数据类型等。

4.1.6 搜索引擎的查找方法

各个搜索引擎都提供一些方法来帮助我们精确地查询内容，使之符合我们的要求。不同的搜索引擎，提供的查找技巧和实现的方法各有不同，但一些常见的技巧如出一辙。

1．简单信息查找

简单查找是最常用的方法，当我们输入一个关键词时，搜索引擎就把包括关键词的网址和与关键词意义相近的网址一起反馈给我们。例如，查找“科技”一词时，模糊查找就会把“科学”、“科委”、“技术”等内容的网址一起反馈回来。

2．使用双引号进行精确查找

简单查找往往会反馈回大量不需要的信息，如果查找的是一个词组或多个汉字，最好的办法就是将它们用双引号括起来（即在英文输入状态下的双引号），这样得到的结果最少、最精确。例如在搜索引擎的 Search（查询）框中输入“电脑技术”，就等于告诉搜索引擎只反馈回网页中有“电脑技术”这几个关键字的网址，这会比输入电脑技术得到更少、更好的结果。

3．使用加减号限定查找

很多搜索引擎都支持在搜索词前冠以加号（＋）限定搜索结果中必须包含的词汇，用减号（－）限定搜索结果不能包含的词汇。例如：要查找的内容必须同时包括“盐城、信息、网络”3 个关键词时，就可用“盐城＋信息＋网络”来表示；再例如：要查找“电脑”，但必须没有“技术”字样，就可以用“电脑－技术”来表示，如图 4-5 所示。

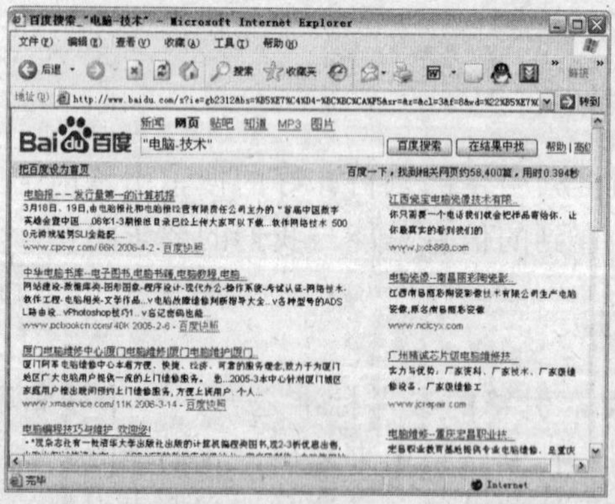

图 4-5　查找信息

4．使用逻辑词辅助查找

比较著名的搜索引擎都支持使用逻辑词进行更复杂的搜索设定，常用的有：AND（和）、OR（或）、NOT（否，有些是 AND NOT）及 NEAR（两个单词的靠近程度），恰当应用它们可以使结果非常精确，另外也可以使用括号将搜索词分别组合，如要查找的内容必须同时包括“Computer、information、network”3 个关键词时，就可用“Computer AND information AND network”来表示。

4.2 上网搜索网络资源的方式

上网搜索网络资源的方式大致可以分为两种：一是分类目录型的检索，它把因特网中的资源收集起来，由其提供的资源的类型不同而分成不同的目录，一层一层地进行分类，人们要找自己想要的信息可按他们的分类级别进入，就能最后到达目的地，找到自己想要的信息；二是基于关键词的检索，这种方式用户可以用逻辑组合方式输入各种关键词（Keyword），搜索引擎计算机根据这些关键词寻找用户所需资源的地址，然后根据一定的规则反馈给用户包含此关键字信息的所有网址和指向这些网址的链接。随着因特网信息按几何式增长，这些搜索引擎利用其内部的一个叫 SPIDE（蜘蛛）的程序，自动搜索网站每一页的开始，并把每一页上代表超级链接的所有词汇放入一个数据库，供用户来查询。

4.2.1 分类目录型的检索

分类目录型的检索，就是指将所有的网站或者网页分门别类地罗列在一起，方便大家查找。我们常用的新浪搜索、网易搜索等都属于分类目录型的检索，如图 4-6 与图 4-7 所示。

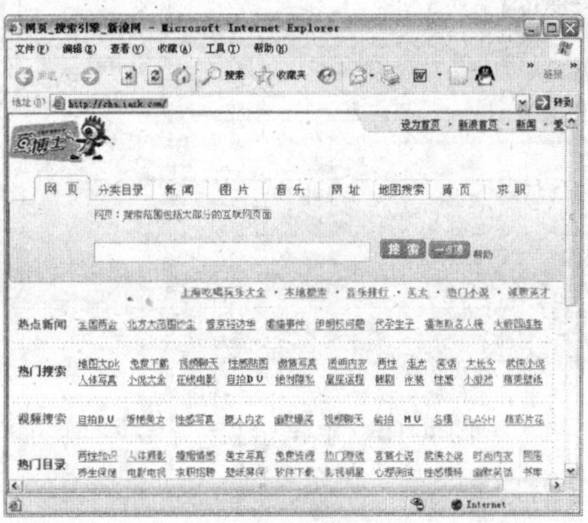

图 4-6　新浪搜索

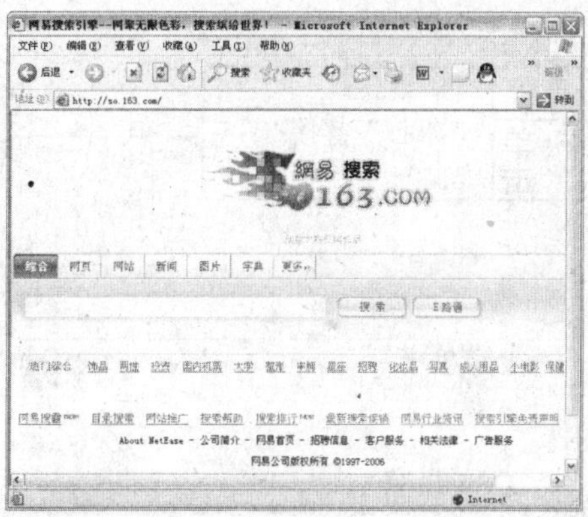

图 4-7　网易搜索

下面以查找冰心的散文来介绍如何使用目录式搜索，具体的操作步骤如图 4-8～图 4-12 所示。

01 输入 http://dir.iask.com，打开新浪搜索页面

02 选择 “分类目录”选项

03 单击 “散文”链接

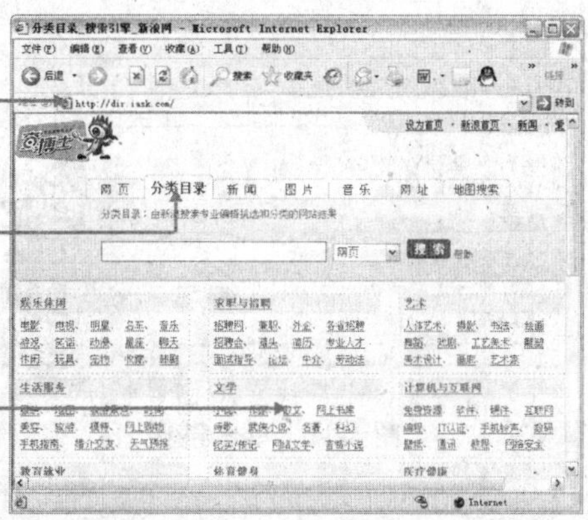

图 4-8　新浪搜索

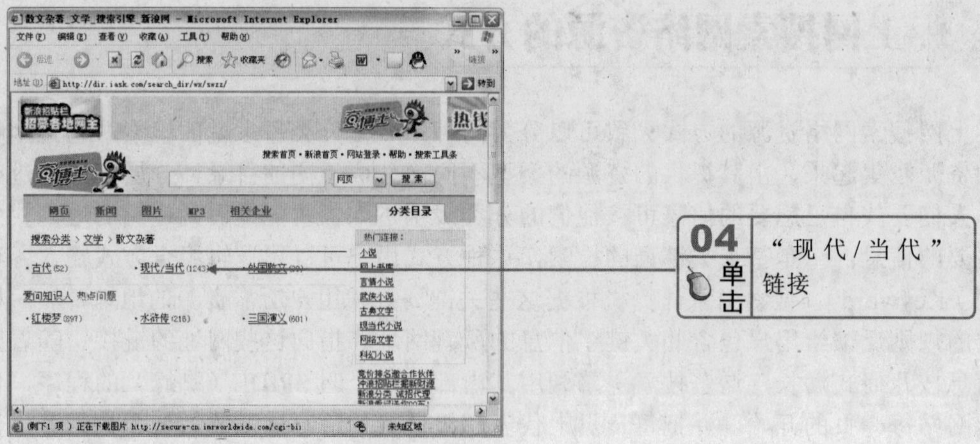

图 4-9 单击链接

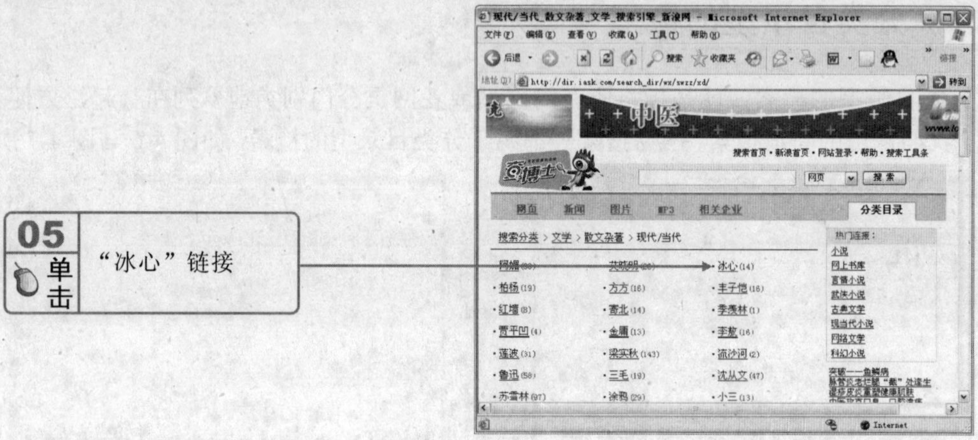

图 4-10 单击链接

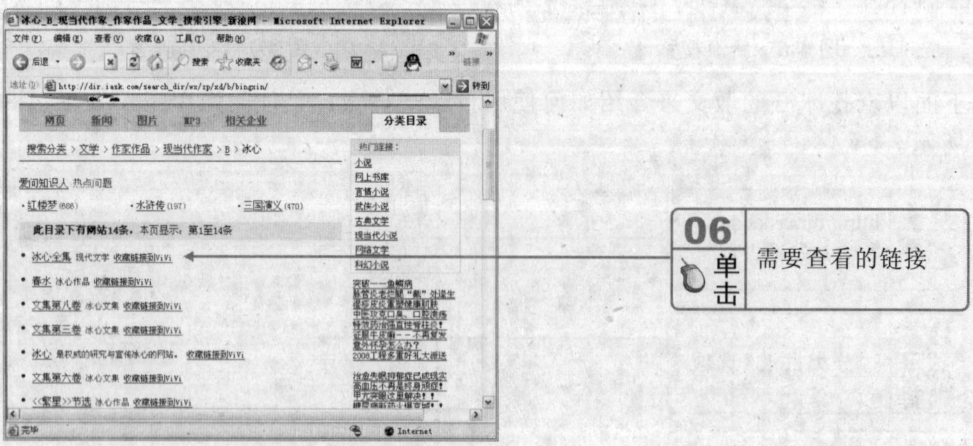

图 4-11 单击链接

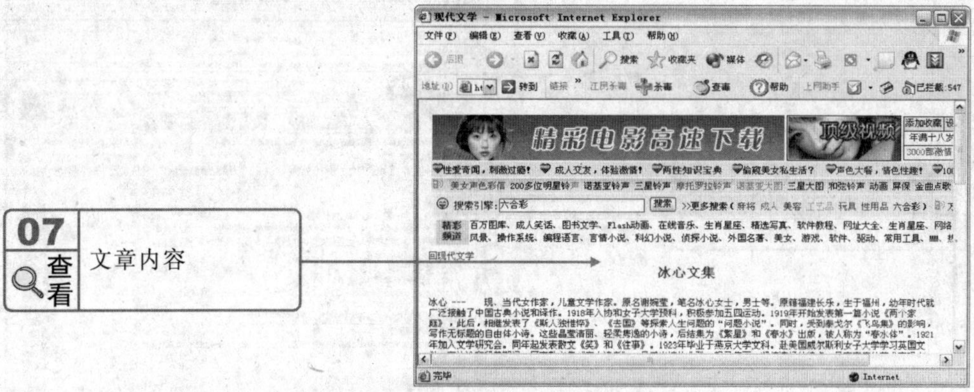

图 4-12　阅读文章

4.2.2 基于关键词的检索

在使用关键词搜索时，可以通过使用逻辑操作等进行多个关键词查询。搜索引擎中常用的逻辑关系语法有：AND，OR 和 NOT。在填写搜索关键词时，AND（与）还可使用空格、逗号、加号和“&”来表示；OR（或）还可用“/”来表示；NOT（非）还可用惊叹号或减号来表示。其中 AND 表示前后两个词是“与”的逻辑关系，必须同时包含用户的所有关键词才满足要求；OR 表示前后两个词是“或”的逻辑关系，包含任意一个关键词就满足要求；NOT 表示不包含的意思。

各种搜索引擎一般都支持以上搜索语法，但各个搜索引擎本身又有各自的特点，在具体功能上有所取舍。例如某些搜索引擎支持同义词模糊匹配。如“计算机”可以匹配“电脑”。因此，在使用搜索引擎时，应该阅读网站提供的帮助信息。

如要在新浪网上用关键词“倚天屠龙记”搜索相关的网页或网站，其具体的操作步骤如图 4-13～图 4-15 所示。

01 打开新浪搜索页面，如图 4-13 所示。

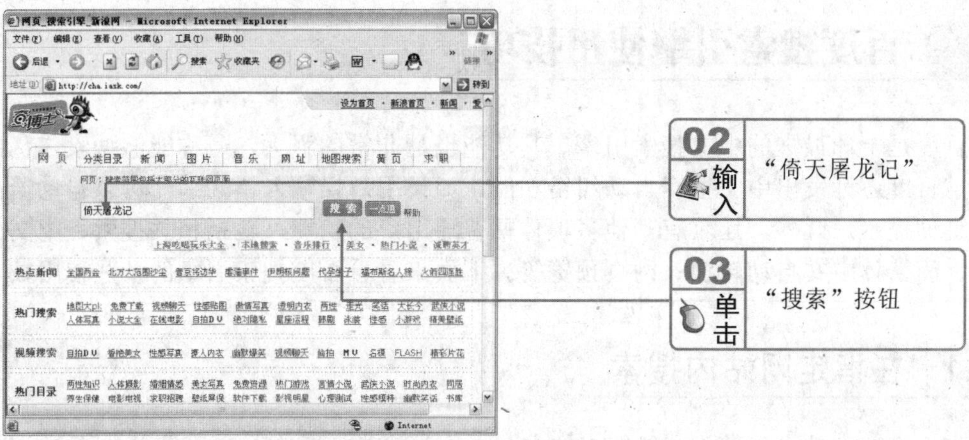

图 4-13　输入搜索内容

04 单击　其中一个超级链接

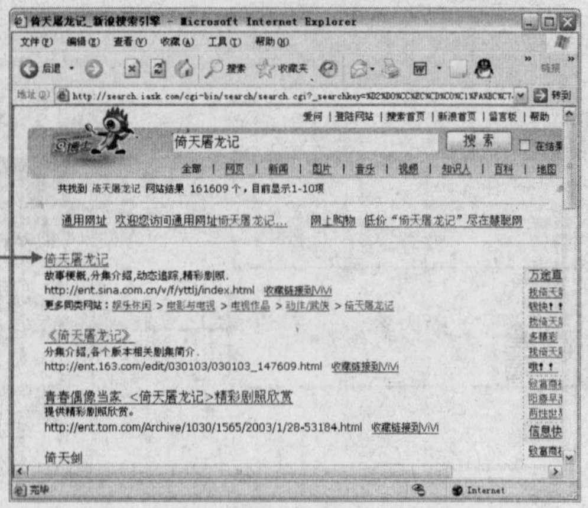

图 4-14　单击链接

05 查看　打开相应的网页

图 4-15　打开网页

若查找的关键词带有引号，搜索引擎进行全文检索时，采用的是精确查询方式，即查找文中是否出现过完整的关键词。例如输入“中国北京”，会找出包含“中国北京”的网站或网页，但是会忽略包含“中国首都北京”的网站。

4.3 百度搜索引擎使用技巧

百度是全球最大的中文搜索引擎。其功能也是非常的强大，号称能够搜索 3 亿中文网页。百度还开发出中文搜索自动纠错功能，如果用户误输入错别字，可以自动给出正确关键词提示。此外，还具有其他多项体贴普通用户的功能，包括相关搜索、中文人名识别、简繁体中文自动转换、网页预览等。下面来看看百度搜索引擎的一些使用技巧。

4.3.1 在指定网站内搜索

在百度这个搜索引擎中，能够支持在某个网站内搜索。在一个网址前加“site:”，可以限制只搜索某个具体网站、网站频道或某域名内的网页。注意要搜索关键词在前，“site:”及网址在后；关键词与“site:”之间须用一个空格隔开；site 后的冒号“:”不分半角和全角，百度搜索引擎会自动辨认。“site:”后不能有“http://”前缀或“/”后缀。

要在百度网站内搜索和“电话”相关的资料，可执行如图 4-16 和图 4-17 所示的操作步骤：

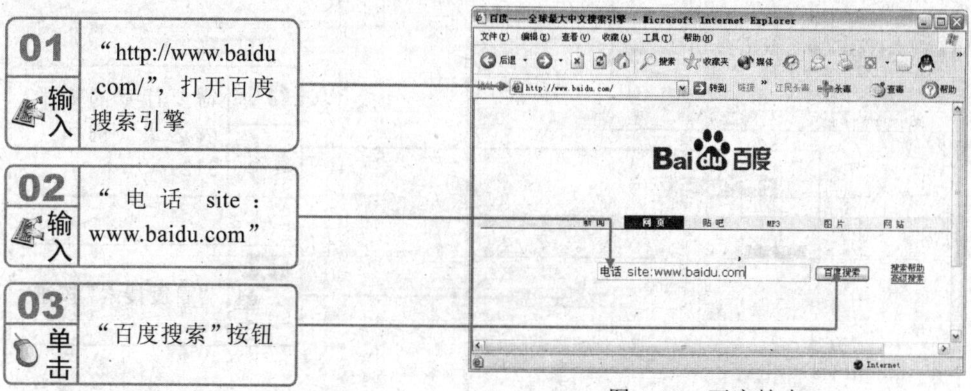

图 4-16　百度搜索

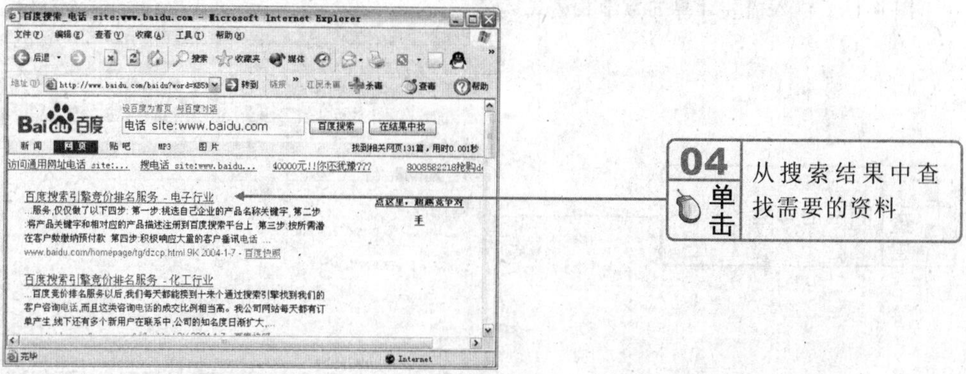

图 4-17　搜索结果

你问我答

在百度搜索站点主页上，有一个“贴吧”选项，请问有何功用？

百度贴吧相当于一个在线留言板。如要获得某个问题的答案，可以在搜索框内输入相应的关键字；也可以在贴吧内发表自己的留言，可以匿名发表，也可以注册用户的身份发表；或者单独为自己申请一块区域（即申请吧主），不过这需要管理员审核通过。

01 小测试

在使用“百度”搜索引擎搜索的时候，在一个网址前加（　　），可以限制只搜索某个具体网站、网站频道、或某域名内的网页。

A. at　　B. url　　C. site:　　D. AND

4.3.2 使用百度计算器

百度计算器为广大的用户提供常用的数学计算和度量衡换算功能。这极大地方便了身边没有计算器的用户。

1. 数学计算

百度计算器为用户提供常用的数学计算功能。具体的操作方法如图 4-18 和图 4-19 所示。

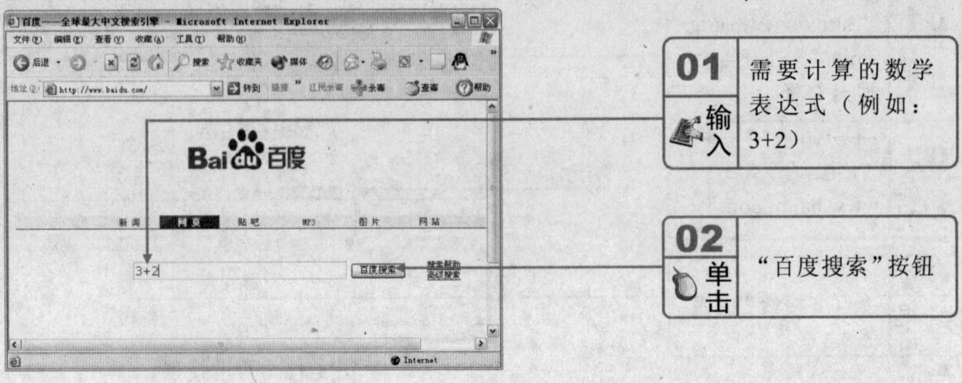

图 4-18　输入需要计算的数学表达式

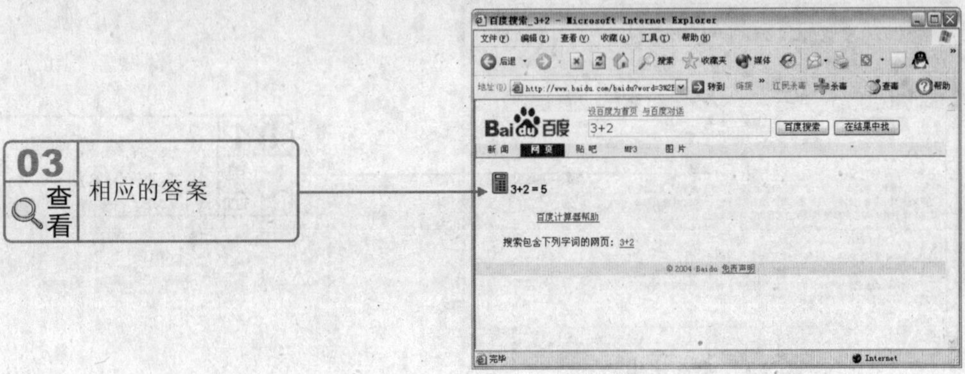

图 4-19　查看答案

百度计算器支持实数范围内的计算，支持的运算包括：加法（+或＋）、减法（-或－）、乘法（*或×）、除法（/）、幂运算（^）、阶乘（!或！）。支持的函数包括：正弦、余弦、正切、对数、弧度转化为角度。还能支持上述运算的混合运算。

2. 度量衡换算

百度同样支持常用的度量衡换算。具体的操作步骤如图 4-20 和图 4-21 所示。

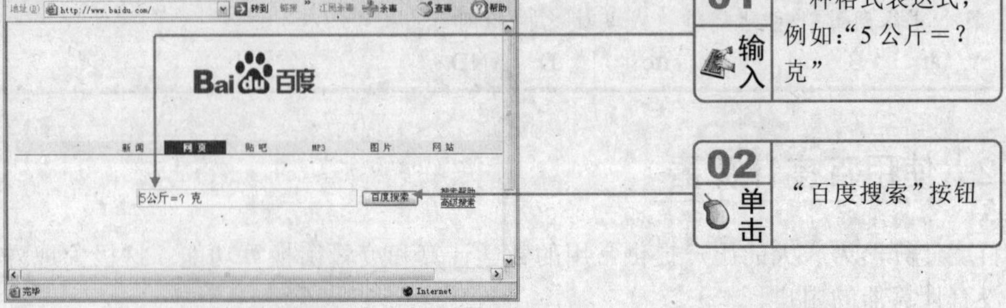

图 4-20　输入问题

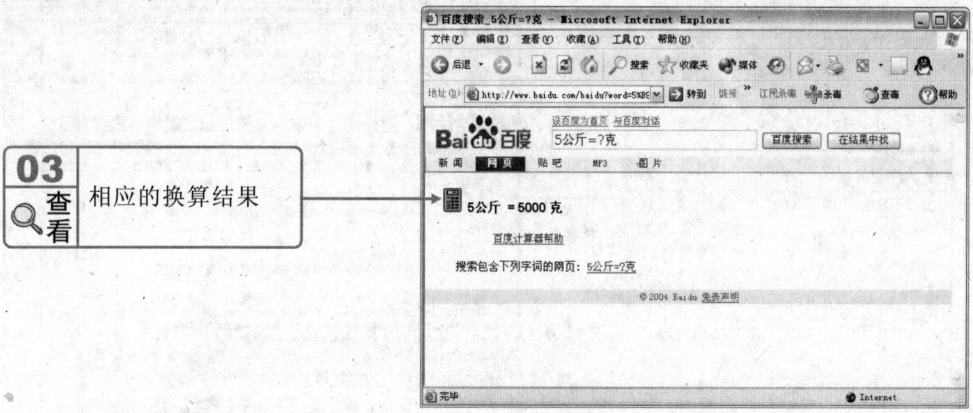

图 4-21　查看答案

你问我答

百度支持哪些具体的换算单位？

百度支持的具体换算单位包括长度、面积、体积、重量、温度等。

4.3.3　在特定条件下搜索

百度在特定条件下的搜索包括在标题中搜索、在 URL 中搜索等，下面我们一起来学习如何使用百度搜索引擎在特定条件下进行搜索。

1. 在标题中搜索

在使用百度搜索引擎搜索的时候，在一个或几个关键词前面加上“intitle:”，可以限制只搜索网页标题中含有这些关键词的网页。具体操作方法如图 4-22 和图 4-23 所示。

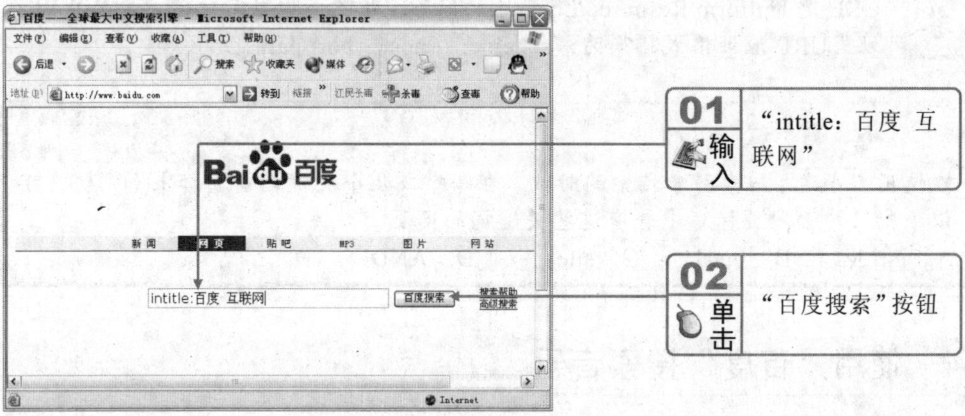

图 4-22　输入查询内容

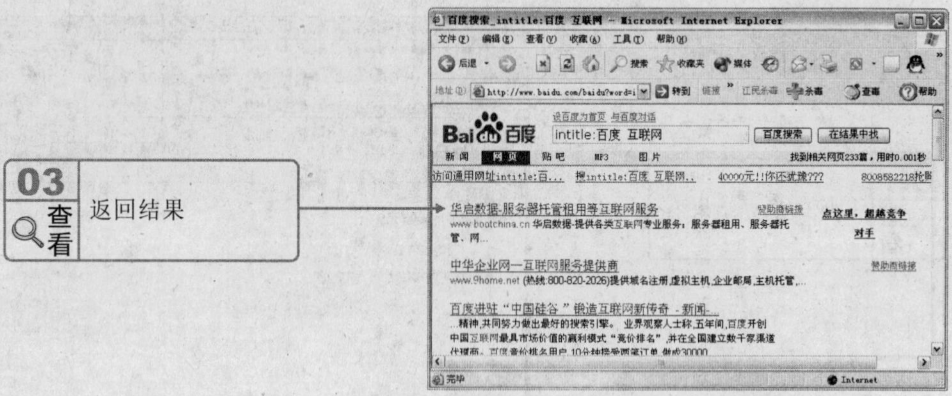

图 4-23　搜索结果

2. 在 URL 中搜索

百度也支持在 URL 中搜索，只需要在“inurl:”后加 URL 中的文字，如图 4-24 所示。可以限制只搜索 URL 中含有这些文字的网页。

图 4-24　在 URL 中搜索

你问我答

什么是 URL？

URL 是 Uniform Resource Locator 的简称，即统一资源定位器，是 WWW 页的地址。URL 地址格式排列为：scheme: //host: port/path。

02 小 测 试

在使用“百度”搜索引擎搜索的时候，在一个或几个关键词前面加上（　　），可以限制只搜索网页标题中含有这些关键词的网页。

A. intitle　　B. inurl　　C. site:　　D. AND

4.3.4 使用“百度”搜索音乐

互联网中的音乐非常多，而且无论什么格式的音乐都能轻松地在互联网中找到。读者朋友能很方便地使用百度搜索引擎（如图 4-25 所示）随时在网络中找到并收听到自己喜欢的歌手演唱的歌曲。

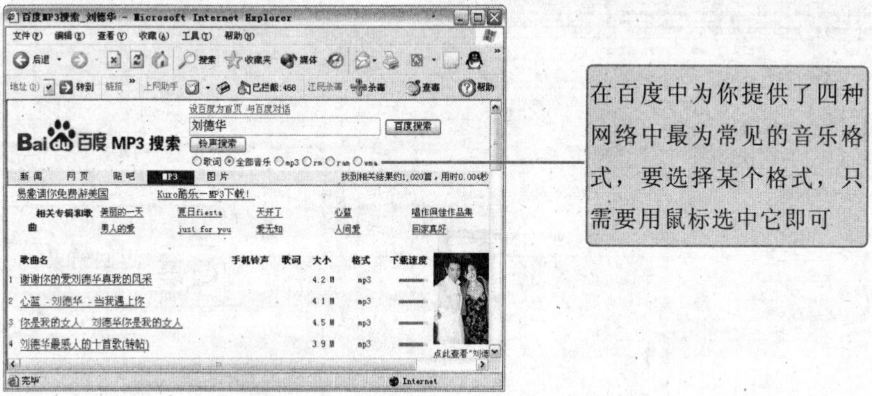

图 4-25　搜索页面

这些音乐格式的特点如下：

1. MP3 格式

这是网上最流行的音乐格式，人们在电脑中播放的也大多是这种格式。如果你有 MP3 播放器，还可以随时随地欣赏下载来的 MP3 音乐。

2. RM 格式

相对于 MP3 格式来说，RM 格式文件的最大特点就是体积小。一首 RM 的容量仅有同样一首 MP3 的三分之一到五分之一。它的传输速度也极快，在网上有取代 MP3 之势。

3. Ram 格式

Ram 格式通常应用在网页中，它是一个文本文件，其中包含 RA 或 RM 文件的路径，点击其链接后会启动 RealPlayer 来播放 RA 或 RM 文件。

4. WMA 格式

这是微软多媒体的主流格式，采用这种格式的文件也比 MP3 格式的文件小得多。

使用百度搜索引擎搜索音乐文件并保存的具体操作方法如图 4-26～图 4-29 所示。

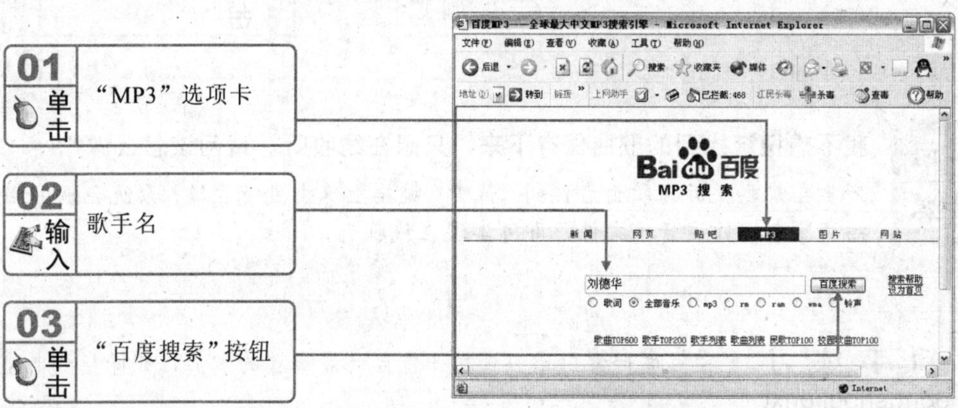

图 4-26　输入搜索条件

04 查看 返回结果

图 4-27　查找结果

05 单击 鼠标右键，选择“目标另存为”命令

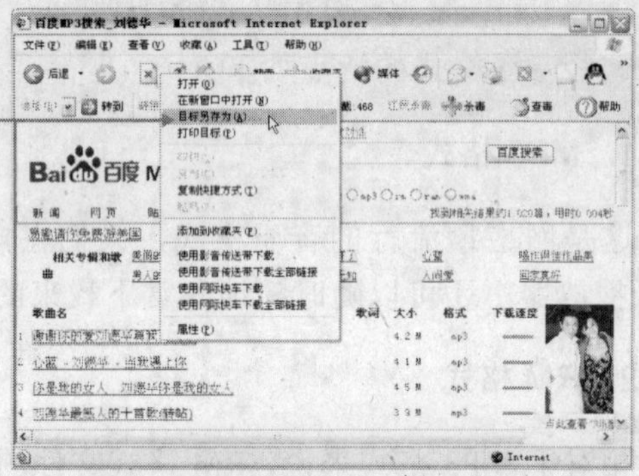

图 4-28　选择右键菜单命令

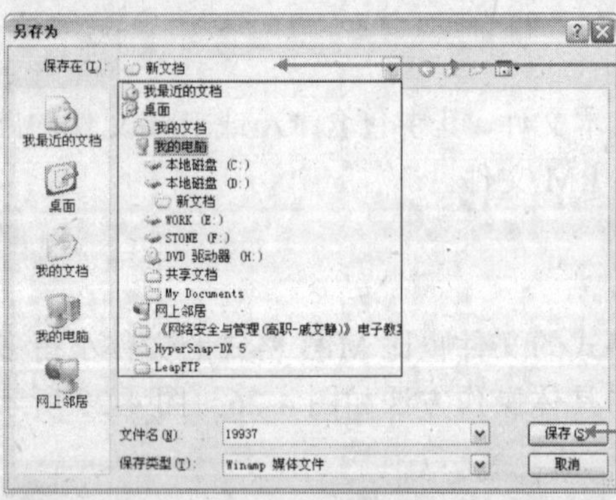

06 选择 歌曲保存的路径

07 单击 “保存”按钮

图 4-29　保存歌曲

你问我答

我不想把查找到的歌曲保存下来，只想在线收听，请问该怎么做？

只要在需要收听的歌曲右侧的“试听”链接上单击鼠标左键，系统会调用相应的播放器来播放该音乐文件，即可实现在线收听。

动手练习 dongshoulianxi

在百度搜索引擎中查找一首自己最喜欢的歌曲，并保存到电脑中。

4.4 将搜索引擎嵌入 IE

Internet Explorer 浏览器在进行搜索时，反应会比较“迟钝”。如何使 Internet Explorer 的搜索功能更加灵敏呢？通过以下两个方法能够帮你实现。

4.4.1 将百度搜霸嵌入 IE

“百度搜霸”是一个非常不错的搜索类插件，将其安装于 IE 浏览器的工具条内，可以让你在访问互联网时，随时使用 Baidu 搜索引擎轻松查找。

别看它只有 177KB 的大小，功能却非常齐全。它所提供的功能与百度网站基本一样：站内搜索、新闻搜索、图片搜索、MP3 搜索、Flash 搜索、关键词高亮、页面找词、自动屏蔽讨厌的弹出窗口等。“百度搜霸”具体功能特点如下：

- 便捷检索：在任何时候，不需访问搜索引擎，即可实现搜索功能。
- 类型丰富：诸如网页、新闻、图片、MP3、歌词、Flash、信息快递等等，多种检索任你选择，使你方便快捷地找到最想要的东西。
- 即时查询：无论你在访问哪个网站，迅速帮你找到这个网站内的全部相关信息。
- 右键搜索：在任何网页中，随意选中一段文字，点击鼠标右键，就可直接搜索到你想要的内容。
- 快速定位：它能自动为你搜索的每个关键字生成一个按钮，快速找到关键字在当前页面的位置。
- 一目了然：单击“高亮”按钮，让你搜索的关键字在页面上以不同颜色突出显示。

将“百度搜霸”嵌入 IE 中的具体操作步骤如图 4-30～图 4-33 所示。

01 单击

进入“百度”网站主页，单击“搜索帮助”链接

图 4-30 百度搜索

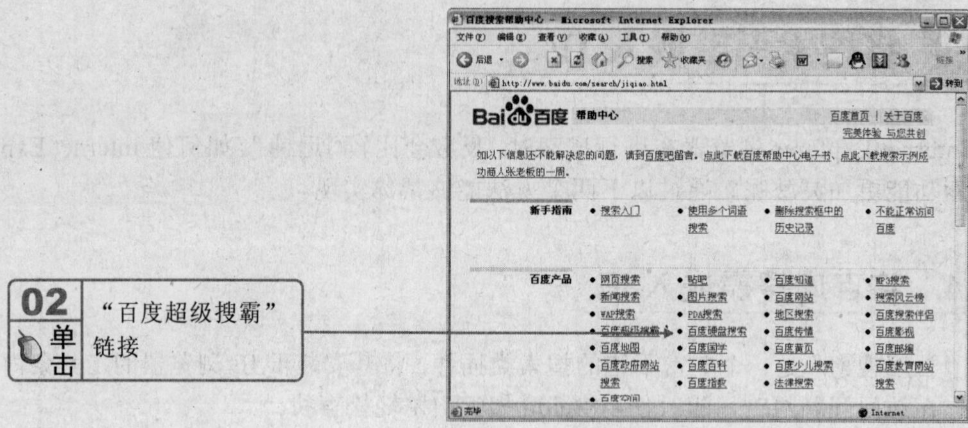

图 4-31　百度产品页面

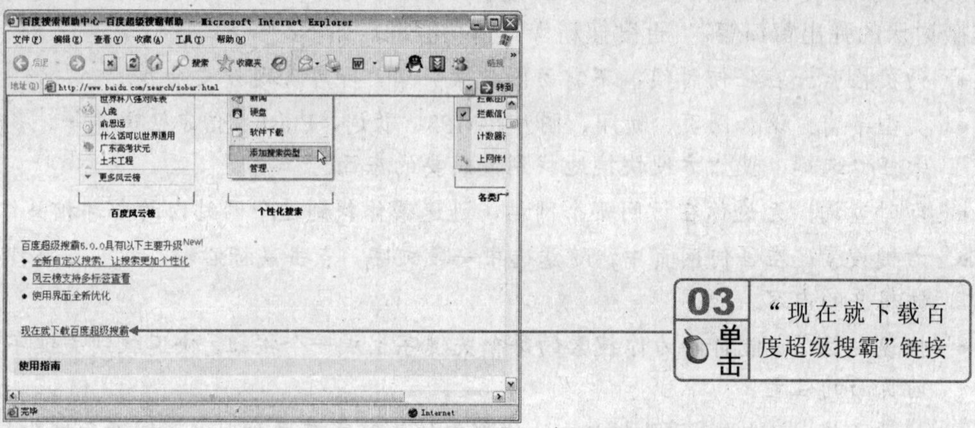

图 4-32　单击链接

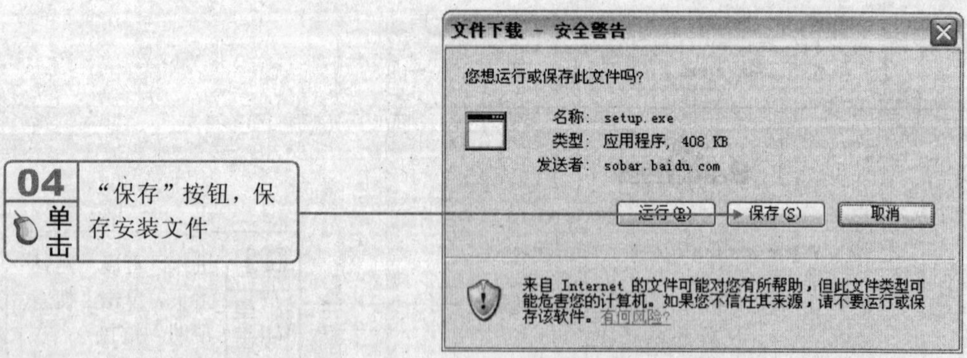

图 4-33　保存文件

下载完成后，直接运行软件的安装程序，“百度搜霸”就会自动地集成到 Internet Explorer 浏览器中去了，如图 4-34 所示。“百度搜霸”与百度网站的使用方法基本一样，这里就不再介绍了。

图 4-34　自动集成到 IE

4.4.2　将 Google 嵌入 IE

大家通过一个叫做 Google Toolbar 的插件，可以将 Google 安装在 IE 浏览器中，方便查找你需要的信息。

下载安装 Toolbar 后，它会与 IE 浏览器工具栏紧密集成，用户可以直接在工具条中输入关键词，调用 Google 引擎进行搜索，而不用先访问 Google 主页，然后再进行搜索。

Google Toolbar 的主要功能与特点：

- 方便的信息检索：能够在任何页面直达 Google 通过其引擎搜索信息。
- 站点搜索：搜索你所在站点内的信息。
- 页面排名：查看当前页面的 Google 排名。
- 页面信息：获得更多页面信息。
- 标红：分色标红搜索的条件。
- 关键字搜索：搜索页面内的关键字。
- 自动填表：自动填写页面内表格。
- 历史记录：创建浏览页面的 log。

Google Toolbar 软件的下载地址：http：//www.newhua.com/soft/15833.htm，将 Google Toolbar 安装到 IE 中的步骤如图 4-35～图 4-38 所示。

01 打开下载好的 Google Toolbar 工具，同意其相应的服务条款。

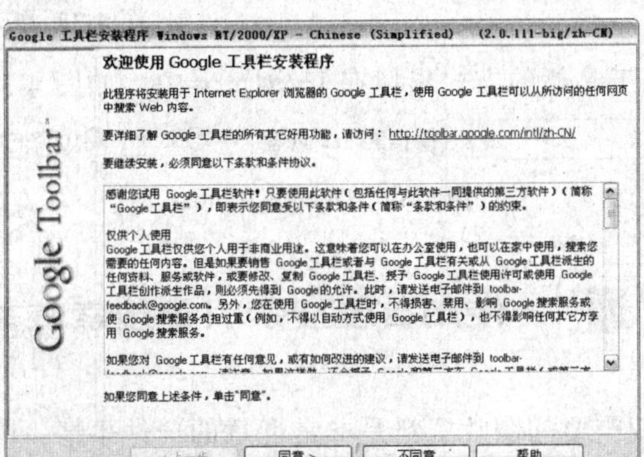

图 4-35　服务条款页面

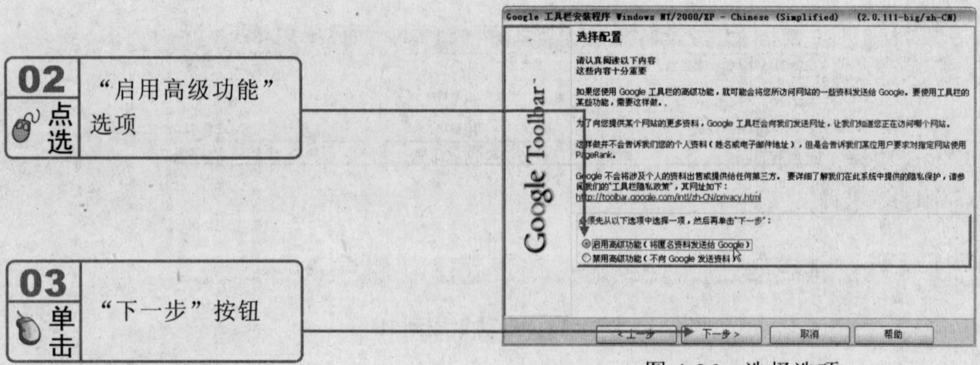

图 4-36　选择选项

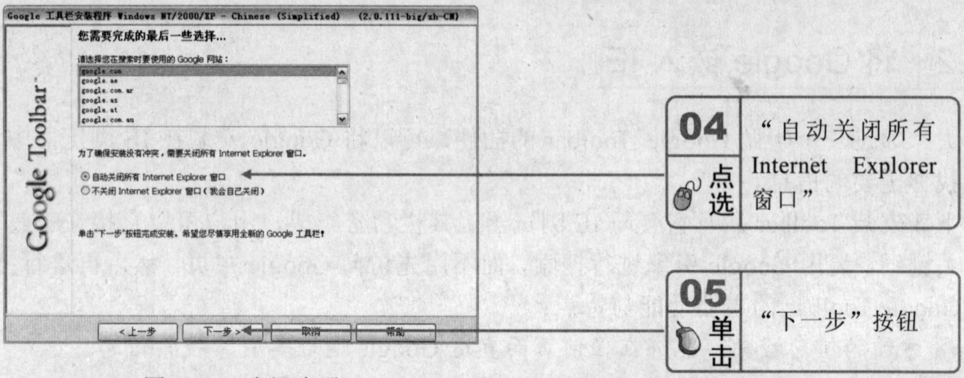

图 4-37　选择选项

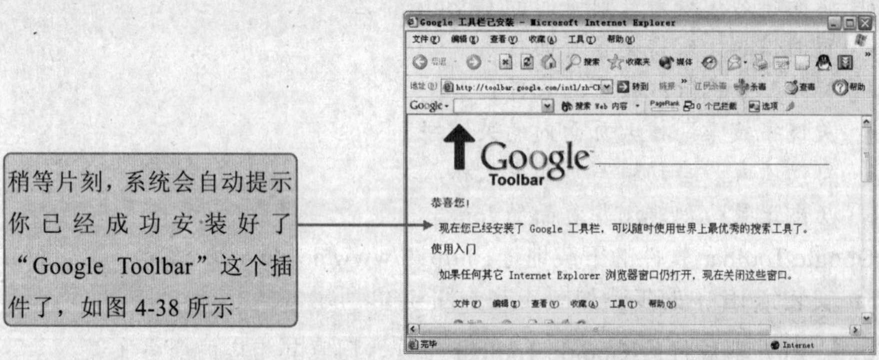

图 4-38　安装完成

Google Toolbar 以工具栏的方式出现在 IE 浏览器中，如图 4-39 所示。

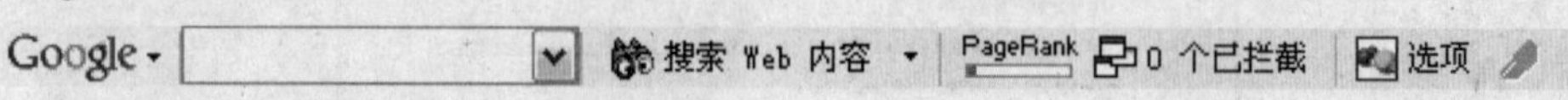

图 4-39　Google Toolbar

融会贯通—使用百度搜索引擎搜索汽车图片

利用百度搜索我们需要的图片资料是非常惬意的一件事情，因为其不但速度快，而且容量也非常大。

下面介绍使用百度搜索汽车图片。具体的操作步骤如下：

01 打开百度搜索引擎，切换到“图片”选项卡，如图 4-40 所示。

02 输入要查找的图片文字说明，如“世界名车”。

03 单击“百度搜索”按钮。

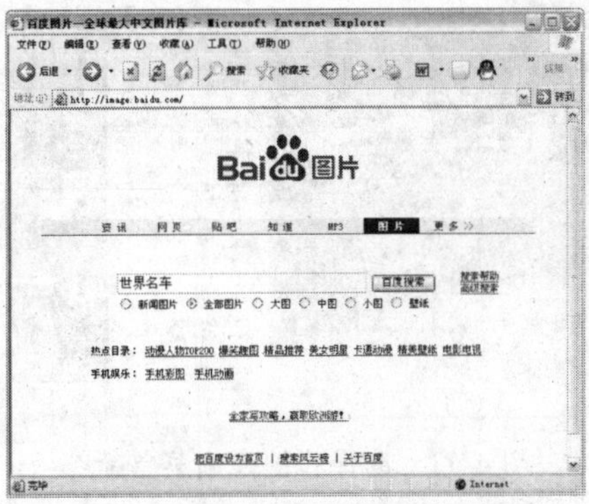

图 4-40　百度搜索

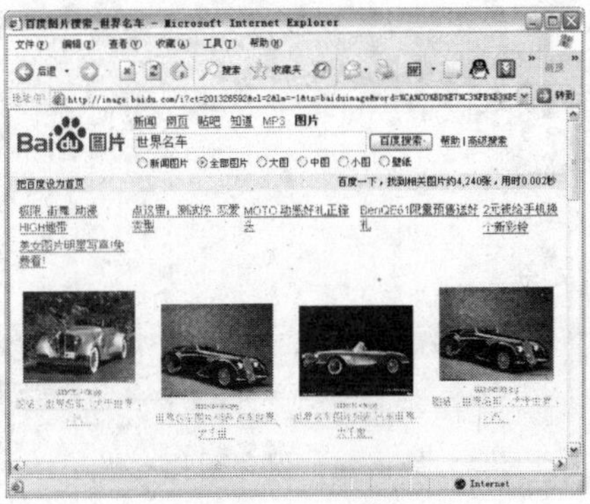

图 4-41　汽车图片

04 在打开的页面中，出现需要搜索的图片，如图 4-41 所示。

05 单击想要查看的图片后，就会在一个新窗口中显示图片放大后的效果，如图 4-42 所示。

图 4-42　放大图片

图 4-43 选择右键弹出菜单命令

06 在图片上单击鼠标右键，在弹出的快捷菜单中选择“图片另存为”选项，如图 4-43 所示。

07 选择图片保存的路径和输入图片文件名称。

08 单击“保存”按钮，如图 4-44 所示。

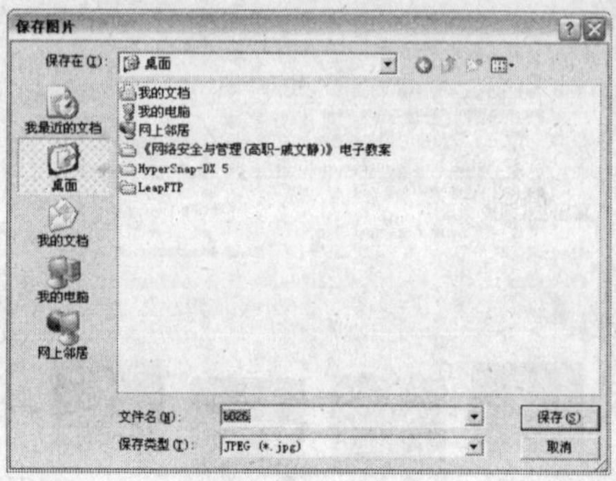

图 4-44 保存图片

小测试答案 ●●●●● （请翻转阅读答案）

1. C　2. A

Study

CHAPTER

【第 5 章】

下载网络资源

内容导读

1．本章需要了解的概念：

下载、流媒体、BT 下载

2．本章需要掌握的操作：

IE 下载、使用网际快车下载、使用影音传送带下载、使用 CuteFTP 上传与下载

3．本章需要提高的内容：

使用 BT 下载

05

5.1 IE 下载

虽然目前下载软件层出不穷，但对于一些比较小的程序或者不支持多线程下载的站点而言，就可以或必须使用 IE 浏览器直接进行下载。

使用 IE 浏览器进行下载的具体操作步骤如图 5-1～图 5-4 所示。

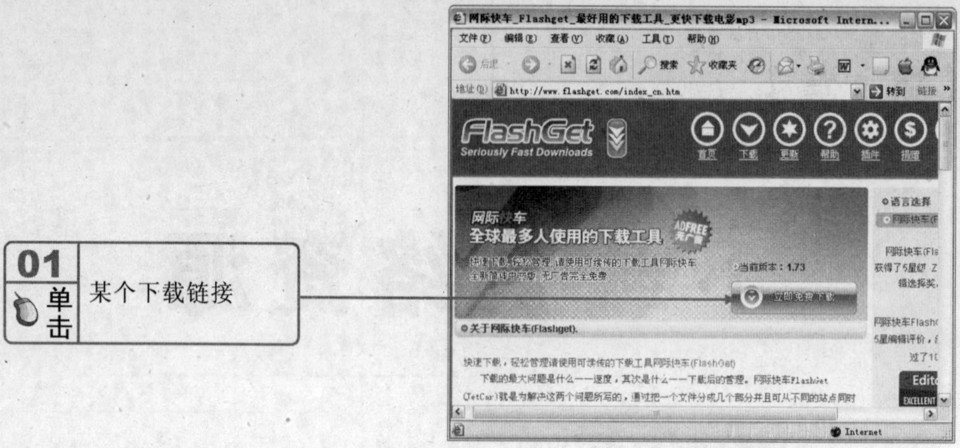

图 5-1　单击下载链接

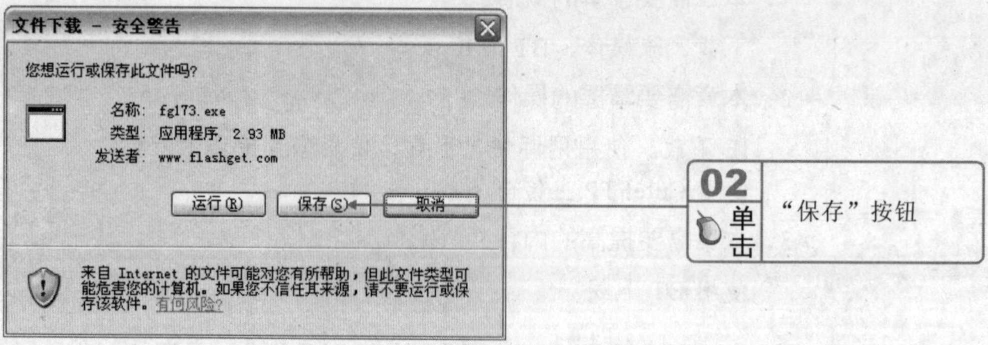

图 5-2　下载文件

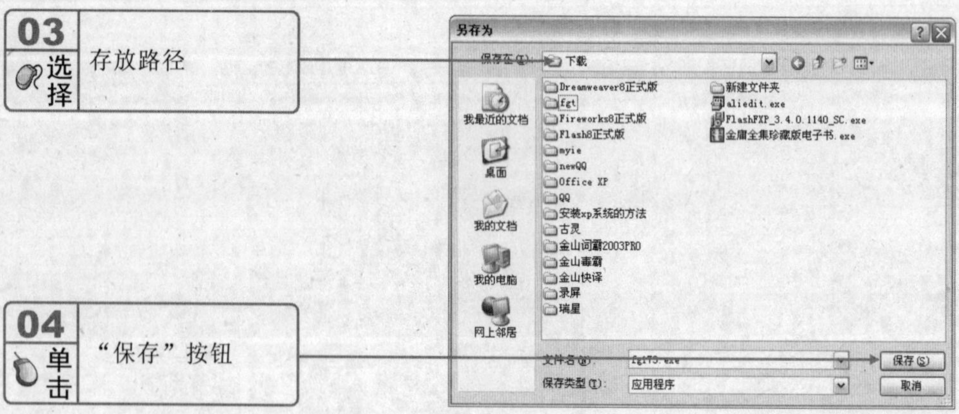

图 5-3　“另存为”对话框

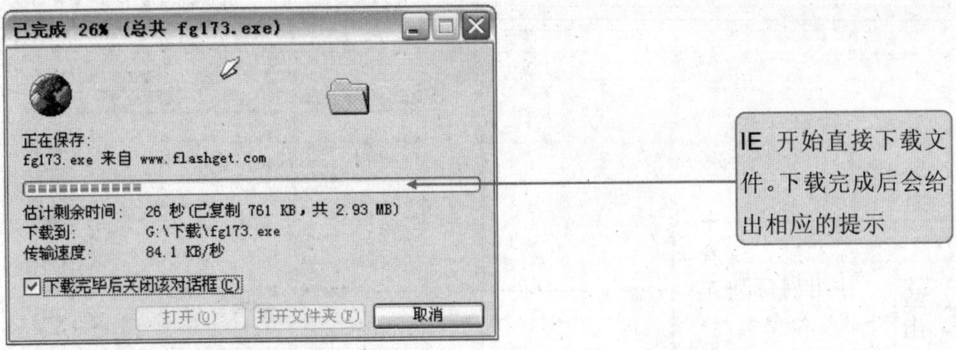

图 5-4　开始下载文件

你问我答

什么是多线程下载？

多线程下载指同时将文件分为多个部分同时进行下载，从而加快文件的下载速度。

01 小 测 试

对于一些比较小的程序或者不支持多线程下载的站点而言，就可以或必须使用(　　)直接进行下载。

A. IE　　B. FlahGet　　C. Net Transport　　D. BT 下载

5.2 网际快车

网际快车（FlashGet，原名 JetCar）同样是一个优秀的文件下载工具。其特点就是可以最大限度地提高下载速度，通过把一个文件分成几个部分同时下载，使下载速度成倍提升。网际快车还可以创建不限数目的类别，每个类别指定单独的文件目录，不同类别的文件保存到不同的目录。另外，网际快车还具有完善的管理功能，支持拖放操作。现在的版本还能够支持下载流媒体文件，可以说网络中的所有资源都可以使用它来进行下载了。

网际快车是免费软件，通过访问它的主页：http：//www.amazesoft.com/cn/index.htm 可以下载最新版本。

5.2.1 使用网际快车下载文件

使用网际快车下载文件的方法非常简单，将网际快车下载并安装到用户的电脑中，然后在下载文件的链接上单击鼠标右键，在弹出的快捷菜单中选择“使用网际快车下载”命令，即可将文件下载到本地硬盘中。其具体的操作步骤如图 5-5～图 5-7 所示。

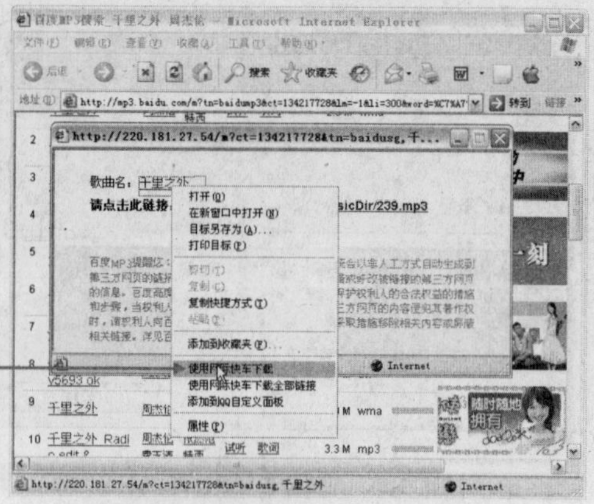

01 单击 鼠标右键，选择“使用网际快车下载”命令

图 5-5　选择右键菜单命令

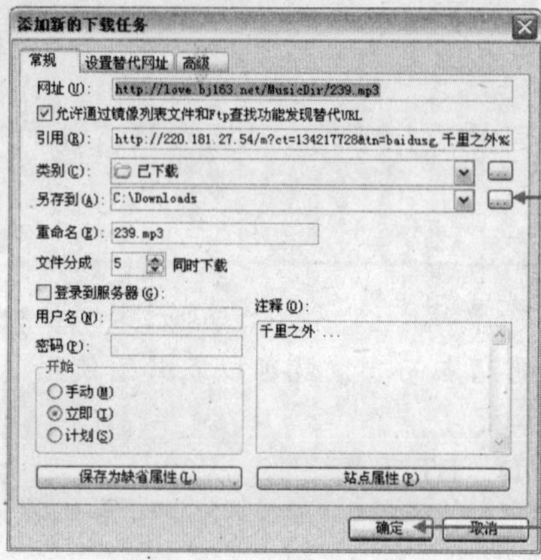

02 单击 此按钮修改保存路径

03 单击 “确定”按钮

图 5-6　添加下载任务

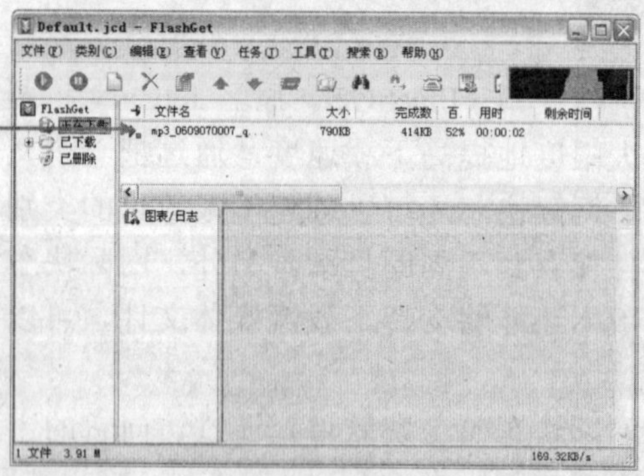

04 查看 下载进度

图 5-7　开始下载

5.2.2　使用网际快车的文件管理

对下载文件进行归类管理，是网际快车最为重要和实用的功能之一。网际快车使用了类别的概念来管理已下载的文件。每种类别可指定一个磁盘目录，所有指定了类别的下载文件将保存到相应磁盘目录中。

网际快车为已下载的文件预设了 4 个类型：软件、游戏、驱动程序和 MP3。下载文件时，可以根据文件类型选择保存的文件夹。方法是：在“添加新的下载任务”对话框中单击“类型”文本框右边的箭头，在打开的下拉菜单中选择相应类型，然后按照提示进行操作即可。也可以按以下方法创建新类型的分类文件夹：

01 在网际快车主窗口中，执行“类别\新建类别”命令，打开“创建新类别”对话框，如图 5-8 所示。

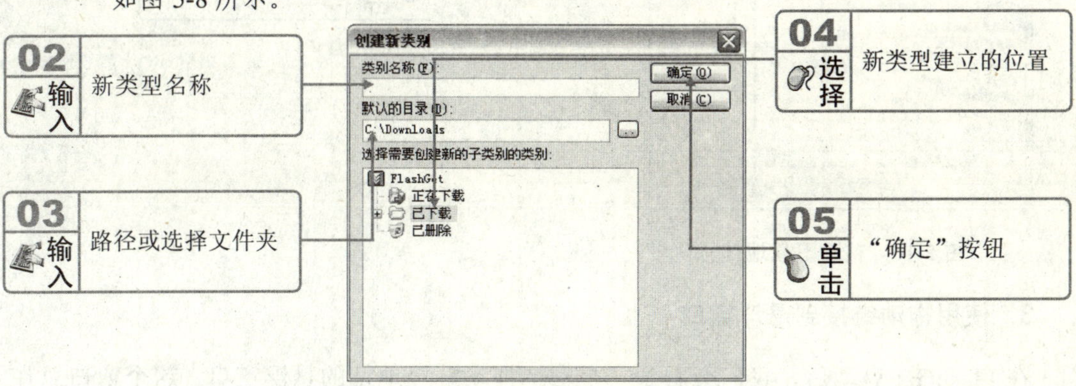

图 5-8　“创建新类别”对话框

5.2.3 快速添加下载任务

快速添加下载任务可以通过以下几种方式来进行：

1. 通过 IE 的右键快捷菜单下载

在软件安装完成后，右键菜单中即会添加“使用网际快车下载全部链接”和“使用网际快车下载”两项命令。当你在浏览页面中单击鼠标右键，就可以选择下载本页某个链接的文件或本页所有链接的文件。这种方式不需要事先启动 FlashGet，同时也便于在安装了几个下载管理工具的情况下选择使用 FlashGet。

2. 手动添加下载任务

手动添加下载任务并进行下载的具体操作步骤如图 5-9 和图 5-10 所示。

01 在网页中复制需要下载的文件链接地址。

02 打开网际快车。

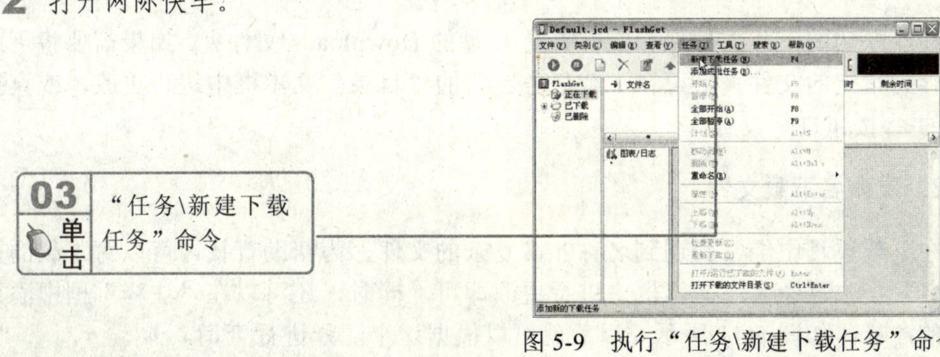

图 5-9　执行“任务\新建下载任务”命令

04 将下载地址粘贴到此处。

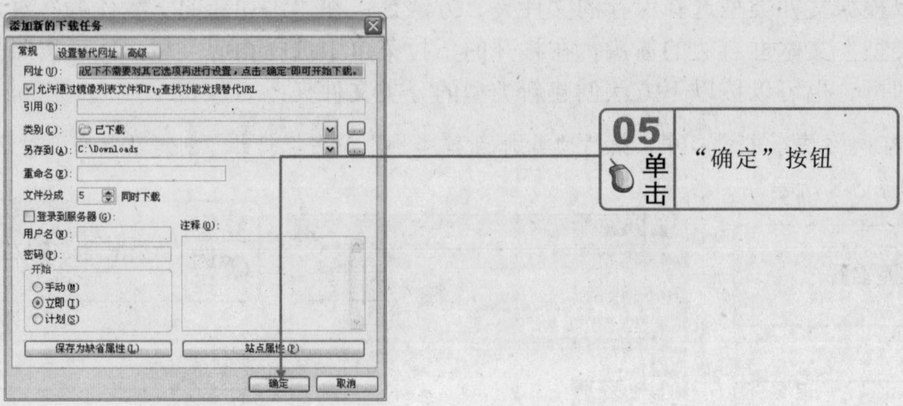

图 5-10　粘贴下载地址

3. 使用拖动链接到悬浮窗口

在 FlashGet 启动后，我们会看到一个支持拖动链接地址的悬浮窗口，这个窗口总在一般文件和程序窗口的上面，你可以在浏览器中将一个文件下载的链接地址拖动到悬浮窗口中，此时，FlashGet 同样会打开添加下载任务窗口，并自动在 URL 文本栏中填充刚才你拖动的链接地址，单击“确定”按钮即可下载。

4. 单击网页的下载链接开始下载

FlashGet 可以监视浏览器的点击，当你点击网页中 URL 时，它可监视该 URL，如果该 URL 链接是你设定的下载文件类型时，则同样会弹出下载任务添加窗口，供你进行下载。

5.2.4 编辑下载任务

上面我们多次谈到下载任务窗口，实际上不管使用哪一种下载方式，都会弹出下载任务窗口，不同的是手工添加下载任务时需要我们输入 URL，一般情况下我们并不需要关心它。但有时也许你下载时会有一些特殊的要求，因此学会编辑下载任务窗口就是一个非常实用的技巧。

1. 更改下载文件的保存目录

程序默认的下载文件保存文件夹是 C 盘的 Downloads 文件夹。如果需要将下载的文件保存到指定的文件夹，可在下载任务窗口的“目录”文本框中进行更改，或直接点击右边的...按钮进行设置。

2. 重命名下载文件

在下载过程中经常会遇到名称非常复杂的文件，为帮助查找，可以对下载的文件进行改名。在“重命名”文本框中进行更改即可。同时，还可以在“注释”框中添加对该文件的注释，如图 5-11 所示。以后就可以根据这个注释进行查询。

图 5-11　添加注释

3. 设置代理服务器

许多用户可能要使用代理服务器来上网和下载，因此设置了很多的代理服务器。FlashGet 可以设置通过代理服务器来下载文件，不过要在“代理服务器”窗口手工添加你使用的代理服务器地址。

5.2.5 巧妙使用站点资源探索器

“站点资源探索器”的作用很像 Windows 的资源管理器，可以列出站点上的文件，让用户轻松浏览 HTTP 和 FTP 站点的目录结构，有助于你选择特定的文件下载。

使用“站点资源探索器”的具体操作方法如图 5-12 和图 5-13 所示。

01 打开网际快车，在工具栏中单击按钮。

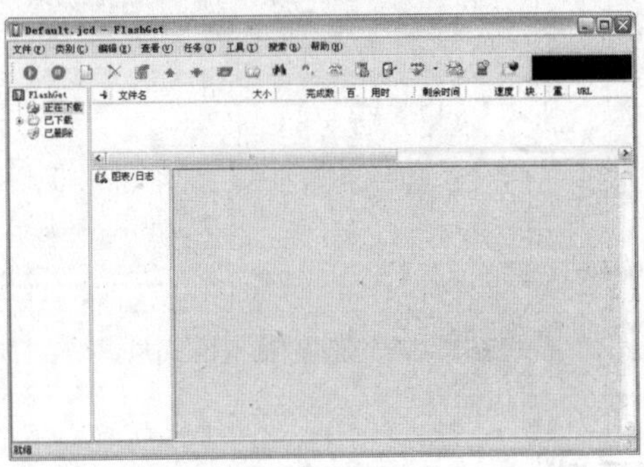

图 5-12　网际快车窗口

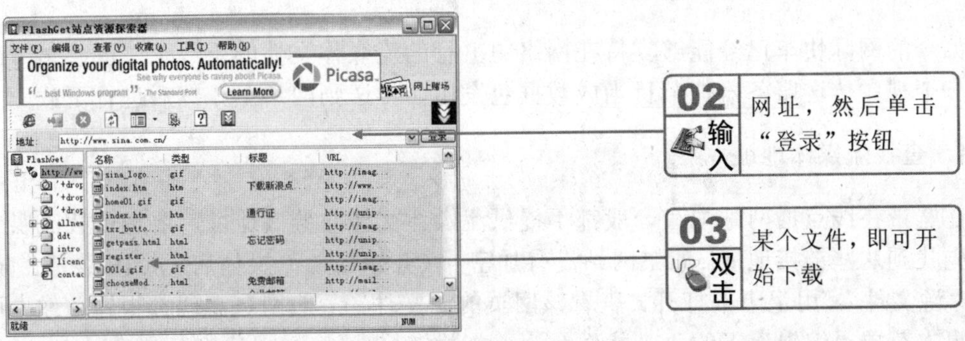

图 5-13　下载文件

使用“站点资源探索器”，可以有选择性地对某一个网站的内容进行大批量的下载。另外，对于一些需要长时间下载的大文件，可以通过执行“工具\完成后关机或完成后挂断”命令，让网际快车智能地完成所有的操作，既节约了时间又节约了上网费。

5.2.6 定时与限量下载

定时下载的功能对于需要大量下载网络资源的人们非常实用。你可以在任务添加窗口中设置自动拨号来定时下载文件，这便于选择在深夜网络拥挤程度较低的时候，通过无人值守的方式下载比较大的文件。执行“工具\选项”命令，在“计划”标签中进行定时设置（可根据个人不同的要求进行设置）。

不过这需要同时配合“拨号网络”标签里的一些设置才行，同时还需要将计算机一直开着，并且下载结束后还要能自动关机。

FlashGet 的最大进程可以达到 10 个。使用多线程下载会占用几乎所有的网络带宽（建议选择默认的 5 个进程），所以我们经常会发觉在使用 FlashGet 下载文件时浏览网页的速度非常慢。因此，下载速度的限制应当是一个比较实用的功能。从“工具”菜单中选择“速度限制模式”，有系统默认的无限制模式、通过滑杆手动调节下载速度的手动模式、系统自动设置下载速度的自动模式，如图 5-14 所示。

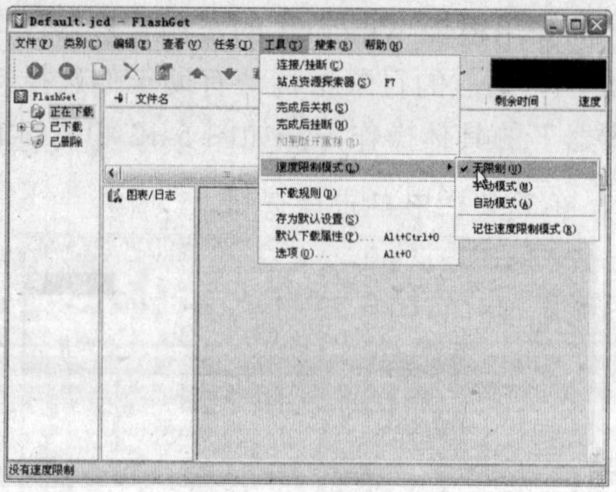

图 5-14　速度限制模式

5.2.7 支持流媒体下载

如今的网际快车已经能够支持在网络中盛行的流媒体文件的下载了。流媒体下载是指用一个视频传送服务器把节目当成数据包发出，传送到网络上，然后进行下载。

1．查找流媒体地址

在宽带在线点播网站中，一般都不提供流媒体文件的链接地址，要想下载流媒体就要首先找到这些链接地址。如果网站没有加密，在开始播放流媒体后，点 IE 菜单“查看”下的“源文件”，用记事本打开，查看该网页的源文件，一般网页源码都很短，你也可以用记事本菜单“编辑”下的“查找”命令，查找链接地址。

2. 复制下载地址

找到相应的地址后，复制出 URL 到系统剪贴板。然后在网际快车中单击“新建”按钮，新建一个下载任务，弹出“添加新的下载任务”对话框，即可如前面所述使用网际快车的方法开始下载流媒体。

5.2.8 FlashGet 的文件镜像服务

Internet 上的文件一般都在多个站点上有镜像，每个站点下载的速度是不同的，如果从较近的地方下载通常就很快，例如从国内的服务器上下载文件通常比从国外的服务器上下载文件要快的多。FlashGet 可以从不同的服务器下载同一个文件并且会从较快的一个或者几个站点下载，如果一个服务器有了问题会自动切换到其他的镜像站点下载。

FlashGet 的文件镜像服务是一个专门提供给 FlashGet 用户使用的匿名 URL 共享系统。如果一个 FlashGet 的用户在下载的时候把下载文件的 URL 共享出来，那么当其他的用户在下载同样的文件的时候，就会多了一个镜像地址。这是一个互惠的过程，如果你提供了共享的地址（URL），其他的用户就可以得到该信息，同样你下载的时候也会得到其他用户提供的地址（URL）。执行“工具\选项”命令，选择“镜像”选项卡，启动“镜像”服务功能，如图 5-15 所示。

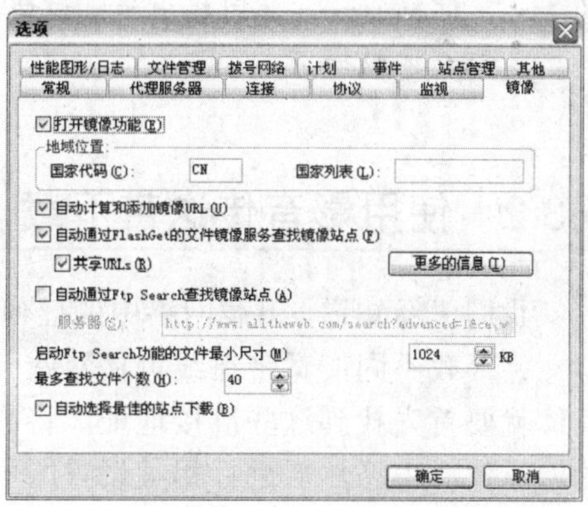

图 5-15 “镜像”选项卡

共享地址（URL）在 FlashGet 中是一个可选项，越多的用户共享地址（URL），FlashGet 的文件镜像服务数据库就越好，查找到的镜像服务站点也就越多，就越可能从最快的站点下载。虽然用户在 FlashGet 打开了共享地址（URL）的选项，也还是有一些限制的 URL 不会共享的。

FlashGet 只会对 EXE 文件或者一些压缩文件 ZIP、RAR 等启动该服务。

在使用该服务查找镜像地址的时候，FlashGet 只会发出要下载的文件名和文件的大小，如果你选定了共享地址的选项，还会发送下载文件的地址（URL），该 URL 会添加到 FlashGet 的镜像服务数据库中，提供给其他的用户使用，其他的任何个人信息都不会发送的。如果不使用该服务，请在 FlashGet 中去掉相关的选项。

5.3 影音传送带

随着宽带的日趋普及，网络上的多媒体内容越来越多，通过网络下载电影的人也就越来越多，但有一些实时播放的流媒体文件采用了特殊的传输协议，普通的下载软件对此无能为力，于是就诞生了诸如 Stream box VCR 这样的流媒体下载软件，但它们的下载速度往往不尽如人意。现在我们有了更好的选择，它就是 Net Transport——影音传送带，它是国内第一个实现 HTTP、FTP、MMS 和 RTSP 的下载利器。

5.3.1 什么是流媒体

流媒体又叫流式媒体，它是指用一个视频传送服务器把节目当成数据包发出，传送到网络上。用户通过解压设备对这些数据进行解压后，节目就会像发送前那样显示出来。

这个过程的一系列相关的包称为“流”。流媒体实际指的是一种新的媒体传送方式，而非一种新的媒体。流媒体技术全面应用后，人们在网上聊天可直接语音输入；如果想彼此看见对方的容貌、表情，只要双方各有一个摄像头就可以了；在网上看到感兴趣的商品，点击以后，讲解员和商品的影像就会跳出来；更有真实感的影像新闻也会出现。

流媒体技术发端于美国，目前流媒体的应用已很普遍，比如惠普公司的产品发布和销售人员培训都用网络视频进行。

你问我答

什么是 RTSP？

RTSP 是指实时流协议（Real-Time Streaming Protocol），是由 Real Networks 和 Netscape 共同提出的，该协议定义了应用程序如何有效地通过 IP 网络传送多媒体数据。

5.3.2 使用影音传送带下载

我们已经知道，下载网络中的任何文件时，都需要知道该文件在网络中的链接地址。与文件下载不同，宽带在线点播网站一般都不提供流媒体文件的链接地址，要想下载流媒体就要首先找到这些链接地址，将需要下载的流媒体文件的链接地址拖到影音传送带的悬浮窗口中，然后进行相关设置即可。

使用影音传送带下载流媒体文件的操作步骤如图 5-16～图 5-18 所示。

01 找到需要下载的流媒体文件，将该文件的链接拖到影音传送带的悬浮窗口中，将弹出“添加新的下载任务”窗口。

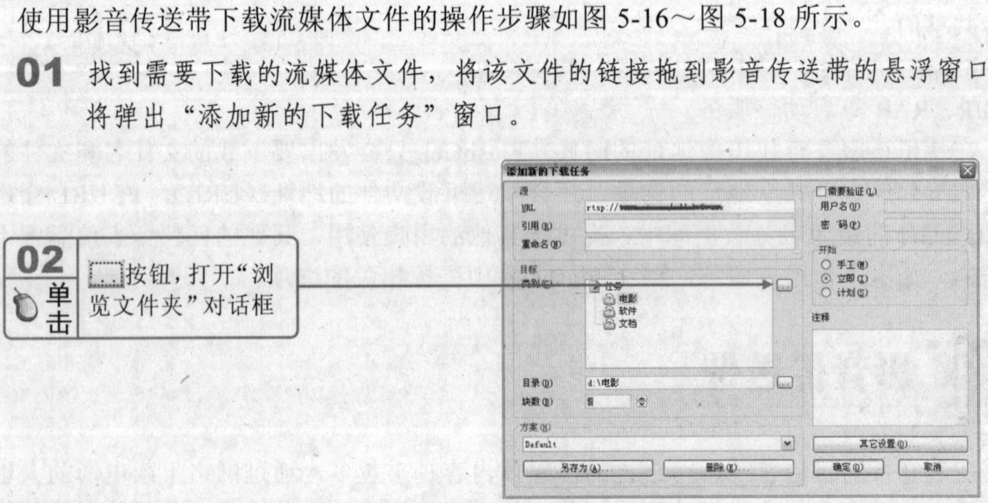

图 5-16 “添加新的下载任务”窗口

图 5-17　“浏览文件夹”对话框

04 选定下载路径后，返回如图 5-16 所示对话框单击“确定”按钮。

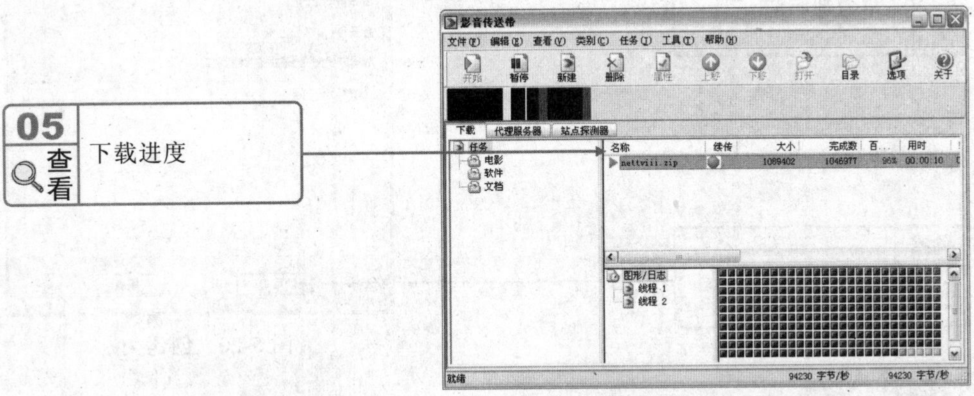

图 5-18　下载文件

你问我答

什么是悬浮窗口？

启动影音传送带后，在桌面右上角显示的窗口就叫做悬浮窗口。悬浮窗口为下载软件特有的信息窗口，将下载链接拖曳到该窗口中即可进行下载。下载过程中，在悬浮窗口可以查看下载进度。

5.3.3 文件分类管理

如果用户经常下载文件的话，对于下载文件的管理，会是一个非常头疼的问题。网络传送带具有强大的文件管理功能，可以对下载文件进行分类存储，并且允许用户自定义创建类别，即文件存储目录。

初次运行时，网络传送带没有定义下载文件的存储目录。此时用户可以根据自己需要自定义进行设置。设置方法如图 5-19～图 5-21 所示。

01 打开程序主界面，执行“任务\新建下载任务”命令，打开“添加新的下载任务”窗口。

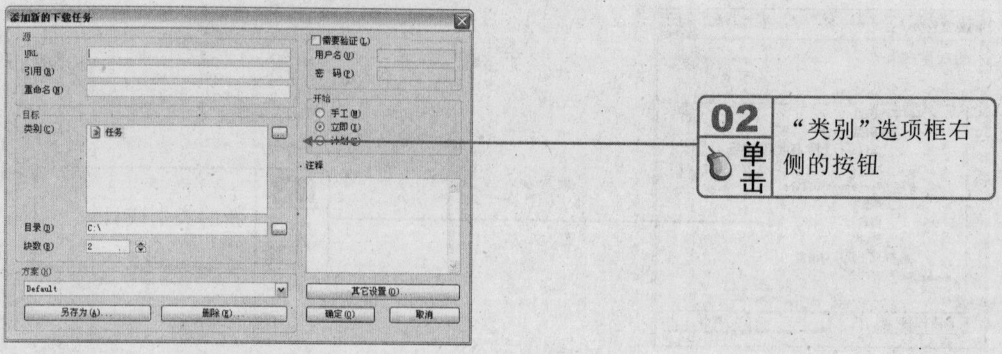

图 5-19 “添加新的下载任务”窗口

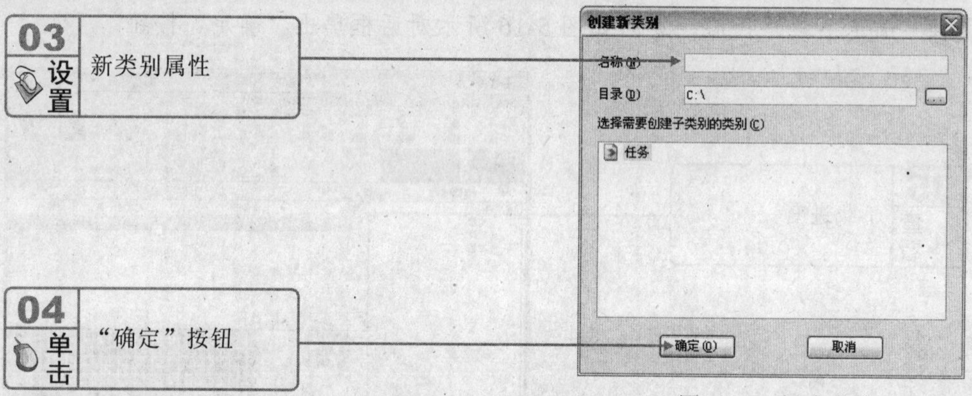

图 5-20 创建类别

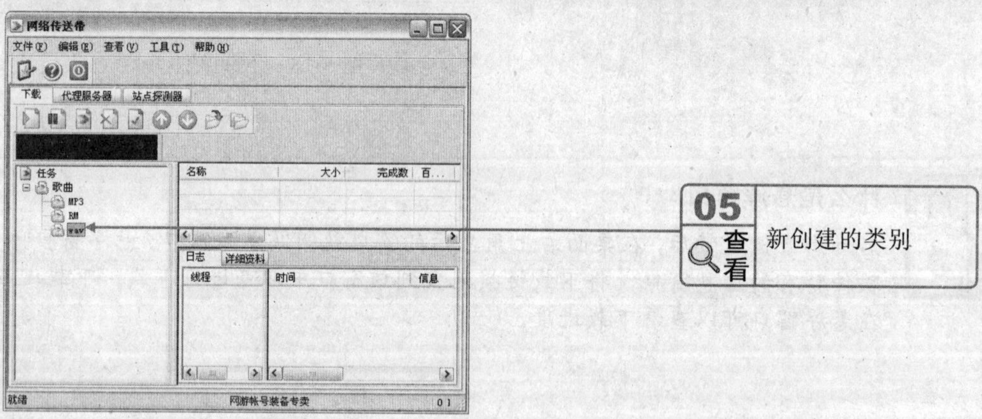

图 5-21 分类管理

5.3.4 设置代理服务器

影音传送带全面支持代理服务器。选择主界面中的“代理服务器”标签，单击“添加”按钮，打开“代理服务器设置”对话框，如图 5-22 所示。在对话框中输入代理服务器的信息，可以添加多个代理服务器。

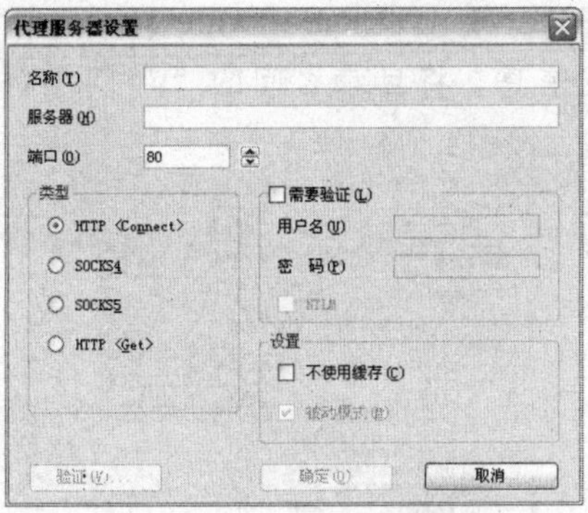

图 5-22 “代理服务器设置”对话框

5.3.5 影音传送带使用技巧

下面给大家介绍几则影音传送带的下载技巧。

1．使软件支持 PNM 协议

影音传送带不能直接支持 PNM 协议，大家可以将 PNM 改成 rtsp://site:7070/...，这样就可以支持 PNM 协议了。因为 7070 是 PNM 的默认端口号。

2．取消影音传送带的浏览器捕捉功能

取消影音传送带的浏览器捕捉功能的操作方法有两种：

- 执行“选项\监视\下载确认”命令，以后 URL 被捕捉显示确认对话框时，单击“取消”按钮即可。
- 在悬浮窗口中单击鼠标右键，在弹出的快捷菜单中取消对“监视浏览器点击”选项的选中状态即可，如图 5-23 所示。

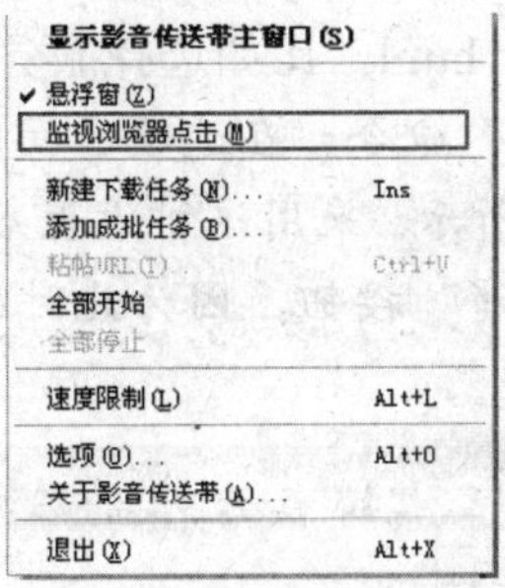

图 5-23 取消选项

3．解决“使用影音传送带下载”和“使用影音传送带下载全部链接”不起作用的问题

由于大家在上网的时候，都十分注意网络的安全保护，安装了许多的优化软件和防火墙，以至于出现了“使用影音传送带下载”和“使用影音传送带下载全部链接”失效的情况，解决的方法如下：

01 在“运行”框中输入“regedit”进入注册表编辑器。

02 找到 HKEY_CURRENT_USER\Software\Microsoft\Internet Explorer\MenuExt\主键，修改注册表信息，将目录之间的“\”间隔符改为“\\”，如图 5-24 所示。

图 5-24　修改注册表信息

[HKEY_CURRENT_USER\Software\Microsoft\Internet Explorer\MenuExt\使用影音传送带下载全部链接]

@默认=“C:\\Program Files\\Xi\\NetTransport 2\\NTAddList.html”

[HKEY_CURRENT_USER\Software\Microsoft\Internet Explorer\MenuExt\使用影音传送带下载]

@默认=“C:\\Program Files\\Xi\\NetTransport 2\\NTAddLink.html”

“contexts”=dword:Ox00000022（34）

4．解决 RTSP 不能下载

如果 RTSP 不能下载，可以使用 http，将其当作普通文件直接下载，去掉 RTSP 的默认端口号 554 即可。

5．下载扩展名是 zip 的文件

下载扩展名为 zip 的文件，使用 WinZip 打开经常发生错误。原因是下载的 URL 并非指向实际的文件，而是指向另一个 html，比如选择服务器等。有两种设置方法可以解决：

- 在菜单中执行“工具\选项”命令，在选项界面中选择“监视”选项卡，勾选“下载确认”选项，如图 5-25 所示。采用这种设置后，在第一次 URL 被捕捉显示“确认”对话框时，单击“取消”按钮，因为此时的 URL 不真实；一般第二次连续弹出就是真实的 URL 地址。

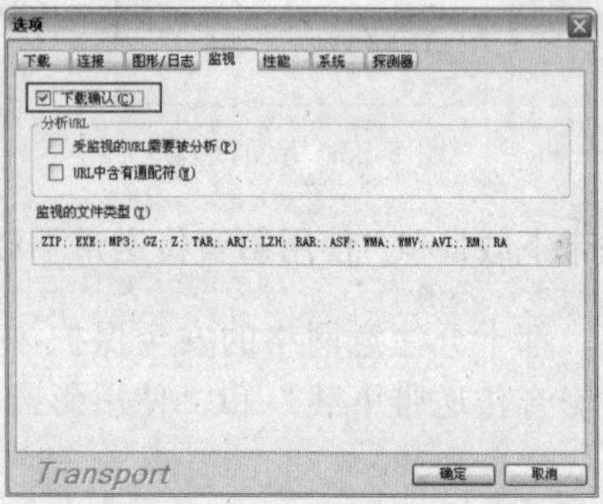

图 5-25　“监视”选项卡

- 在同一面板中，打开“分析 URL”中的两个选项，选择它们可以让影音传送带分析出用户点击的 URL 到底是指向实际文件还是重定向到一个页面。这个方式要取决于你的上网类型，如果网速较慢，浏览器会僵死一段时间，需要大家耐心等待。

5.4 使用 BT 下载

BT 下载是一个源代码公开的 P2P 软件，采用了多点对多点的传输原理，适用于下载电影等较大的文件。使用 BT 下载与使用传统的 HTTP 站点或 FTP 站点下载不同，随着下载用户的增加，下载速度反而会越快。目前，网络中有很多 BT 客户端软件，而使用最为广泛的为 Bit Torrent Plus! II 与 BitComet，在这里，我们主要讲解 BitComet。

5.4.1 什么叫做 BT 下载

一般来讲，下载指的是把文件由服务器端传送到客户端，例如 FTP、HTTP 等。但是这种方式就出现了一个不可避免的问题，随着用户的增多，对带宽的要求也随之增多，用户过多就会造成瓶颈问题，使每个用户下载的速度减慢，而且有可能造成服务器故障。

但 BT（BitTorrent）下载就不同，用 BT 下载反而是用户越多，下载越快，这是为什么呢？因为 BT 可以使每个下载用户的电脑成为服务器来达到共享。

首先在上传者端把一个文件分成了 N 个部分，甲在服务器随机下载了第 A 个部分，乙在服务器随机下载了第 B 个部分，这样甲的 BT 就会根据情况到乙的电脑上去拿乙已经下载好的 B 部分，乙的 BT 就会根据情况到甲的电脑上去拿甲已经下载好的 A 部分。这样，不但减轻了服务器负荷，也加快了用户（甲乙）的下载速度，效率也提高了，减少了地域之间的限制。比如说丙要连到服务器去下载其速度可能每秒才几 kb，但要是到甲或乙的电脑上去下载就快多了。所以，用 BT 的人越多，下载的人越多，速度也就越快。如图 5-26 与 5-27 所示是普通下载与 BT 下载的图示。

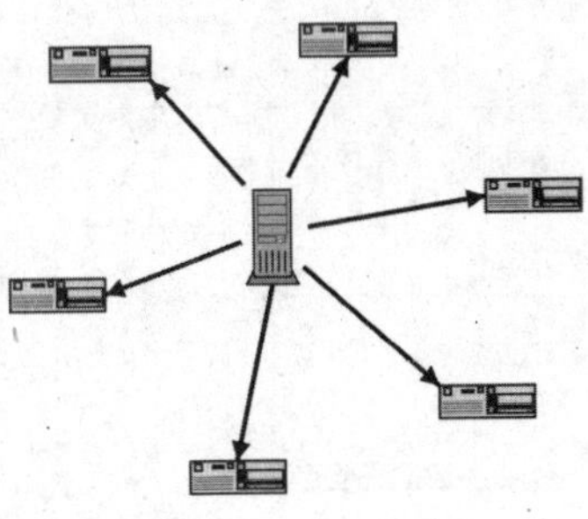

图 5-26　普通下载

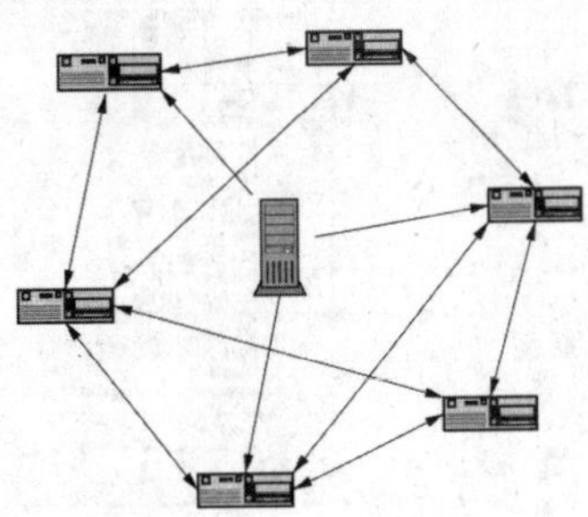

图 5-27　BT 下载

5.4.2 安装 BT 下载软件

BitComet 是一款基于 BT 协议的 P2P 文件分享软件，支持多任务下载、文件选择下载、断点续传及速度限制等多项功能。

将 BitComet 安装文件下载到电脑中后，即可进行安装。具体操作步骤如图 5-28～图 5-30 所示。

01 双击安装文件图标，在弹出的“安装向导”对话框中依次单击“下一步”按钮，直至弹出 “选择组件” 对话框。

图 5-28　安装向导

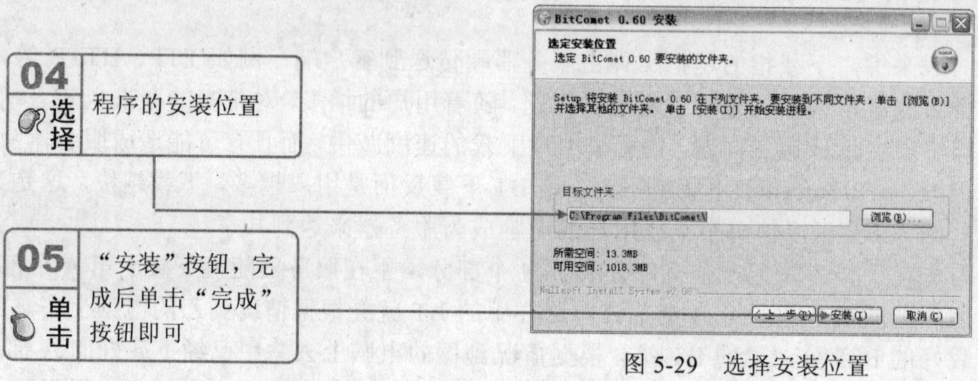

图 5-29　选择安装位置

安装 BitComet 后，桌面上就会显示程序的快捷方式，双击快捷方式图标，即可运行 BitComet，其主界面类似于迅雷等下载软件。

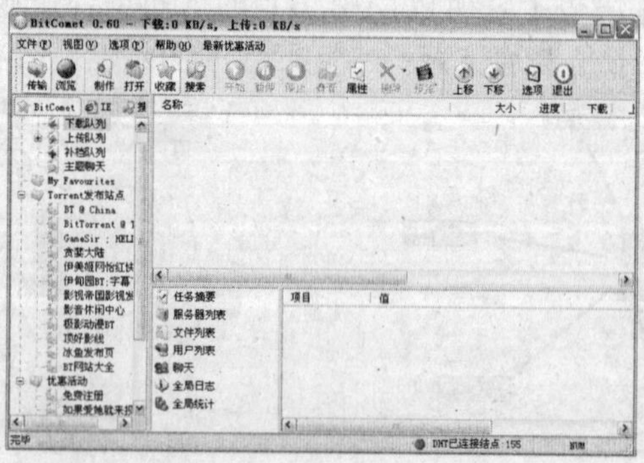

图 5-30　BitComet 主界面

5.4.3 寻找 BT 资源

使用 BitComet 进行下载之前，首先要寻找 BT 资源，也就是要 BT 资源索引文件（文件扩展名为.torrent）。该文件中包含了一些 BT 下载所必须的信息。只有找到并下载了

torrent 文件，才能下载相应的 BT 资源。

可以通过网络搜索得到 torrent 文件，也可以登录到一些 torrent 发布站点进行下载。在 BitComet 中，已经包含了若干个常用的 torrent 发布站点，在 BitComet 主界面中单击“收藏”按钮，然后单击左侧窗口上方的“BitComet”按钮，即可在窗口列表中查看到 torrent 发布站点，单击其中的站点链接，即可在右侧窗口中打开对应的站点。同时在页面中，可以查看到当前提供 BT 资源的名称、大小、种子及连接等信息，如图 5-31 所示。

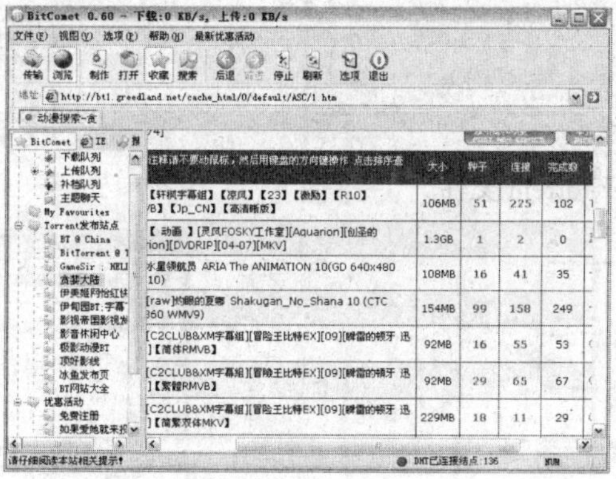

图 5-31　打开 torrent 发布站点

单击要下载的资源名称，即可下载该资源的 torrent 文件，文件大小一般在几百 KB 左右。

不过有可能会由于部分 BT 服务器繁忙，导致公布的信息不准确。因而对于种子数及连接数都为 0 的 torrent 文件，用户仍可以进行下载尝试。

你问我答

什么是种子文件？

种子是 BT 下载的根源，最初提供免费资源的计算机用户就是该资源的第一个种子。以后每下载完该资源的用户，如果在线的话，也会成为该资源的种子。

5.4.4 下载 BT 资源

下载了 BT 资源的 torrent 文件后，就可以下载 BT 资源了。具体操作步骤如图 5-32～图 5-35 所示。

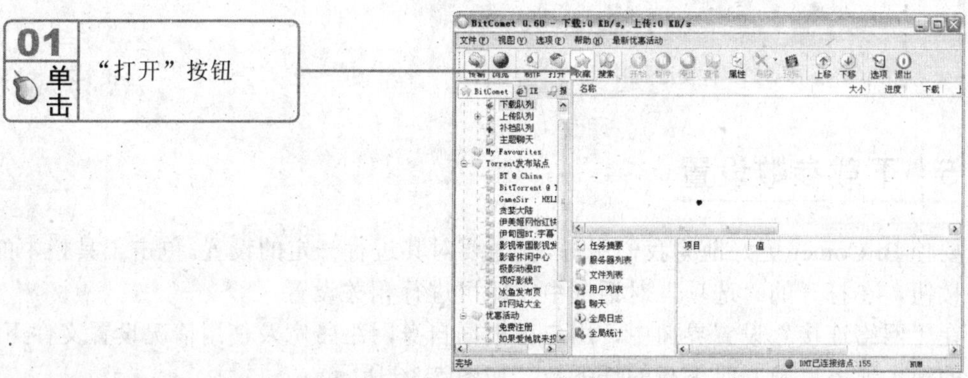

图 5-32　单击“打开”按钮

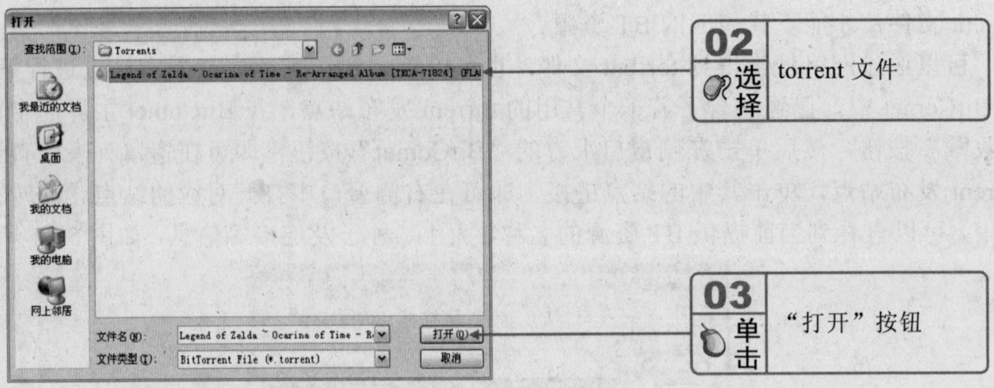

图 5-33　打开 torrent 文件

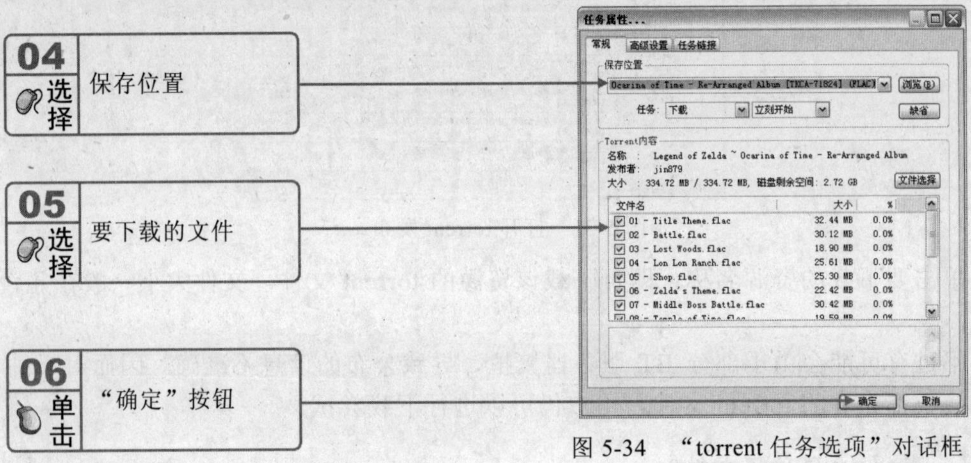

图 5-34　“torrent 任务选项”对话框

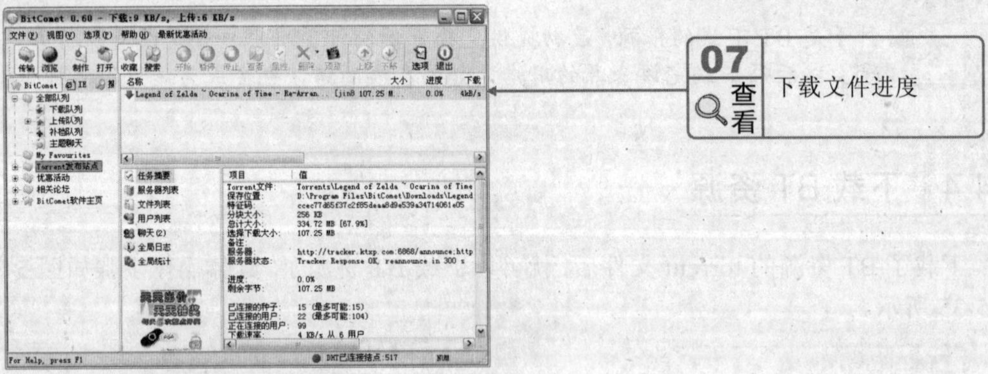

图 5-35　下载过程中

5.4.5　下载参数设置

要使 BitComet 更好地为我们服务，就需要对其进行一定的设置。单击工具栏中的“选项”按钮，在打开的“选项”对话框中，即可进行相关设置。

在“网络连接”设置界面中，用户可根据自身网络带宽及使用情况设置文件下载与上传的最大速率以及同时下载的任务数，如图 5-36 所示。

需要注意的是，BT 的下载速度与上传速度是密切相关的，如果上传速度设置得很小，就势必会影响下载速度。另外，选项卡中的“端口监视”选项，主要针对通过服务器上网的用户，一般保持默认值。

如果用户经常进行下载的话，就很难确定硬盘剩余空间，而当下载文件大于当前硬盘剩余空间时，就会自动中断下载过程。这时可以在“任务设置”配置界面中选中“下载前先分配空间”选项，如图 5-37 所示。

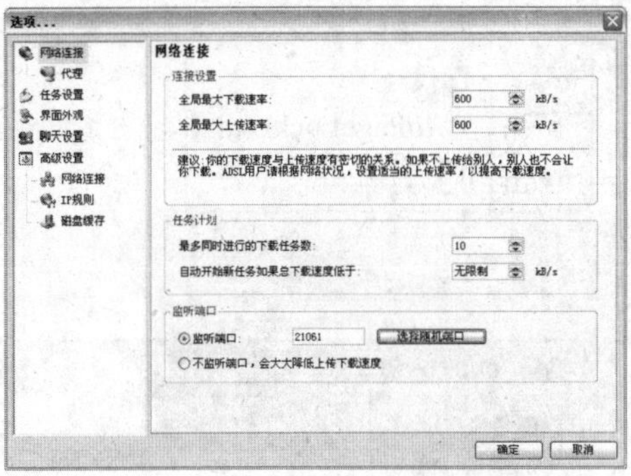

图 5-36　“网络连接”配置界面

图 5-37　“任务设置”配置界面

这样在添加下载任务时，BitComet 就会检测磁盘是否有足够的剩余空间，如果剩余空间小于下载文件时，就会进行提示。

> **02 小 测 试**
>
> 在使用 BT 下载时，只有找到并下载了（　　）文件，才能下载相应的 BT 资源。
>
> A. BT　　B. IE　　C. Net Transport　　D. torrent

5.4.6 减少 BT 下载对硬盘的磨损

BT 之所以能提供高速下载，是因为在下载文件的同时，也为其他人提供该文件的下载服务。所以，使用 BT 会对硬盘进行更频繁的读写操作，在一定程度上，会加快硬盘的老化，但是如果我们注意使用时间并采取一定的优化措施，这种影响是可以忽略的。

BT 运行时，会同时进行多线程的下载和多线程的上传，所以 Windows 默认的 512KB Cache 显然不够了。如果用户的内存足够，将 Cache 设置得更大（256MB 内存以上的用户建议设置 Cache 为 32MB），就可以减少硬盘读写的频率。

要减少 BT 下载对硬盘的磨损，可执行如图 5-38~图 5-40 所示的操作。

01 执行“开始\运行”命令，打开“运行”对话框。

02 输入　“regedit”

03 单击　“确定”按钮

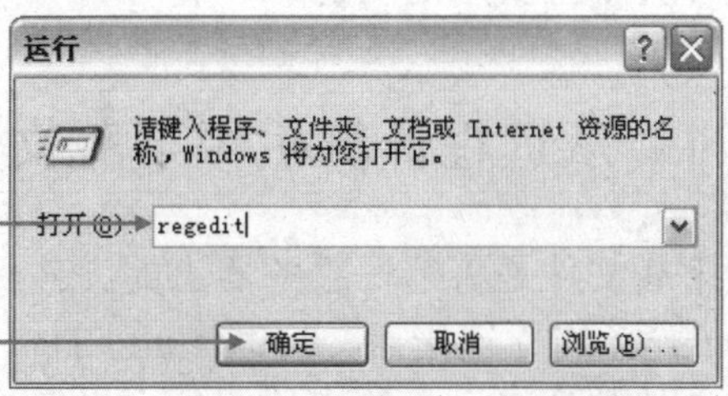

图 5-38　“运行”对话框

04 打开“注册表编辑器”，依次展开“HKEY_LOCAL_MACHINE\System\CurrentControlSet\Control\Session Manager\Memory Management\”

图 5-39 “注册表编辑器”

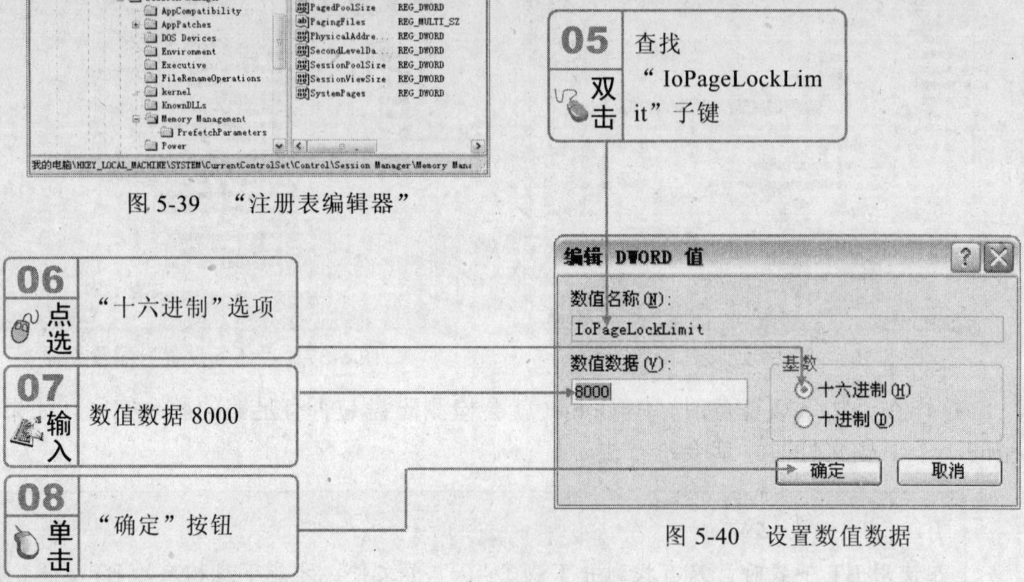

图 5-40 设置数值数据

5.5 CuteFTP

CuteFTP 是 Global CAPE 公司推出的一款非常受欢迎的共享 FTP 工具，界面简洁，操作简单方便，并且支持上传/下载断点续传，这些特性使其在众多的 FTP 软件中脱颖而出。

CuteFTP 是一个简单易用的 FTP 管理器。功能特点有：下载文件支持续传，可下载或上传整个目录，不会因闲置过久而被服务器踢出，可以上传下载队列，支持断点续传等。而 CuteFTP 的远程编辑功能使你能够在服务器上直接修改文件，而不需要再像平时那样为了修改主页而要进行下载、编辑、保存、上传等繁琐的工作了。其他功能还有：站点之间对传、传输列表、MP3 和文件搜索功能。

CuteFTP 这个工具的下载与安装都很方便，这里就不再为大家介绍了，下面来看看其具体有哪些实用的功能。

5.5.1 从远程计算机中下载文件

下载文件是将远程服务器上的文件保存到本地，FTP 可以方便快捷地完成此任务。与 Internet 建立连接后，启动 CuteFTP，CuteFTP 已经内建了一些 FTP 站点，可单击工具栏中的按钮，在打开的“站点设置”对话框中进行查看。

从远程计算机中下载文件的具体操作步骤如图 5-41～图 5-43 所示。

01 执行“开始\所有程序\Global SCAPE\CuteFTP\CuteFTP”命令，启动 CuteFTP。

02 单击 “站点管理器”按钮

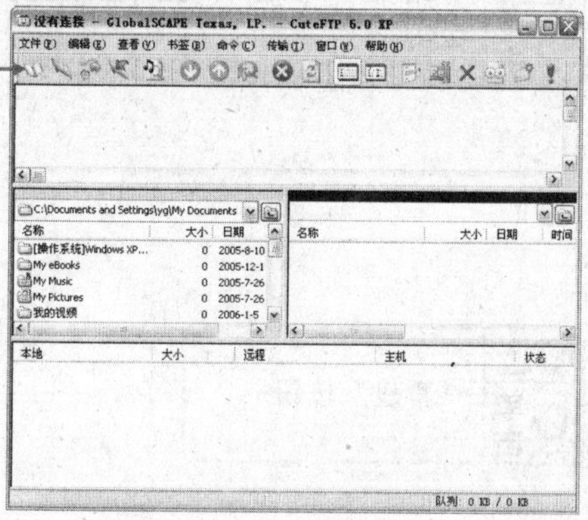

图 5-41 CuteFTP 窗口

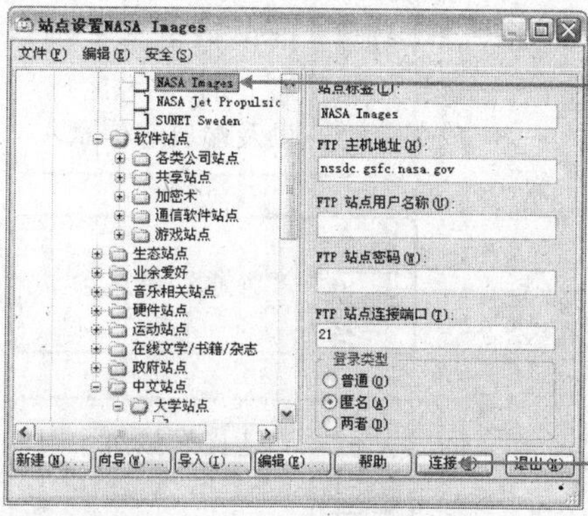

03 选择 一个 FTP 站点

04 单击 “连接”按钮

图 5-42 选择 FTP 站点

05 选择 一个文件

06 单击 “下载”按钮

07 单击 开始下载文件

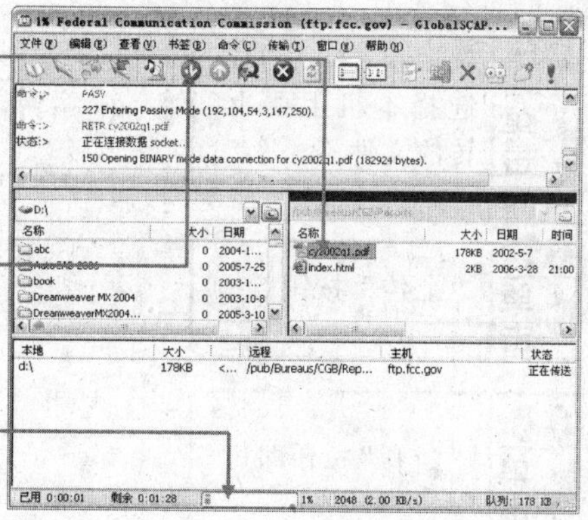

图 5-43 下载文件

5.5.2 将文件上传到 FTP 服务器

将本地文件上传到 FTP 服务器，需要对 FTP 服务器上的目录有写的权限。通常，个人用户使用 CuteFTP 的上传功能来维护个人主页或上传一些文件，不过前提是你必须拥有一个 FTP 空间的使用权（也就是要知道 FTP 主机地址与 FTP 空间的密码）。

使用 CuteFTP 将本地文件上传到 FTP 服务器的方法如图 5-44~图 5-46 所示。

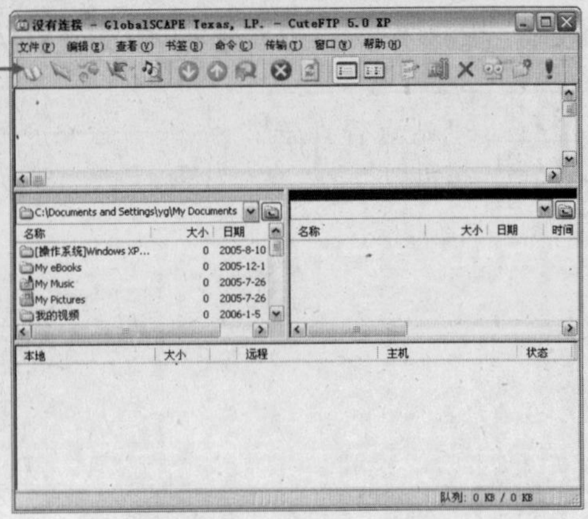

图 5-44　CuteFTP 窗口

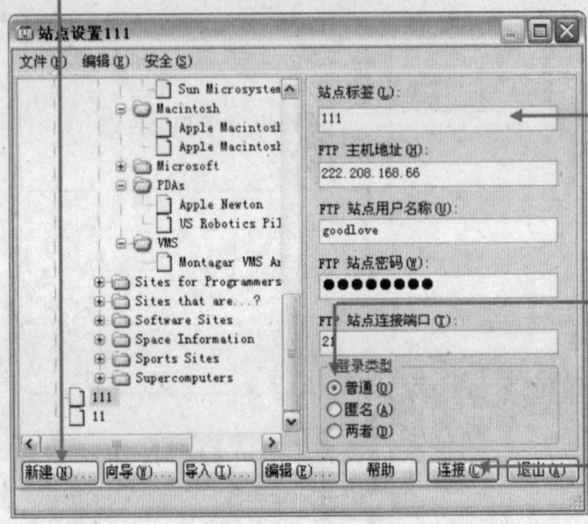

图 5-45　登录 FTP

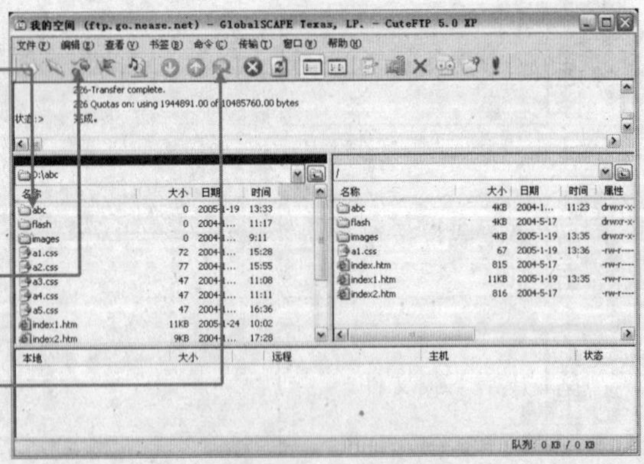

图 5-46　上传文件

5.5.3 FTP 下载默认目录设置

进行下载时，可以为 CuteFTP 指定默认的下载文件保存目录，也就是启动 CuteFTP 后，在本地窗口中默认打开的目录。执行“编辑\设置”命令，在打开的“设置”对话框中，即可进行相关设置。

使用如图 5-47～图 5-49 所示的方法可以设置 FTP 下载的默认目录。

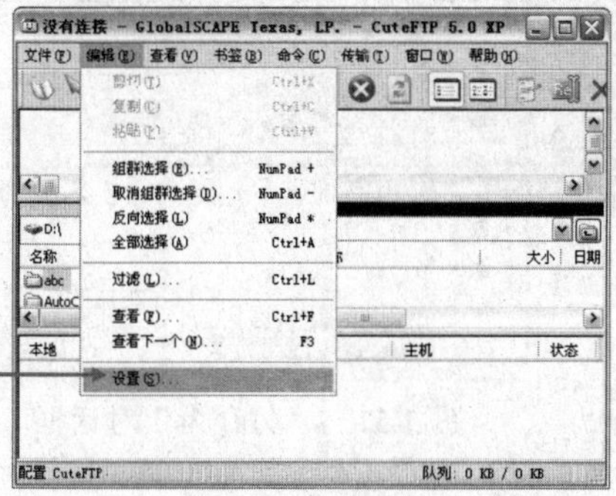

01 单击 “编辑\设置”命令

图 5-47　执行“编辑\设置”命令

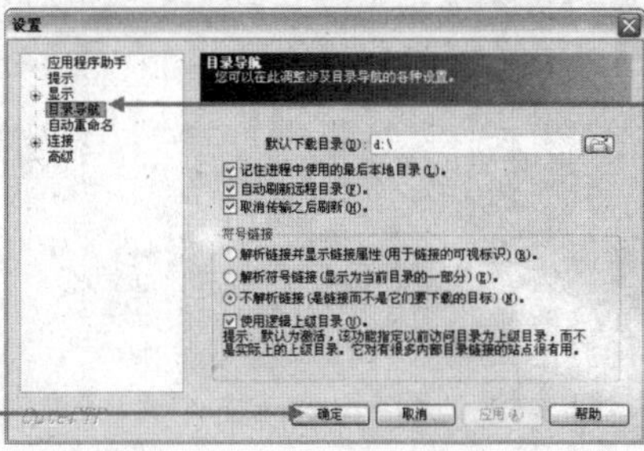

02 选择 “目录导航”选项

03 选择 FTP 下载文件的保存目录

图 5-48　“设置”对话框

04 单击 “确定”按钮

05 单击 “确定”按钮

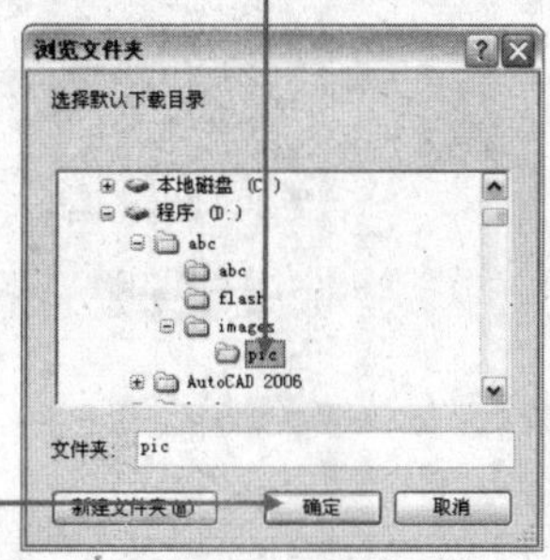

图 5-49　“浏览文件夹”对话框

融会贯通—使用 BT 下载综艺节目

使用 BT 下载最新一期的综艺节目“康熙来了”。其操作方法如下。

01 在 BT 下载网站中找到综艺节目“康熙来了”的 torrent 文件下载地址，并在下载地址上单击鼠标左键，如图 5-50 所示。

图 5-50　BT 下载网站

图 5-51 “另存为”对话框

02 在弹出的“另存为”对话框中，将种子文件保存到本机硬盘上，如图 5-51 所示。

03 启动 BT 下载软件，单击工具栏中的“打开”按钮。

04 在弹出的“打开”对话框中选中刚才下载的 torrent 文件后，单击“打开”按钮，如图 5-52 所示。

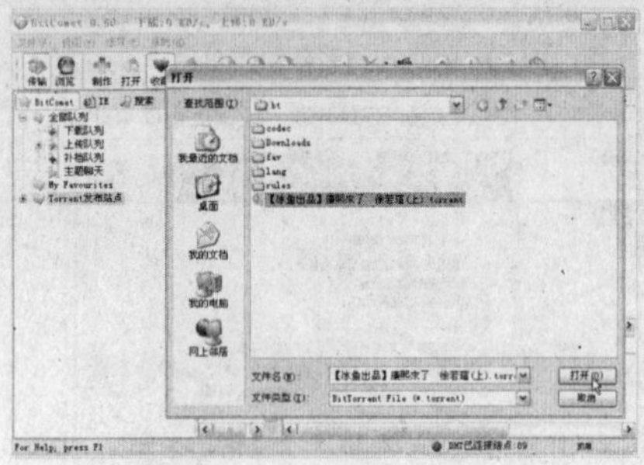

图 5-52 选择 torrent 文件

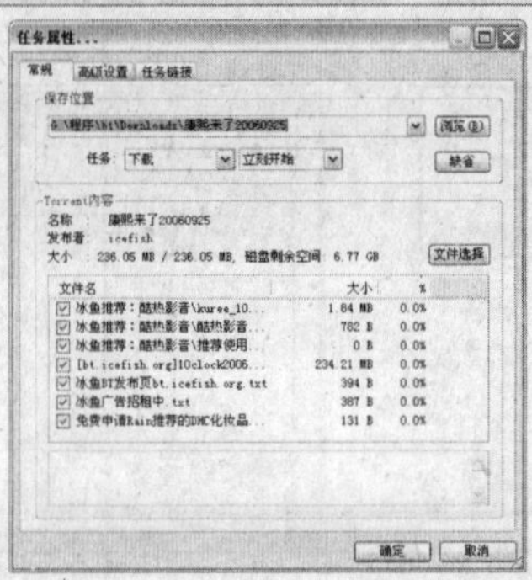

图 5-53 “torrent 任务属性”对话框

05 打开“torrent 任务属性”对话框，在对话框中选择综艺节目“康熙来了”的保存地址，如图 5-53 所示。完成后单击“确定”按钮。

06 在 BitComet 窗口中，开始下载文件，如图 5-54 所示。

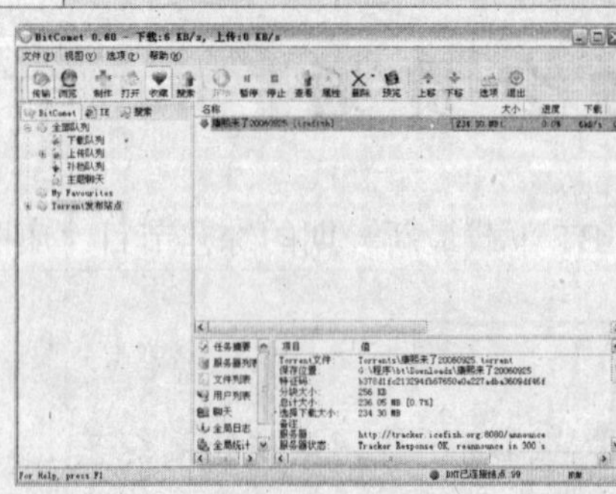

图 5-54 下载文件

小测试答案 ●●●●● （请翻转阅读答案）

1. A 2. D

Study

CHAPTER

【第 6 章】

网上聊天交友

→内容导读

1．本章需要了解的概念：

QQ、BBS 论坛、MSN

2．本章需要掌握的操作：

使用 QQ 聊天，使用 MSN 聊天，在 BBS 中查看、回复和发布帖子

3．本章需要提高的内容：

个性化设置 QQ 面板

06

6.1 网络寻呼 QQ

QQ 又名网络寻呼机，是由深圳市腾讯计算机系统有限公司开发的一种基于 Internet 的即时通信软件。QQ 的功能比较完善，用户可以使用它与好友进行在线交流。此外，QQ 还具有聊天室、传输文件、语言邮件、手机短信息服务等功能。到目前为止，拥有过亿用户的 QQ 已经成为国内网上最常用的聊天和联络软件。

6.1.1 下载并安装 QQ 软件

使用 QQ 软件进行聊天和即时通信，必须将其下载并安装在用户的电脑中。下载和安装 QQ 的具体步骤如图 6-1～图 6-7 所示。

01 在浏览器中输入 http://im.qq.com/，进入 QQ 软件的下载页面。在其中选择一个最新版本的 QQ 软件进行下载。

图 6-1 登录网页

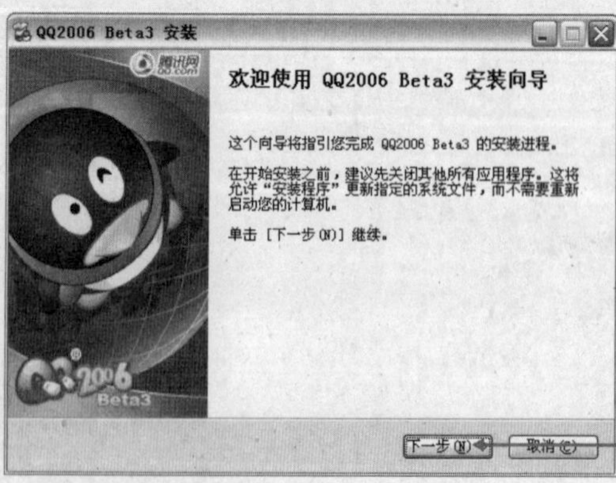

02 单击 "下一步" 按钮

图 6-2 QQ 安装向导

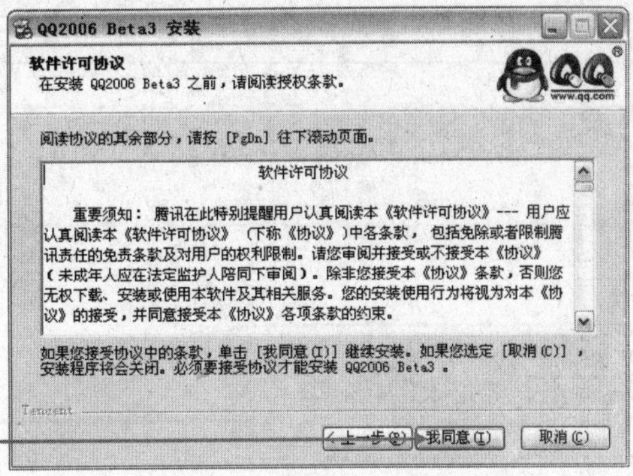

03 查看 软件许可协议，单击“我同意”按钮

图 6-3　查看软件许可协议

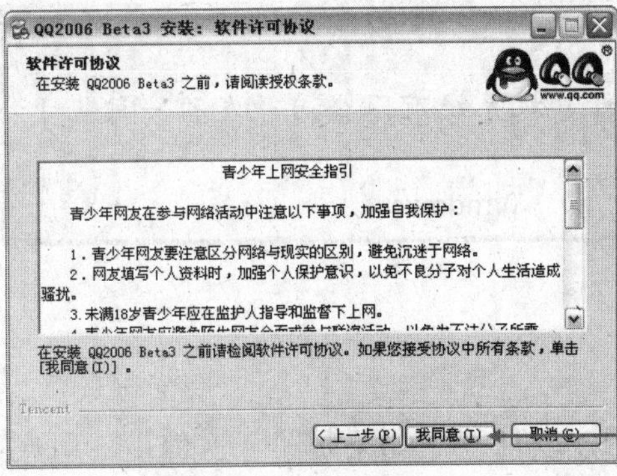

04 单击 “我同意”按钮

图 6-4　上网安全指引

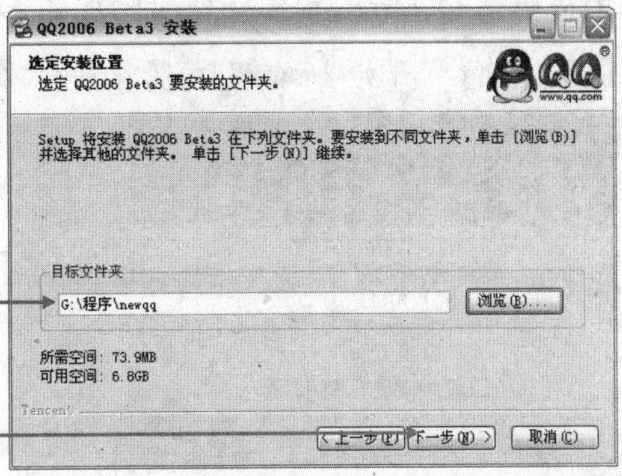

05 选择 QQ 程序在电脑中安装的位置

06 单击 “下一步”按钮

图 6-5　选择安装位置

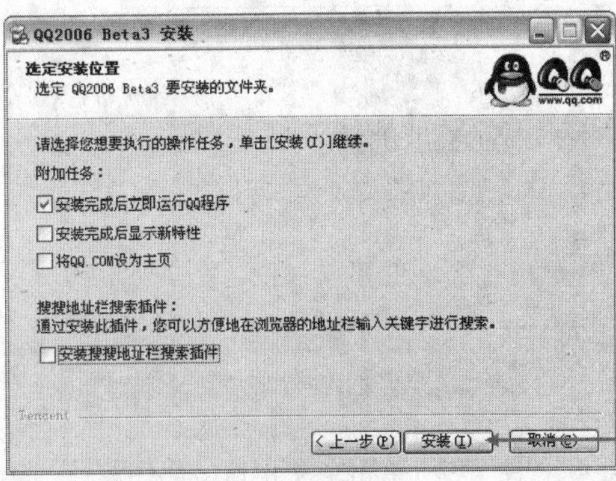

07 单击 “安装”按钮，开始安装 QQ 软件

图 6-6　单击“安装”按钮

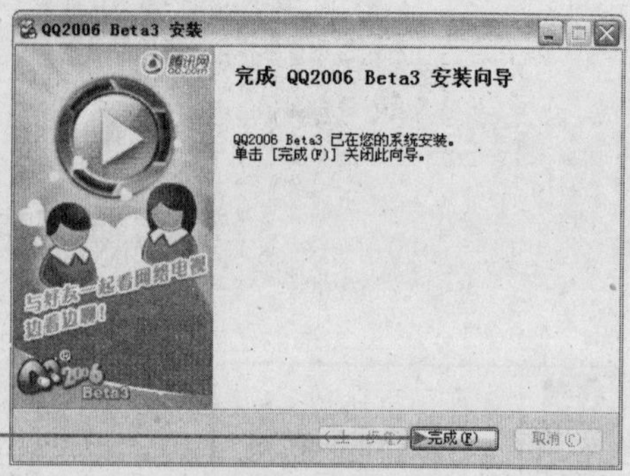

08 单击 “完成”按钮

图 6-7 安装完成

01 小 测 试

QQ 又名网络寻呼机，是由深圳市腾讯计算机系统有限公司开发的一种基于（ ）的即时通信软件。

A. IE B. Maxthon C. Internet D. Windows

6.1.2 免费申请 QQ 号码

将 QQ 软件安装完成以后，就可以使用 QQ 软件了。如果是第一次使用，用户可以在这里注册属于自己的 QQ 号，接下来将讲解免费申请 QQ 号。

免费申请 QQ 号的具体操作步骤如图 6-8～图 6-14 所示。

01 执行“开始\所有程序\腾讯软件\腾讯 QQ 命令”，打开“QQ 用户登录”面板。

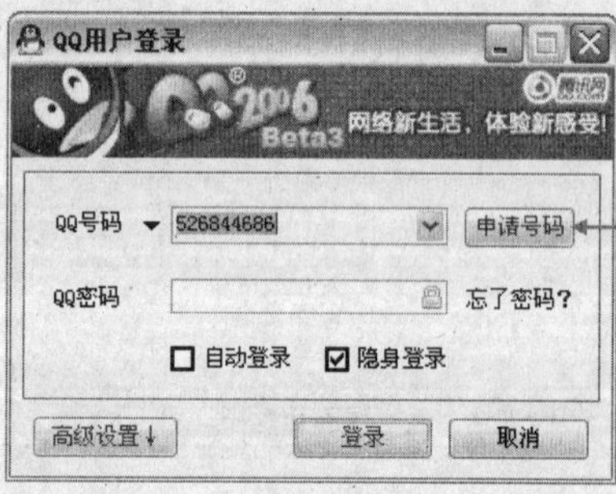

02 单击 “申请号码”按钮

图 6-8 “QQ 用户登录”面板

03 单击 免费申请号码图标

04 单击 “下一步”按钮

图 6-9 单击免费申请号码图标

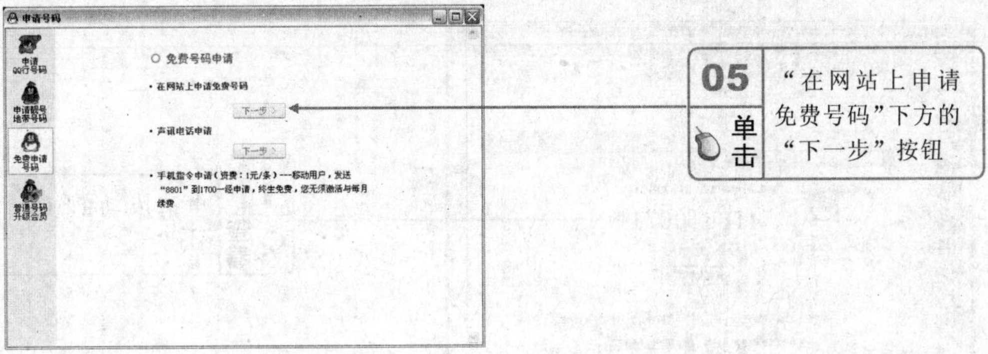

图 6-10　选择申请方式

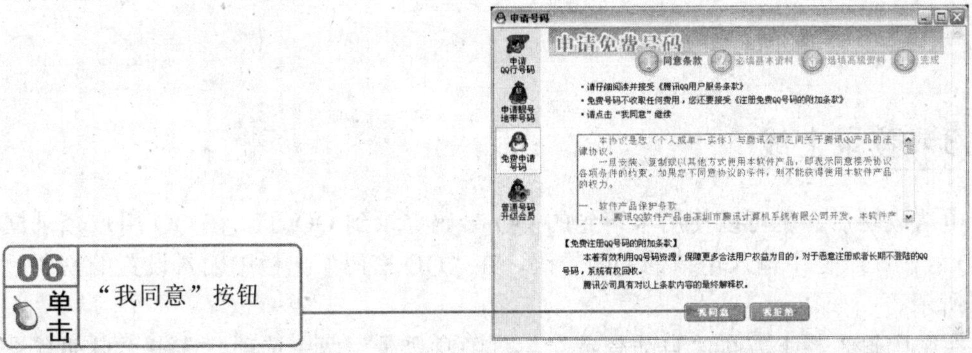

图 6-11　单击“我同意”按钮

图 6-12　填写个人基本资料

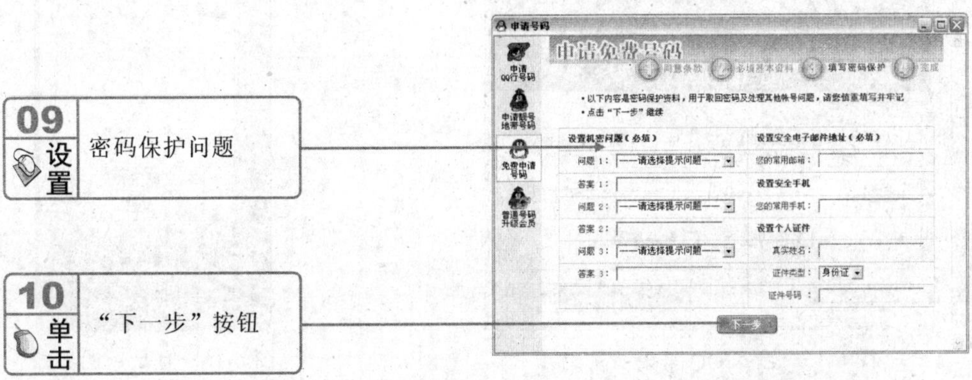

图 6-13　设置密码保护问题

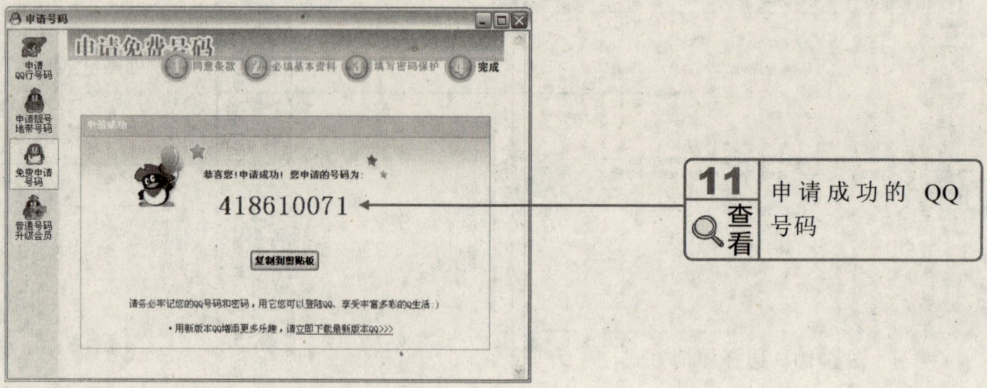

图 6-14　申请成功

6.1.3　登录上线

申请成功后，就可以使用申请到的 QQ 号码登录到 QQ 了。在 QQ 用户登录框中的“QQ 号码”一栏中输入申请的 QQ 号码，在“QQ 密码”一栏中输入设置的密码，如图 6-15 所示。

在密码输入栏下方有“自动登录”与“隐身登录”两个选项，选中“自动登录”选项，在下次打开 QQ 登录框时，会自动登录到 QQ，而无需用户进行输入；选中“隐身登录”选项，则登录 QQ 时，将以隐身的状态登录，用户可以根据自身情况进行选择。

单击登录框中的“高级设置”按钮，在打开的设置界面中，可以选择不同的登录模式以及代理服务器等，也可以在界面中进行“申请密码保护”或者“取回密码”等操作。完成后单击“登录 QQ”按钮，即可登录到 QQ。登录后的界面如图 6-16 所示。

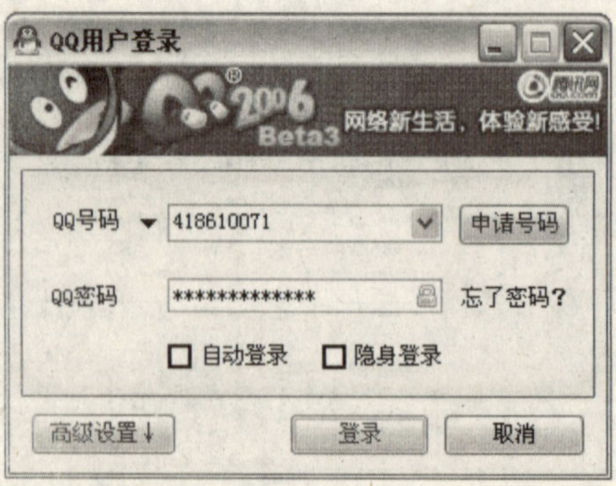

图 6-15　输入 QQ 号码与密码

图 6-16　登录后的界面

你 问 我 答	**什么是隐身登录？** 隐身登录是指用户已经登录到QQ，但又不想让好友看到自己在线而采用的一种登录方式。

6.1.4 使用查找功能

申请QQ号码成功后，在你的QQ好友列表中还是一片空白，没有朋友又怎么聊天呢？所以，赶快添加好友吧。QQ提供了几种方便快捷的添加好友的方式。常用的包括查找并添加朋友、查找符合指定条件的朋友等。

下面根据是否知道网友的QQ号码，分别介绍添加好友的方法。

1. 看谁在线上

这一功能可以帮助用户实时地查找并添加在线好友，适用于不知道好友QQ号码的情况。其具体操作步骤如图6-17～图6-23所示。

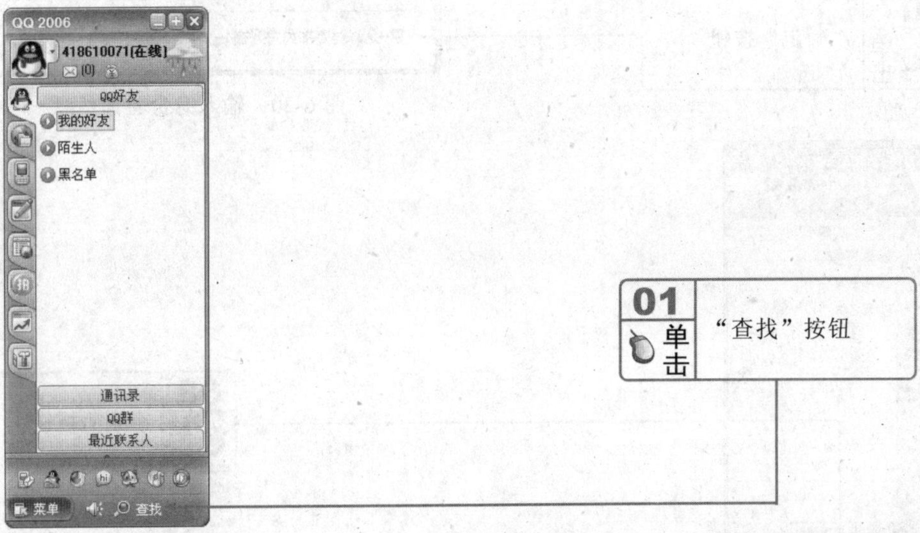

图6-17 单击“查找”按钮

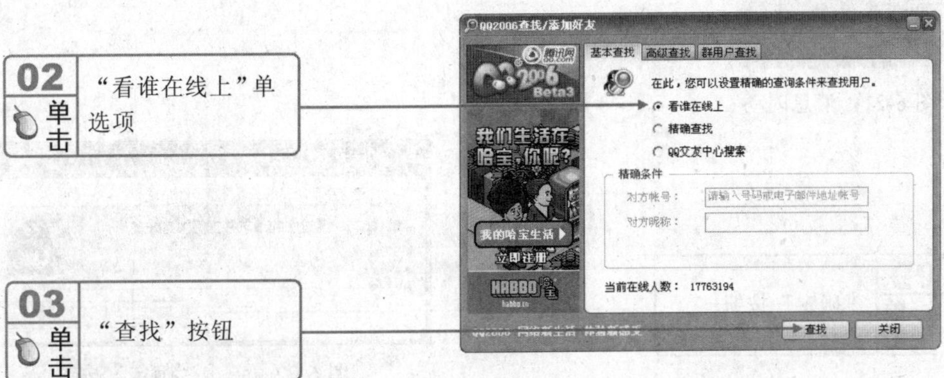

图6-18 选择查询方式

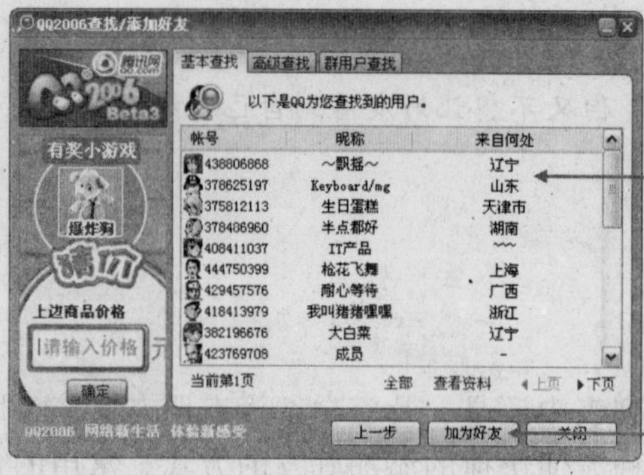

图 6-19　选择好友

04 选择　想要添加的好友

05 单击　“加为好友”按钮

06 输入　身份验证信息

07 单击　“确定”按钮

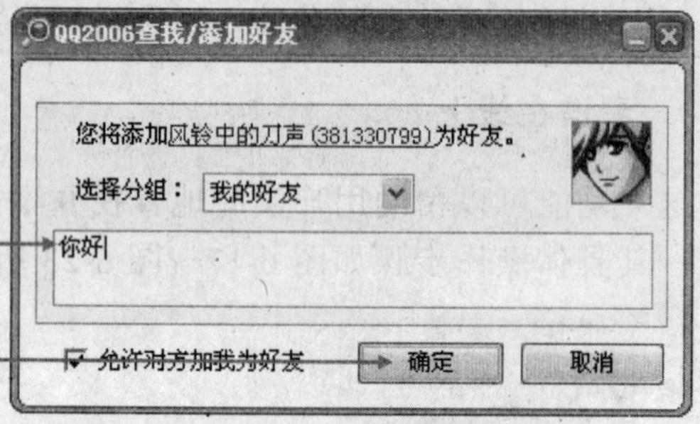

图 6-20　输入身份验证信息

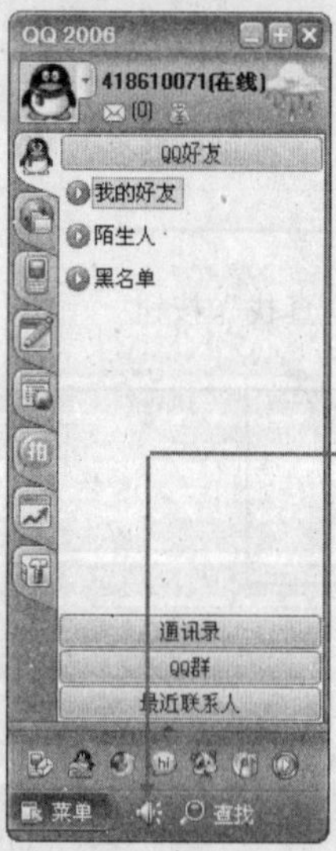

图 6-21　消息闪动

08 单击　小喇叭按钮

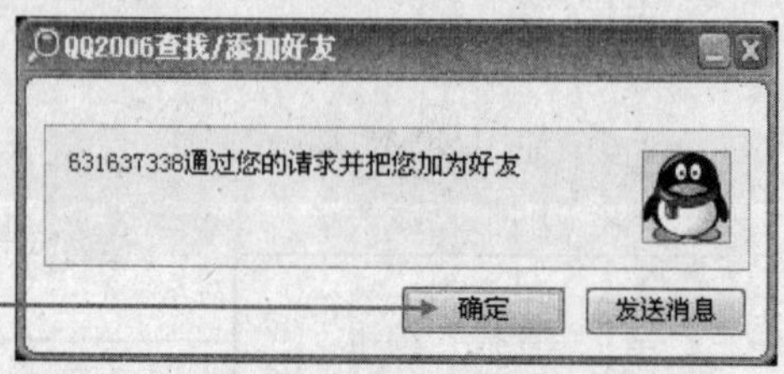

09 单击　“确定”按钮

图 6-22　单击“确定”按钮

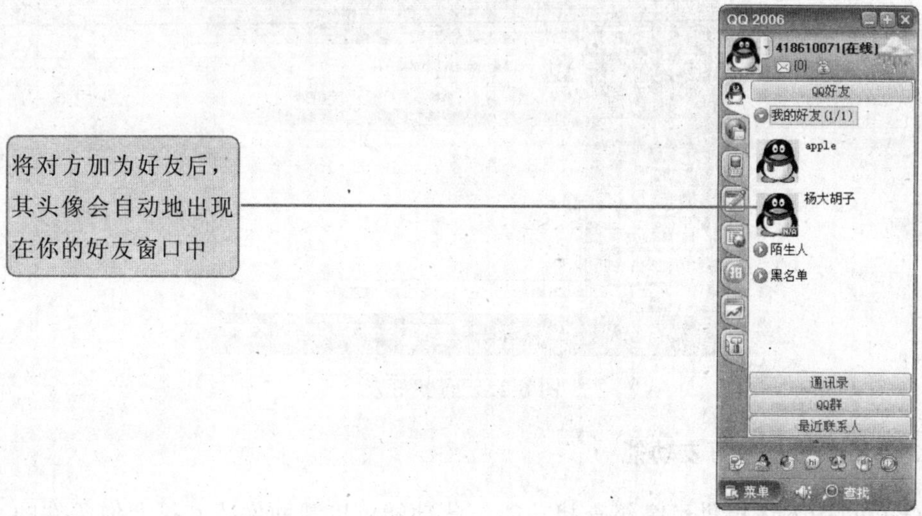

图 6-23 加为好友

你问我答

什么是身份验证？

身份验证是为了防止别人随意将自己添加为好友而设，使用该功能后，只有通过了自己的允许，对方才能将自己加为好友。

2. 精确查找

如果事先已经知道了好友的 QQ 号码、昵称等信息，便可以通过“精确查找”，将其快捷地添加到 QQ 中。其具体的操作步骤如图 6-24 和图 6-25 所示。

01 在 QQ 面板中单击“查找”按钮，将打开“QQ 2006 查找/添加好友”对话框。

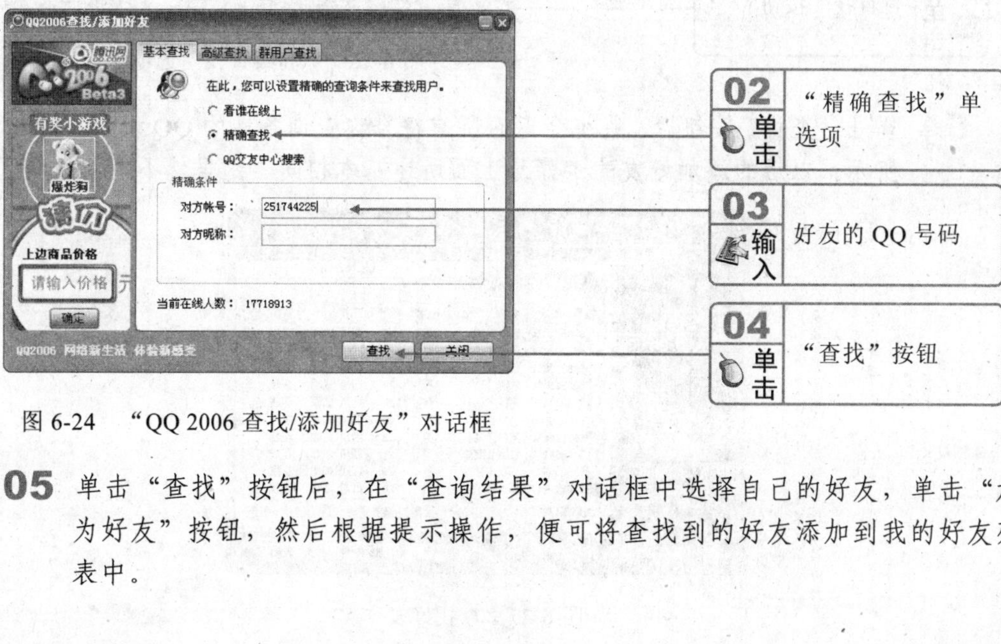

图 6-24 “QQ 2006 查找/添加好友”对话框

05 单击“查找”按钮后，在“查询结果”对话框中选择自己的好友，单击“加为好友”按钮，然后根据提示操作，便可将查找到的好友添加到我的好友列表中。

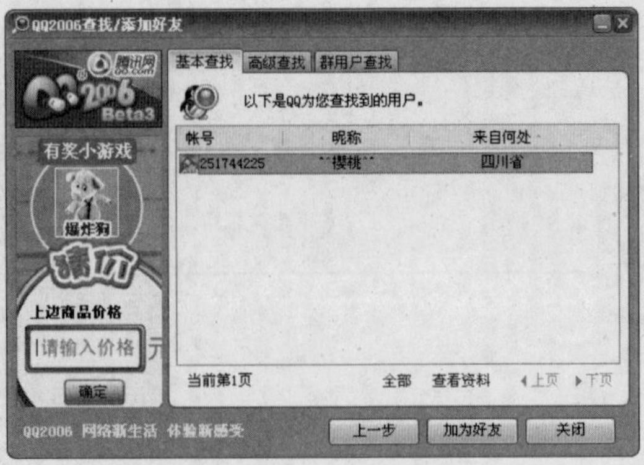

图 6-25 查找好友

3. 使用高级查找好友功能

QQ2006 版本还提供了高级查找功能，此功能可以帮助你找到符合你条件的 QQ 好友。具体的操作步骤如图 6-26 所示。

01 单击 QQ 面板中的“查找”按钮，选择“高级查找”选项卡。

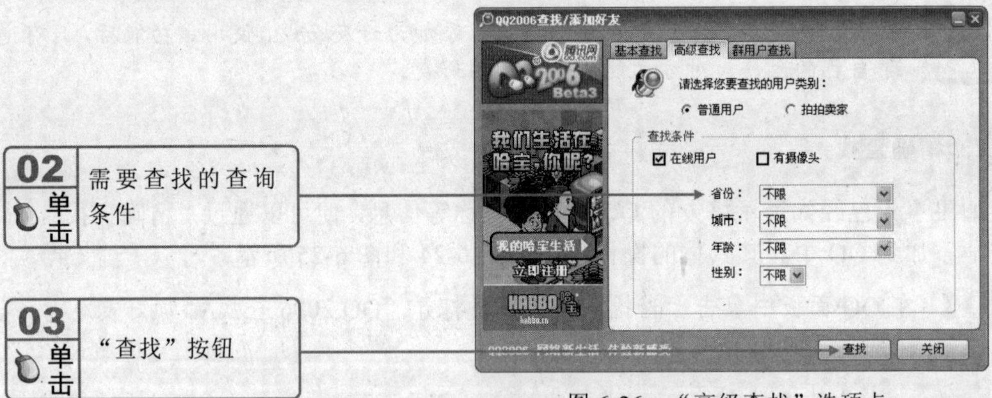

图 6-26 “高级查找”选项卡

04 单击“查找”按钮后，系统会返回所有符合你查询条件的 QQ 好友，如图 6-27 所示。以后的添加好友的步骤与上面所述基本相同，这里就不重复说明了。

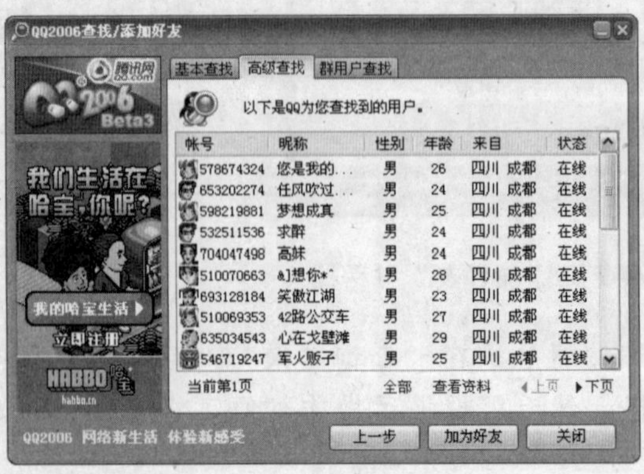

图 6-27 查找好友

6.1.5 收发即时信息

收发即时信息是 QQ 最基本的功能，QQ 提供了两种方式进行聊天，“消息模式”和“聊天模式”。此外，用户还可以即时地看到聊天记录，使用 QQ 在线收发消息非常简单。具体的操作步骤如图 6-28～图 6-31 所示。

01 首先确保与 Internet 连接正常，启动 QQ。

02 双击 好友的头像图标

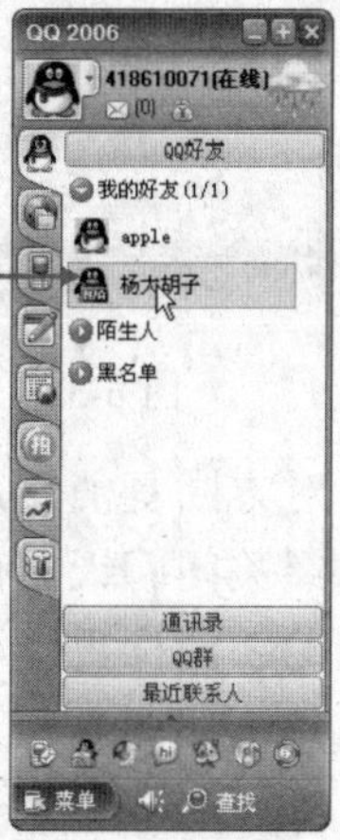

图 6-28　双击好友的头像图标

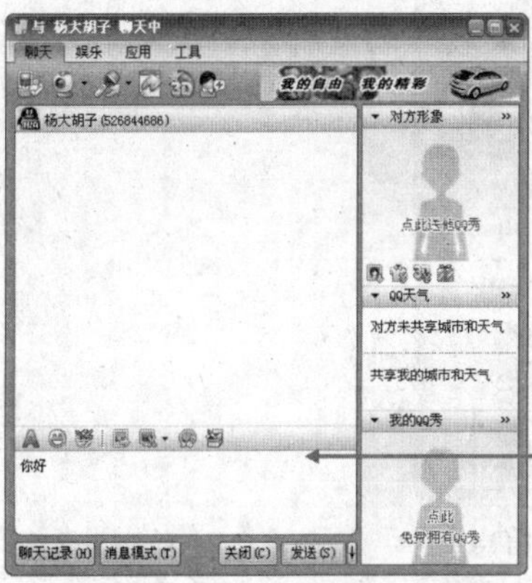

03 输入 文本消息

图 6-29　输入文本消息

04 单击 “字体”按钮

05 设置 文字的字体、字号、颜色等属性

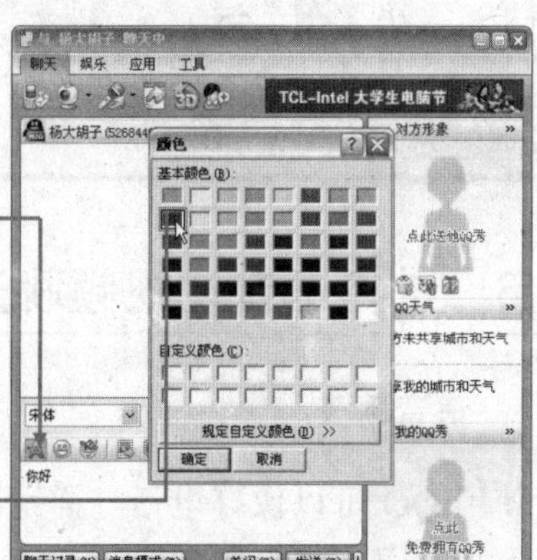

图 6-30　设置字体、字号、颜色等属性

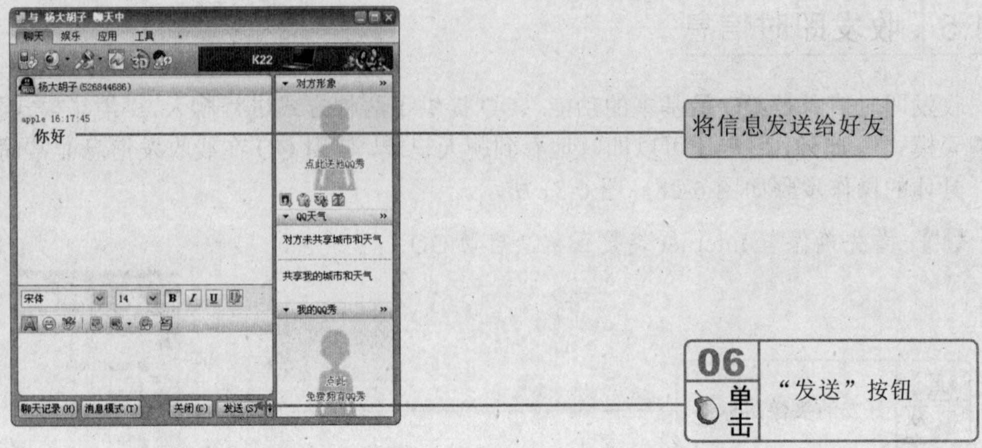

图 6-31　发送信息

对方回复消息后，如果没有关闭聊天窗口，则上方窗口中就会显示出消息内容；如果已经关闭聊天窗口，那么 QQ 好友列表中的该好友头像就会不断闪烁，同时，任务栏中的 QQ 图标也会不断闪烁。双击闪烁头像，就可以在打开的聊天窗口中查看对方发来的信息，如图 6-32 所示。

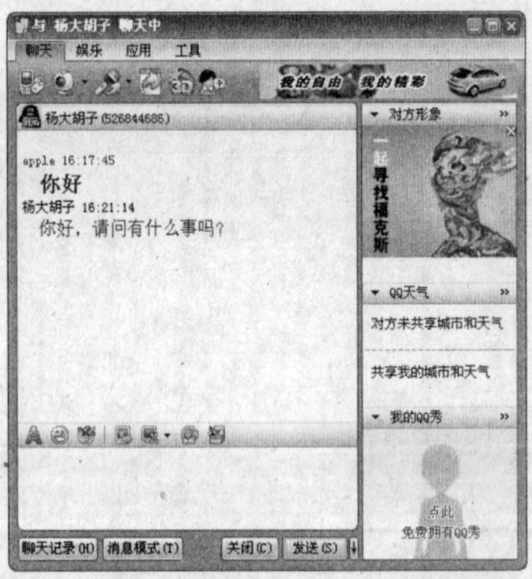

图 6-32　查看对方发来的信息

02 小　测　试

使用 QQ 发送每条消息的正文不能超过（　　）个汉字，超过部分将被自动截去。

A. 64　　B. 32　　C. 16　　D. 450

6.1.6 进行语音、视频聊天

1. 语音聊天

使用 QQ 可以像打电话一样用语音进行聊天，这对打字慢的朋友是个福音。进行语音聊天需要双方的电脑都安装了声卡、音箱及话筒等多媒体设备。下面让我们来看看怎样使用 QQ 进行语音聊天吧！

在 QQ 中进行语音聊天的步骤如图 6-33～图 6-35 所示。

01 在我的好友中选择一个好友头像，在该头像上单击鼠标右键，将弹出快捷菜单。

图 6-33　选择“超级语音”命令

图 6-34　单击“接受”按钮

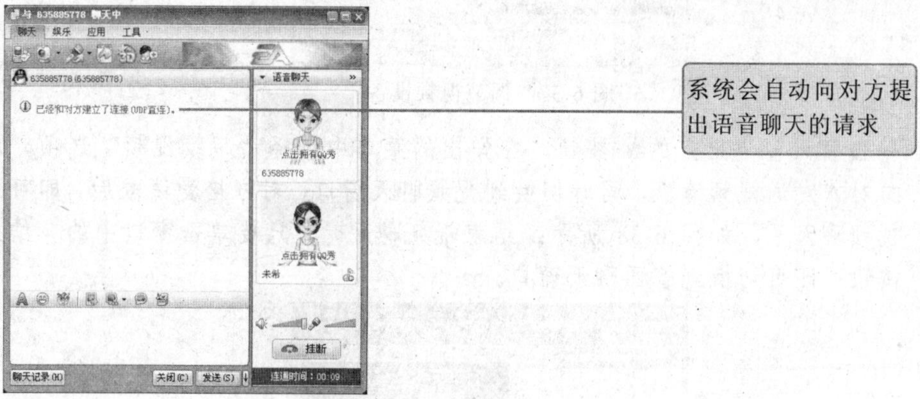

图 6-35　发送请求

05 当对方接受了你的语音聊天的邀请后，你们就可以通过网络进行语音沟通了。

2. 视频聊天

视频聊天功能是目前 QQ 对所有用户免费开放的增值服务。使用该功能，不仅可以和对方进行通话，而且可以清晰地看到对方。使用这项功能有一定的前提，首先，用户必须是通过宽带上网，通话双方都安装有摄像头，并且双方都安装有最新版的 QQ 软件。

在 QQ 中进行语音视频聊天的步骤如下：

01 单击聊天窗口上方的按钮，在弹出的菜单中选择“语音视频设置”选项，打开“语音视频调节向导”对话框，如图 6-36 所示。

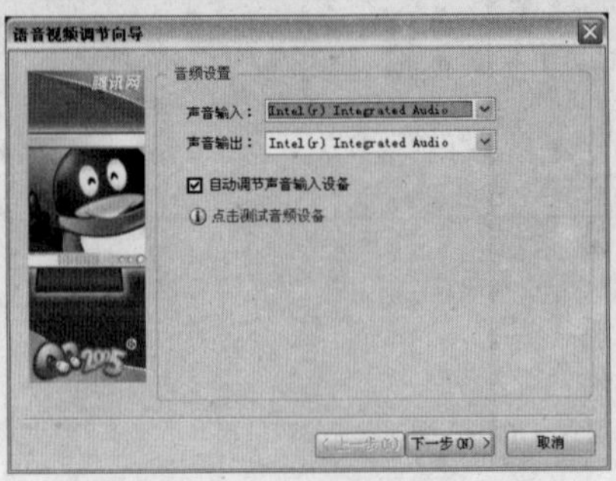

图 6-36　调节声音设备

02 系统会自动检测电脑中的声音输入与输出设备，用户一般无需进行设置，直接单击“下一步”按钮。

03 在弹出如图 6-37 所示的对话框中对视频设备进行设置，可以选择视频画质或者流畅度的优先级别，也可以单击“画质调节”按钮，对画质进行手动调节。设置完成后，单击“完成”按钮。

图 6-37　调节视频设备

04 单击聊天窗口上方的按钮，在弹出的菜单中选择“超级视频”选项，就会向对方发送视频请求，同时切换到视频聊天窗口，对方接受请求后，即可进行视频聊天了，如图 6-38 所示。结束视频聊天时，只要单击窗口中的“结束”按钮，即可切换到普通聊天窗口。

图 6-38　视频聊天窗口

6.1.7 查找、修改资料

当 QQ 中的好友添加得特别多时，很容易混淆他们的身份，而聊天的内容又要有的放矢，比如同师长或客户不能说粗话等，这就需要先查看一下对方的资料。这些资料人人都有一份，你也可以随时修改自己资料，下面对查看及修改资料的相关操作进行介绍。

1. 查看及备份好友资料

查看好友资料在使用 QQ 时是常用的操作，有很多方法，这里介绍最常用的一种，如图 6-39～图 6-41 所示。

图 6-39　选择“查看好友资料”命令

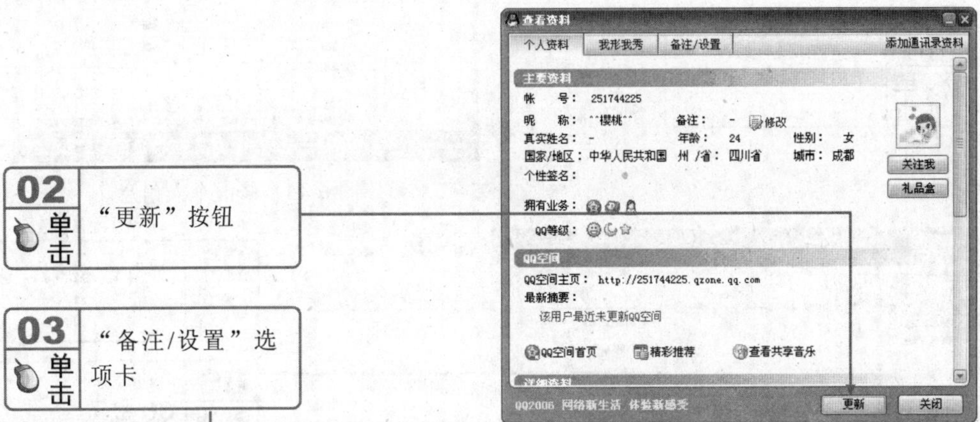

图 6-40　显示该好友最新的资料

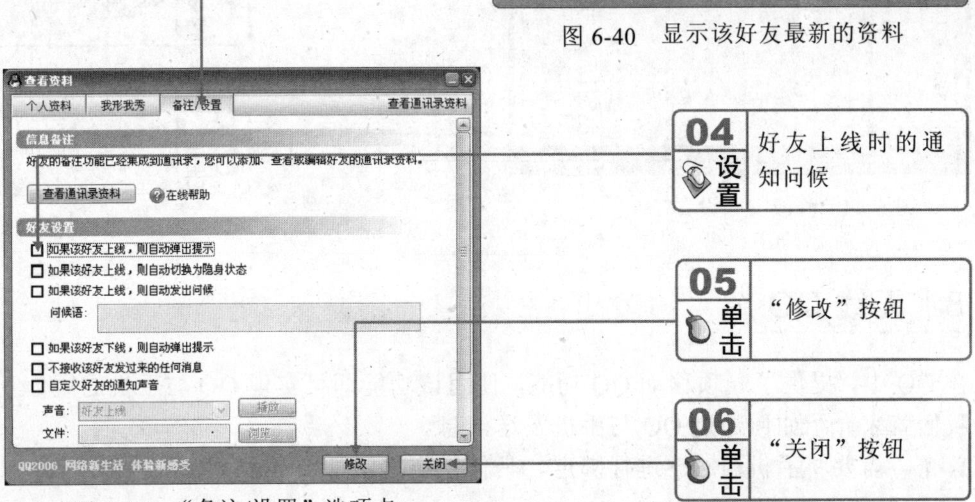

图 6-41　“备注/设置”选项卡

2. 更改自己的资料

其他好友在查看你的资料时，看到的是在注册 QQ 号码时所填写的资料，这些资料可以随时更改。具体操作步骤如图 6-42～图 6-44 所示。

01 在任务栏中的 QQ 图标上单击鼠标左键，将打开快捷菜单。

图 6-42　选择“个人设置”命令

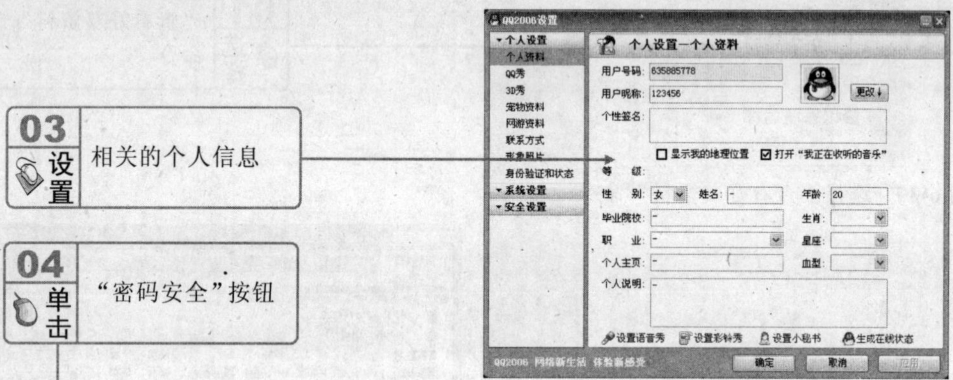

图 6-43　修改个人信息

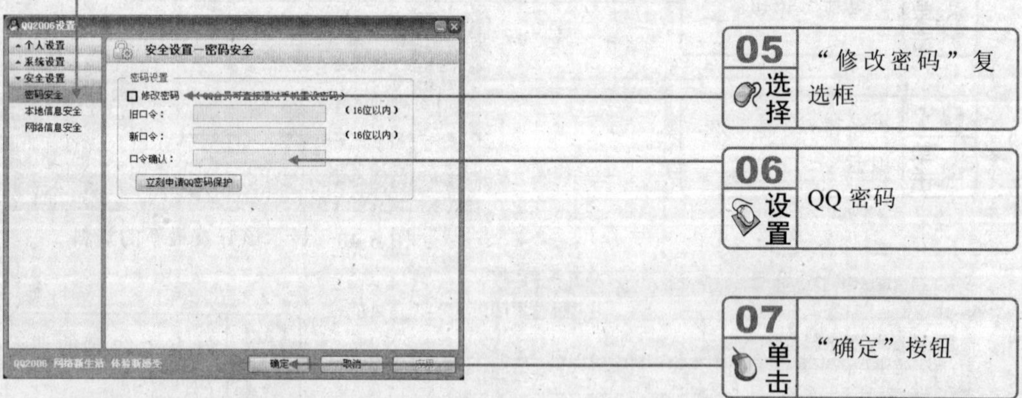

图 6-44　修改安全设置

6.1.8 无线 QQ

在 QQ 中，提供了一项移动 QQ 功能，使用该功能即可实现 QQ 与手机的短信互动，下面我们就来介绍如何通过 QQ 与手机发送消息。

首先，需要将手机与 QQ 进行绑定，具体操作方法如图 6-45 和图 6-46 所示。

01 单击 QQ 面板中的“菜单”按钮，在弹出的菜单中选择“无线 QQ\无线 QQ 向导”选项，打开“无线 QQ 使用向导”对话框。

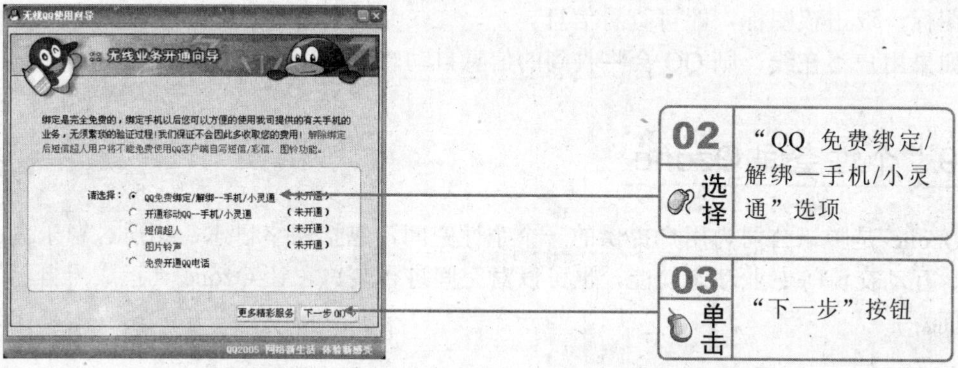

图 6-45 “无线 QQ 使用向导”对话框

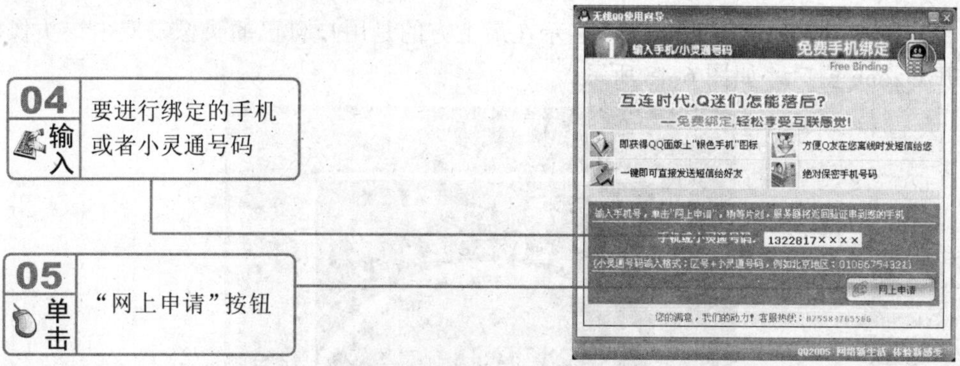

图 6-46 输入手机号码

06 稍等片刻后，输入号码的手机或小灵通就会收到验证码，在对话框中输入验证码后，单击“下一步”按钮。

07 在弹出的对话框中，会提示用户绑定成功。同时，用户的头像旁会显示一个手机图标。

绑定成功后，如果好友也进行了手机绑定，就可以与对方互发短信了。用鼠标右键单击好友头像，并在弹出的快捷菜单中选择“发送手机短信”选项，在打开的如图 6-47 所示的“手机短信通”窗口中，就可以给对方发送短信了。每发送一条短信，将会从用户绑定的手机中收取 0.1 元费用。

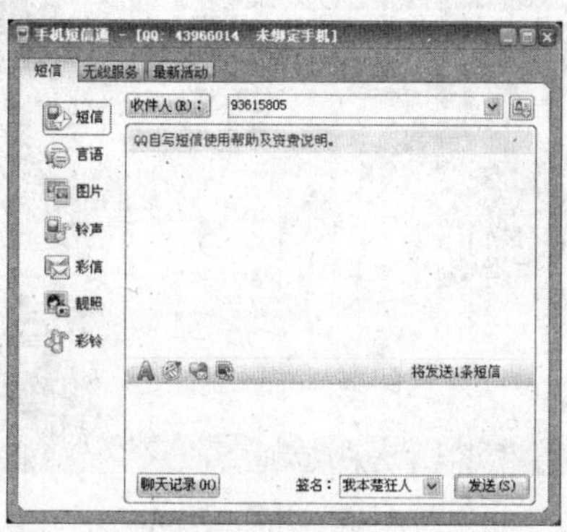

图 6-47 发送手机短信

手机在收到信息后，直接进行回复就可以给 QQ 回复信息。如果 QQ 用户在线，好友头像旁的手机图标就会闪动。同时，任务栏的通知区域中的 QQ 图标也会变为闪烁的手机图标，双击该图标，即可查看信息。

如果用户不在线，则 QQ 会将收到的信息自动转发到用户绑定的手机。

6.1.9 个性空间 Qzone

Qzone 是腾讯公司为用户提供的一个个性空间，包括网络日志、相册、音乐盒、迷你屋、互动交流等专业动态功能，也可以对空间进行装饰，让 Qzone 真正成为自己的心灵空间。

1. 开通 Qzone

在新版本 QQ 的好友列表中，显示在最上方的是用户自己的头像，双击该头像，即可打开 Qzone 窗口，如图 6-48 所示。

图 6-48 Qzone 窗口

如果用户是第一次使用 Qzone，则窗口中就会提示需要开通 Qzone，选择 Qzone 数据的存放服务器后，单击“立即开通 Qzone”按钮，即可开通 Qzone，如图 6-49 所示。

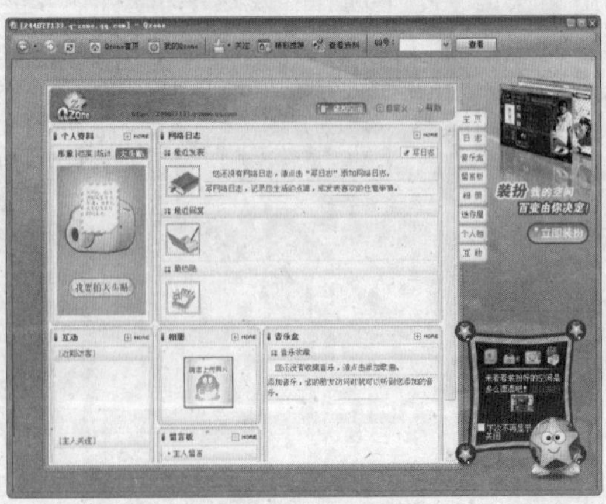

图 6-49 开通 Qzone

2. 编辑 Qzone 中的内容

开通之后，就可以在自己的 Qzone 中编辑相关内容了，在窗口中，显示有 8 个选项卡，默认显示为“主页”选项卡。在“主页”选项卡中，分不同区域显示“个人资料”、“日志”、“互动”、“相册”、“留言板”以及“音乐盒”6 个选项卡中的内容。用户可以通过切换到对应的选项卡中编辑，编辑完毕后，主页相应的区域中即可显示编辑后的内容。

3. 装扮 Qzone 空间

用户也可以根据个人喜好来装扮 Qzone 空间，单击窗口右侧的“立即装扮”按钮，在打开的窗口中即可使用 Q 币购买相关装扮物品对空间进行装扮，包括 Qzone 皮肤、小装饰、品牌、大头贴等，另外，Qzone 也提供有一个免费的功能，那就是养植物。如图 6-50 所示为一个经过精心装饰的 Qzone 空间。

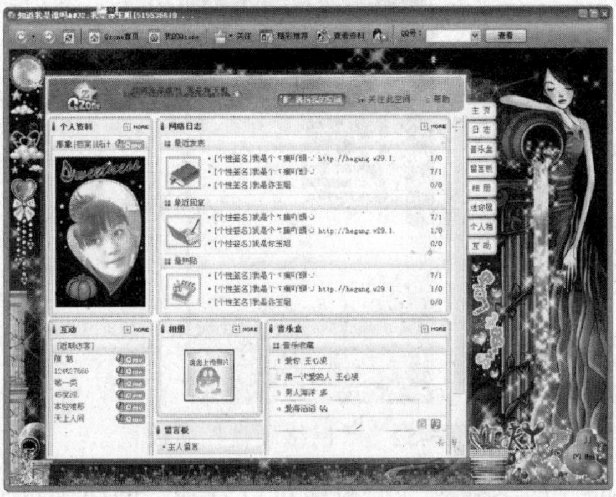

图 6-50 装扮后的 Qzone 空间

4. 查看好友的 Qzone

如果好友开通了 Qzone，那么在好友头像后方就会显示一个图标，单击该图标，即可打开好友的 Qzone，浏览好友 Qzone 中的内容或在其中留言。

6.1.10 网络硬盘

网络硬盘是 QQ 提供的一种在线存储服务，用户可以将电脑中的文件上传到网络硬盘中，并可在任意一台与 Internet 连接的电脑中进行下载，下载后即可进行编辑或查看，从而方便地对文件进行存储、转移、共享以及备份。

目前，QQ 提供有收费及免费两种形式的网络硬盘，免费网络硬盘的容量为 16MB。在使用网络硬盘之前，首先需要进行开通，具体操作方法如下：

01 单击 QQ 主面板中的按钮，即可切换到“网络硬盘”面板，同时会弹出“欢迎使用网络硬盘服务”窗口，如图 6-51 所示。

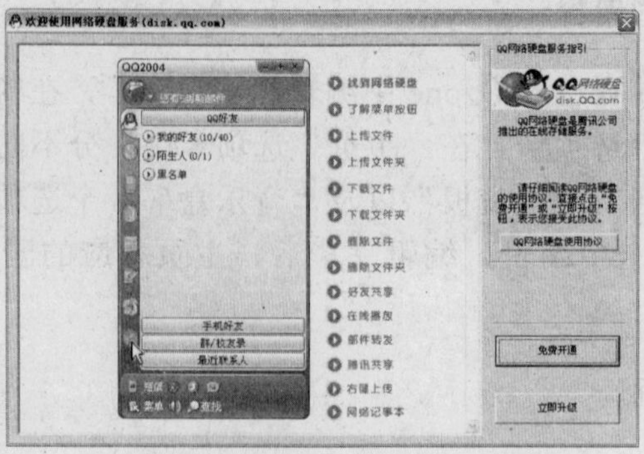

图 6-51 “欢迎使用网络硬盘服务”窗口

02 单击窗口右侧的“免费开通”按钮，即可成功开通网络硬盘。同时，QQ 面板中将显示网络硬盘下的详细目录，如图 6-52 所示。

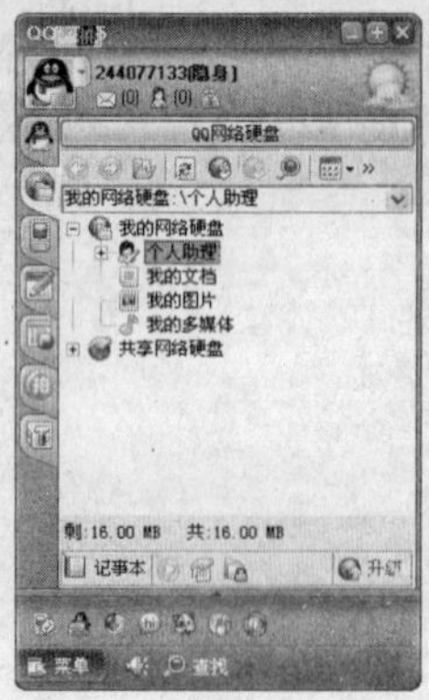

图 6-52 “网络硬盘”面板

从如图 6-52 所示的“网络硬盘”面板中可以看到，网络硬盘分为“我的网络硬盘”与“共享网络硬盘”两部分。其中“我的网络硬盘”存放的数据只有通过自己的 QQ 进行查看或操作，而在“共享网络硬盘”中则存放着网友或腾讯共享的数据及文件，用户可以将其中的文件下载到电脑中。

在“我的网络硬盘”下，又分为“个人助理”、“我的文档”、“我的图片”以及“我的多媒体”四个目录，“个人助理”目录下包含 QQ 提供的一些个人服务，其他目录则用于分类存放文件。

在网络硬盘中上传及下载文件的操作方法如下：

01 在“网络硬盘”面板中用鼠标右键单击文件要保存到的目录，如“我的文档”，然后在弹出的快捷菜单中选择“上传\上传文件”命令。

02 在弹出的“打开”对话框中选择要上传的文件后，单击“打开”按钮，开始上传文件。上传完毕后，相应的目录下就会显示已经上传的文件，如图 6-53 所示。

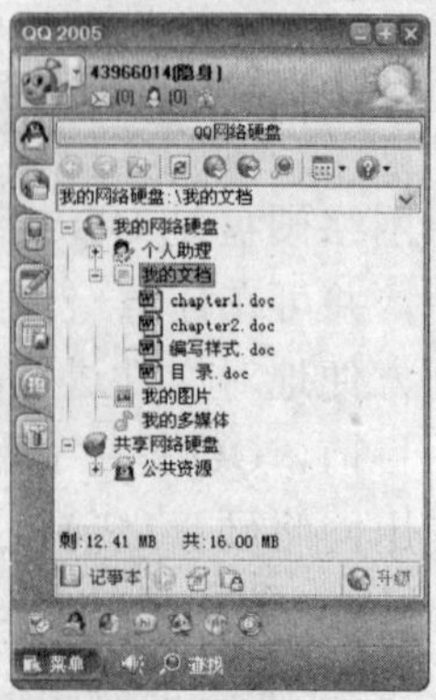

图 6-53 上传后的文件

03 在要下载文件的电脑中启动 QQ 并切换到“网络硬盘”面板，然后使用鼠标右键单击要下载的文件，在弹出的快捷菜单中选择“下载”选项。

04 在弹出的“浏览文件夹”对话框中选择下载文件的保存位置，并单击“确定”按钮，开始下载文件，下载完毕后，即可对文件进行查看或编辑了。

6.1.11 使用 QQ 传送文件

通过 QQ 还可以直接向你的好友传送文件，这比起使用电子邮件的附件传递文件更方便。当然，需要在文件接收方已存在于好友列表的前提下，并且双方同时在线，此项功能才可以应用。需要注意的是，在传送过程中，如果关闭聊天窗口的话，就会中断传送文件。而且在默认设置下，QQ 为了保证网络用户的安全，是不允许发送可执行文件的。

使用 QQ 传送文件的操作步骤如图 6-54～图 6-56 所示。

01 在确保电脑与 Internet 连接正常的情况下，启动 QQ。

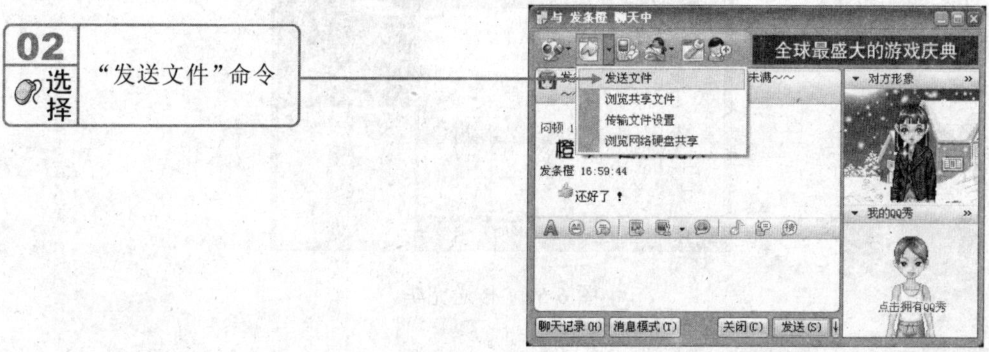

图 6-54　选择“发送文件”命令

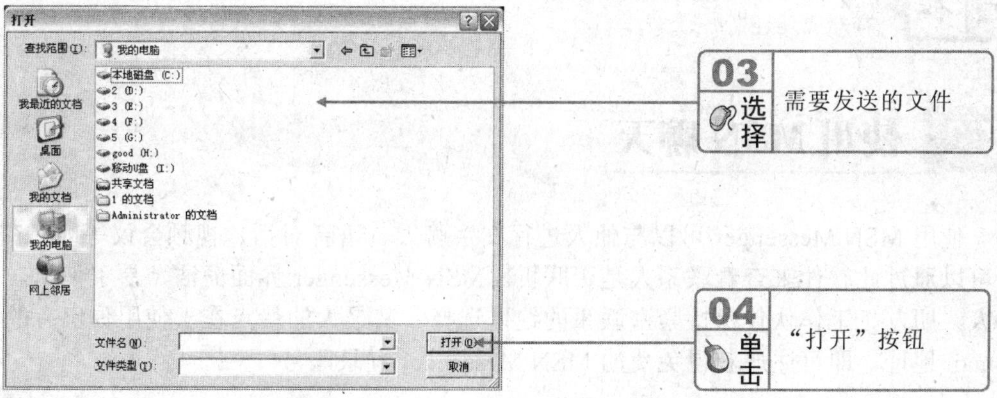

图 6-55　选择需要发送的文件

05 此时，服务器会给对方发出文件传送请求。当对方接受传送请求选择保存位置后，文件开始传送。

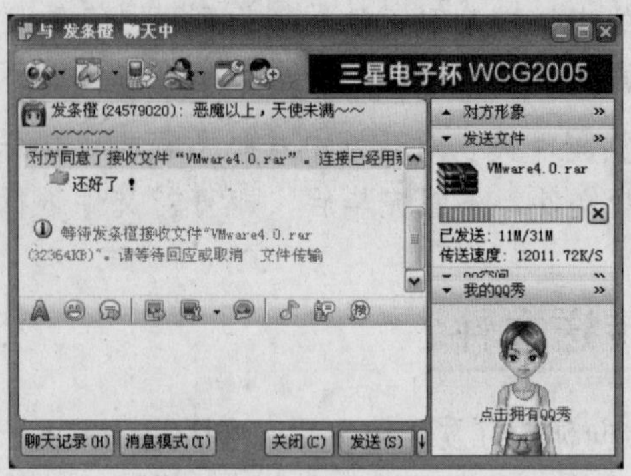

图 6-56 传送文件

06 当文件传送成功后，系统会给出一个相应的提示，如图 6-57 所示。

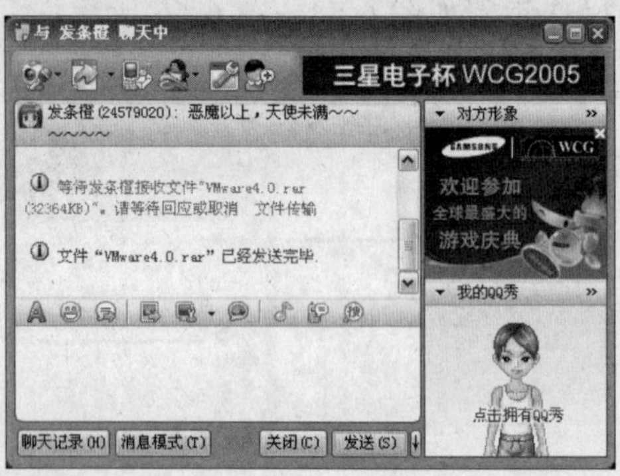

图 6-57 传送完毕

你问我答

什么是可执行文件？

一个文件如果本身就是一个程序，就称其为可执行文件，这类文件的扩展名一般都为“.exe”。

6.2 使用 MSN 聊天

使用 MSN Messenger 可以与他人进行文字聊天、语音对话、视频会议等即时交流，还可以通过此软件来查看联系人是否联机。MSN Messenger 界面简洁，易于使用，是与亲人、朋友、工作伙伴保持紧密联系的绝佳选择。其最大的特点在于使用你已有的一个 E-mail 地址，即可注册获得免费的 MSN Messenger 登录账号。

6.2.1 下载并安装 MSN Messenger

MSN Messenger 是微软公司推出的即时消息软件，凭借该软件自身的优秀的性能，目前在国内已经拥有了大量的用户群。在这里我们首先需要了解 MSN Messenger 的下载和安装。

下载并安装 MSN Messenger 的具体操作如图 6-58～图 6-62 所示。

01 登录 MSN Messenger 下载页面，找到最新版本的 MSN Messenger 安装程序。

02 单击 “立即下载”按钮

图 6-58　MSN Messenger 下载页面

03 启动 MSN Messenger 安装向导。

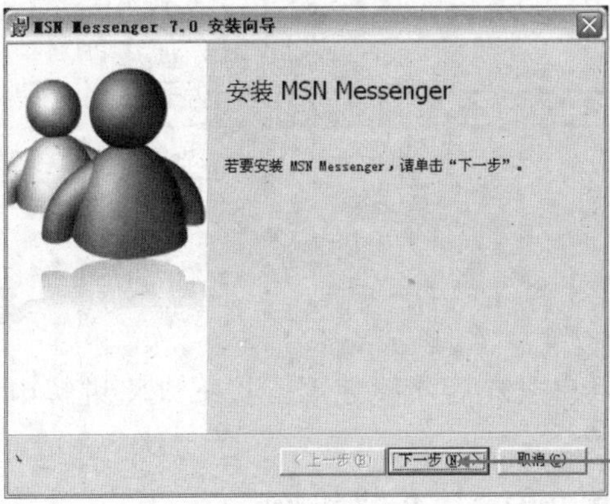

04 单击 “下一步”按钮

图 6-59　MSN Messenger 安装向导

05 选择 “我接受‘使用条款’和‘隐私声明’中的条款”选项

06 单击 “下一步”按钮

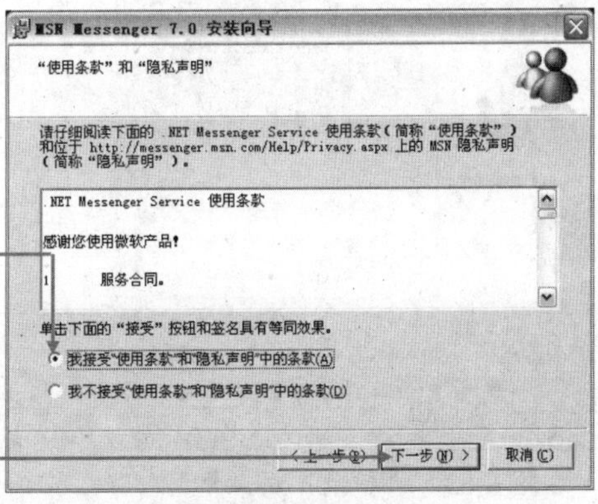

图 6-60　阅读条款

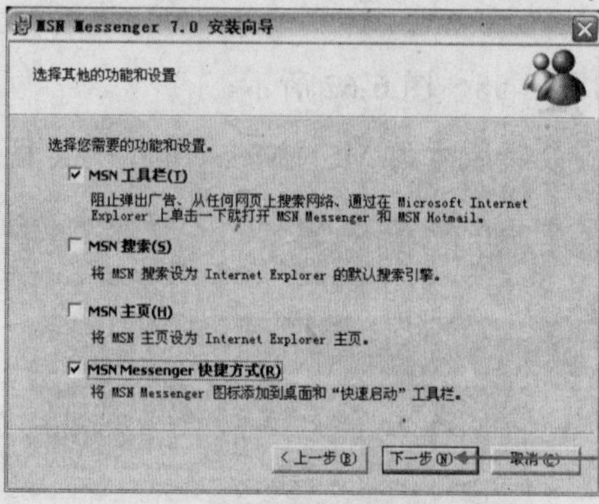

07 单击 “下一步”按钮

图 6-61　选择功能设置

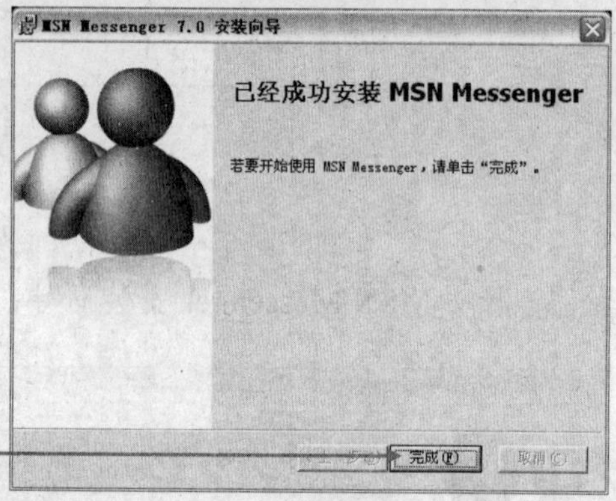

08 单击 “完成”按钮

图 6-62　安装完成

6.2.2 申请账户

MSN Messenger 安装完成后，需要申请用户账户后才能使用，接下来将讲解申请账户的方法。

申请 MSN Messenger 账户的具体操作如图 6-63～图 6-69 所示。

01 在 MSN Messenger 程序启动后单击“登录”按钮，立刻出现一个登录对话框，如图 6-63 所示。

02 单击 “获得一个.NET Passport”链接

图 6-63　“登录”对话框

03 单击 “下一步”按钮

图 6-64 单击“下一步”按钮

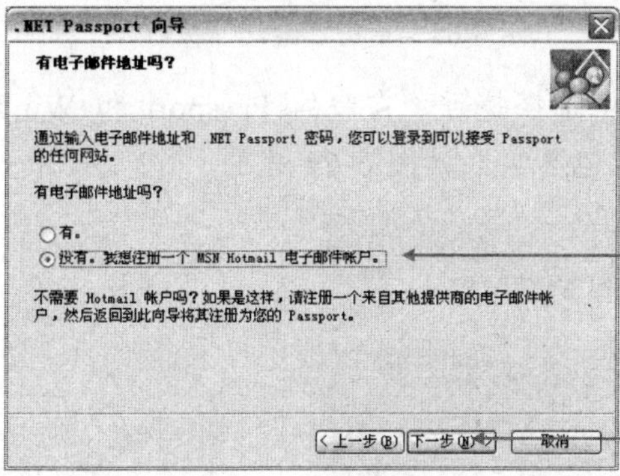

04 选择 “没有。我想注册一个 MSN Hotmail 电子邮件账户”单选项

05 单击 “下一步”按钮

图 6-65 选择选项

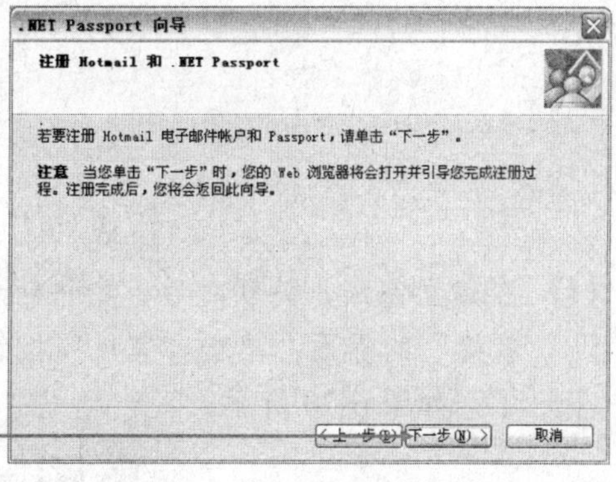

06 单击 “下一步”按钮

图 6-66 单击“下一步”按钮

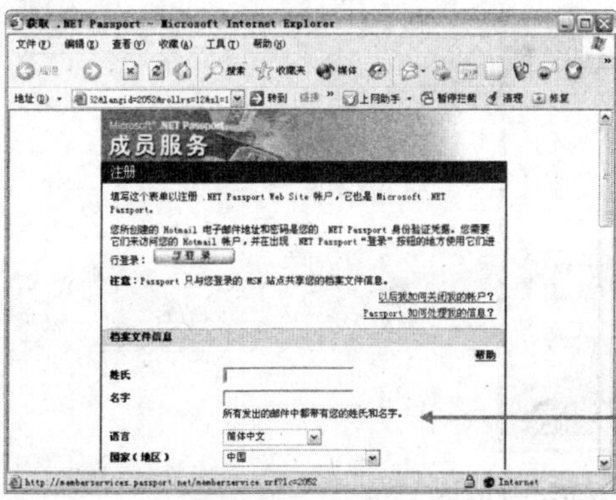

07 输入 资料，完成用户信息填写后，单击“同意”按钮向服务器提交自己的个人信息

图 6-67 填写资料

08 单击 “继续”按钮

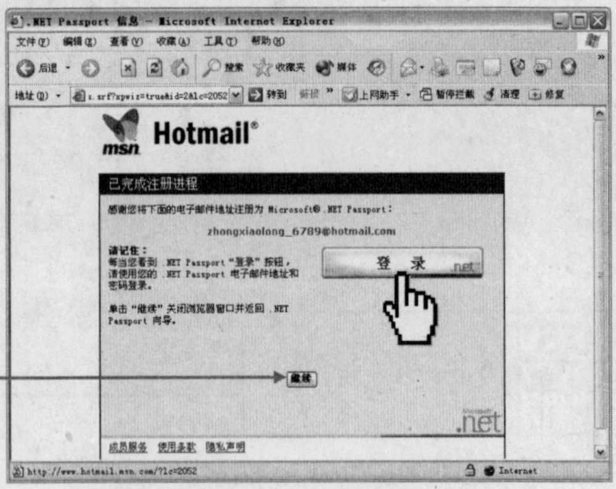

图 6-68 单击“继续”按钮

09 单击“继续”按钮后，在这个页面中选择是否“在我的 Passport 和 Windows 用户账户之间建立关联”，建议大家勾选它，如图 6-69 所示。

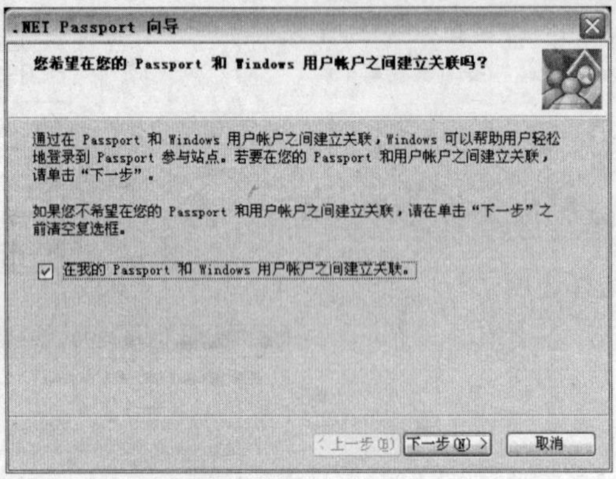

图 6-69 选择选项

10 在建立完账户关联之后，整个申请账户的步骤就结束了，此时会弹出一个“已就绪”的界面。单击“完成”按钮后，就自动登录到你的 MSN Messenger 中了，如图 6-70 所示。

图 6-70 登录 MSN Messenger

6.2.3 添加及管理联系人

要使用 MSN Messenger 与好友进行网上交流，首先要将对方添加到 MSN Messenger 的联系人列表中。

具体的操作步骤如图 6-71～图 6-74 所示。

01 用户单击 MSN Messenger 主界面中的“添加联系人”或工具菜单下的“添加联系人”启动“添加联系人”向导，如图 6-71 所示。

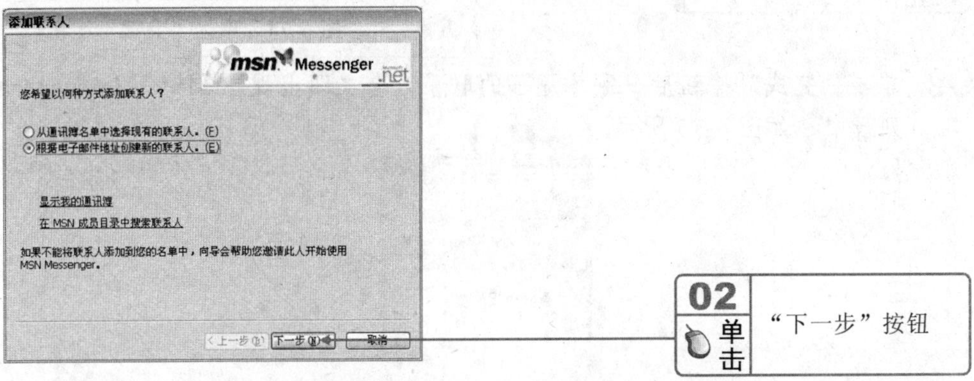

图 6-71 “添加联系人”向导

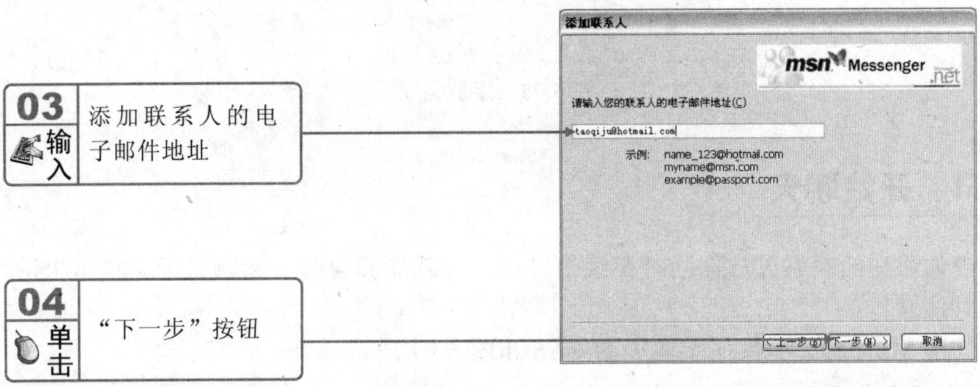

图 6-72 输入电子邮件地址

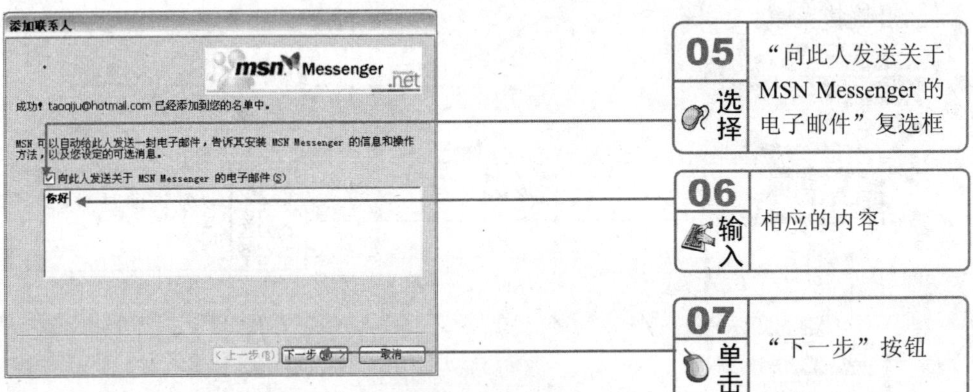

图 6-73 输入内容

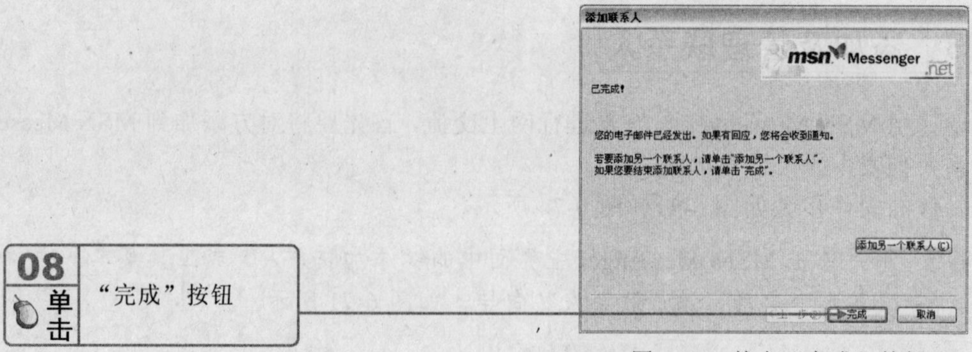

图 6-74　单击“完成”按钮

09 单击“完成”按钮后，刚才添加的联系人会立即出现在 MSN Messenger 好友列表中，如图 6-75 所示。

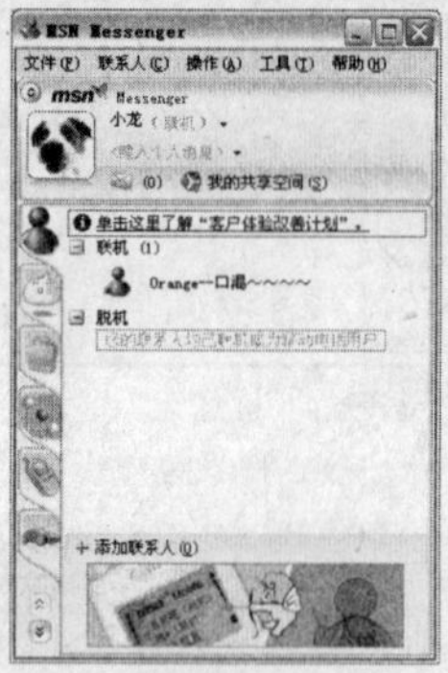

图 6-75　添加完成

6.2.4 开始聊天

当你添加的联系人与你同时在线的时候，你就能够与其一起聊天了。接下来讲解聊天的具体操作。

使用 MSN 聊天的操作步骤如图 6-76 和图 6-77 所示。

01 在 MSN Messenger 好友列表中，选择一个聊天好友后，点击鼠标右键，将弹出快捷菜单。

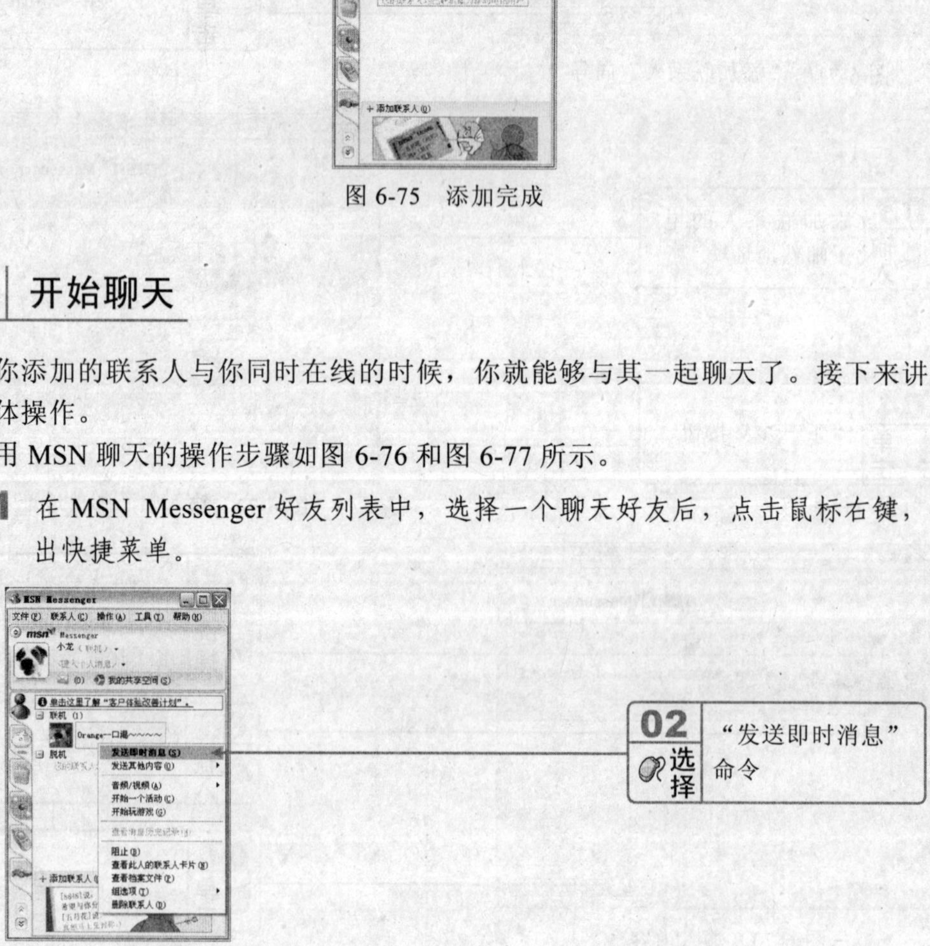

图 6-76　选择“发送即时消息”命令

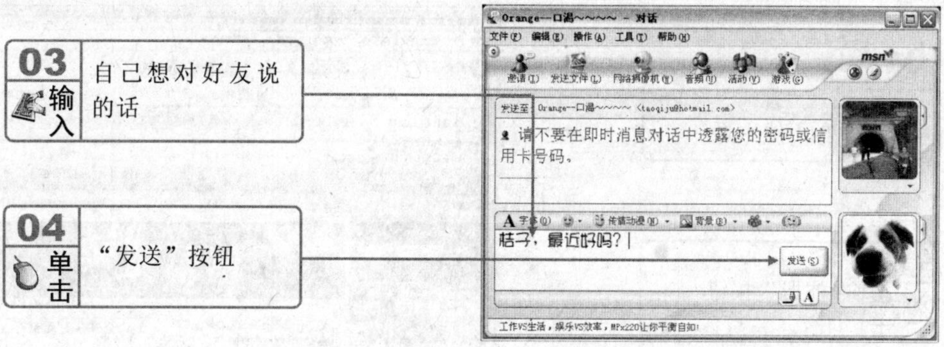

图 6-77　输入信息

05 单击“发送”按钮即可让对方查看到自己所说的话，当然，对方也同样会给你发送聊天消息，在“聊天”对话框的上侧窗格中能够看到相关的聊天记录，如图 6-78 所示。

图 6-78　聊天记录

你问我答

还有其他的聊天软件吗？

除了 QQ 与 MSN 外，还有搜 Q、POPO（泡泡）、ICQ、雅虎通等聊天软件。

6.3 上网发送短信

短信已经成为大家日常通信的一个非常重要的手段。上网同样能够实现与手机的短信互通，这样，不但简化了用手机输入信息的繁琐，提高了发送短信的速度，同时还能够延长手机的使用寿命。

如今，各大网站都推出了网上发送短信的服务，这极大方便了上网发送短信的用户。这里以“搜狐”网站为例子，给大家简要地介绍一下如何在网站中发送短信。

在网站中发送短信的具体操作步骤如图 6-79～图 6-83 所示。

01 输入 http://sms.sohu.com，进入“搜狐”网站中的无线主页

02 单击 “注册”按钮

图 6-79　登录网站

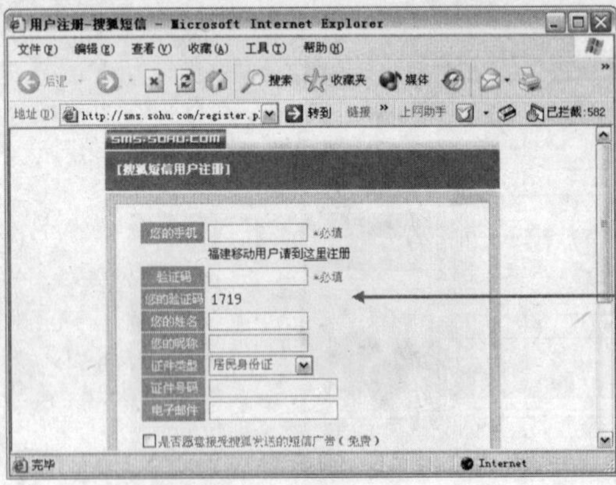

03 输入 好相应的信息后单击页面下方的“注册”按钮

图 6-80　填写信息

04 稍等片刻，网站会自动以短信息的方式发送一个登录密码到你的手机上，将这个密码填入网站随后弹出的对话框中。

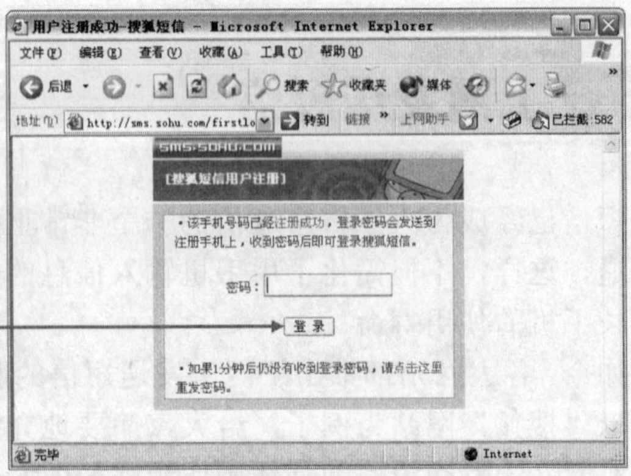

05 单击 “登录”按钮即可登录到网站中

图 6-81　单击“登录”按钮

06 在登录网站后的主页面中，你可以选择其中提供的许多服务。不过，这里仅以发送自写短信为例进行介绍。

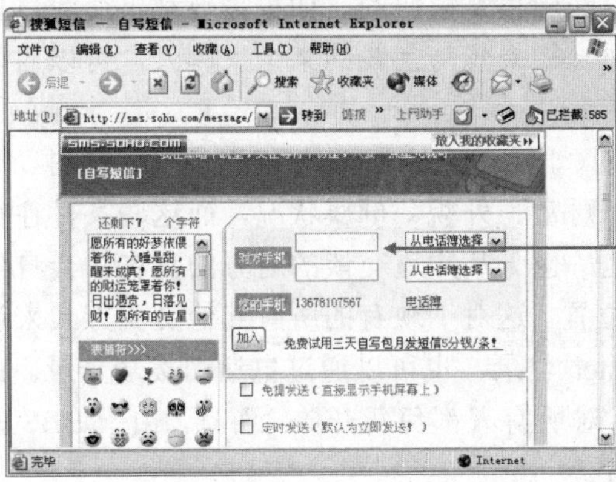

07 单击 “高级自写”链接后，立刻进入自写短信的页面

图 6-82　自写短信页面

08 在相应的位置输入自己所要发送短信的内容。然后，填写好你将要发送的手机号码，单击“发送”按钮即可发送了。

短信发送成功后，系统会自动地给出有关的提示信息

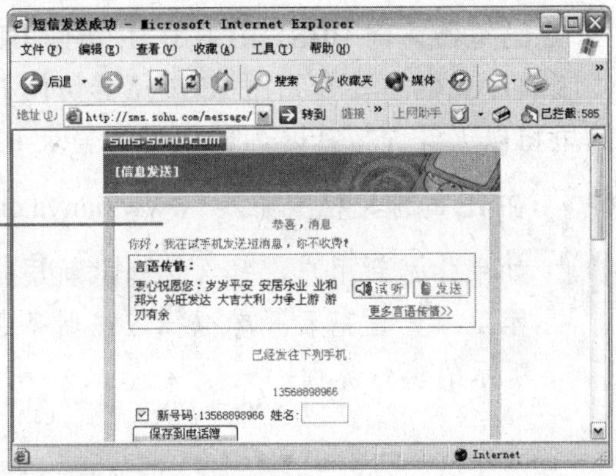

图 6-83　发送短信

6.4 BBS 论坛

上网的用户还经常使用到 BBS。在 BBS 中，你可以对某个问题进行讨论和发表自己的观点，使你与各个地方的人对某个事情或者事物有一个交流的平台。

6.4.1 什么是 BBS

BBS（Bulletin Board Service 公告牌服务）是 Internet 上的一种电子信息服务系统。它提供一块公共电子白板，每个用户都可以在上面书写，可发布信息或提出看法。大部分 BBS 由教育机构、研究机构或商业机构管理。像日常生活中的黑板报一样，电子公告

牌按不同的主题、分成很多个布告栏，布告栏设立的依据是大多数BBS使用者的要求和喜好，使用者可以阅读他人关于某个主题的最新看法，也可以将自己的想法毫无保留地贴到公告栏中。同样地，别人对你的观点的回应也是很快的。如果需要私下交流，也可以将想说的话直接发到某个人的电子信箱中。如果想与在线的某个人聊天，可以启动聊天程序加入闲谈者的行列。

在BBS里，人们之间的交流打破了空间、时间的限制。在与别人进行交往时，无需考虑自身的年龄、学历、知识、社会地位、财富、外貌、健康状况，而这些条件往往是人们在其他交流形式中不可回避的。同样地，也无从知道交谈的对方的真实社会身份。这样，参与BBS的人可以处于一个平等的位置。这对于现有的所有其他交流方式来说是不可能的。BBS连入方便，可以通过Internet登录，也可以通过电话网拨号登录。BBS站往往是由一些有志于此道的爱好者建立，对所有人都免费开放。而且，由于BBS的参与人众多，因此各方面的话题都不乏热心者。

6.4.2 如何登录BBS

访问BBS主要有两种方式：第一种是用Telnet（远程登录）的方式登录BBS，另一种是用IE浏览器访问BBS。由于用IE访问BBS同访问一般网页的方式一样，非常简单易学，因此，我们主要介绍用IE浏览器访问BBS的方法

这里将以天涯虚拟社区为例，讲解登录BBS的具体操作步骤。

01 在IE的地址栏中输入"www.tianya.cn"打开天涯虚拟社区主页，如图6-84所示。

02 如果你是新用户，那么选择"新用户注册"链接后进入如图6-85所示的窗口界面。查看完天涯虚拟社区注册条款后，点击"同意"按钮后进入如图6-86所示的窗口界面。

图6-84 天涯虚拟社区主页

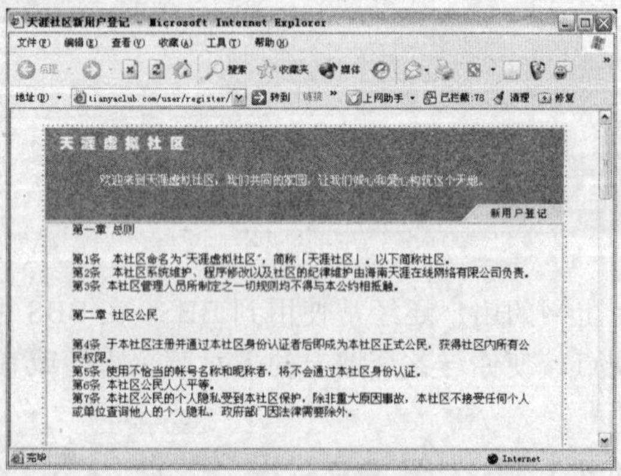

图6-85 阅读条款

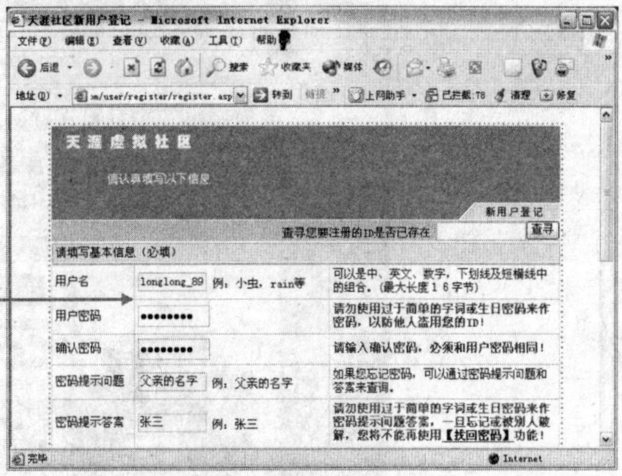

图 6-86 填写资料

04 填写完相应的信息后，单击“下一步”按钮进入如图 6-87 所示的界面。

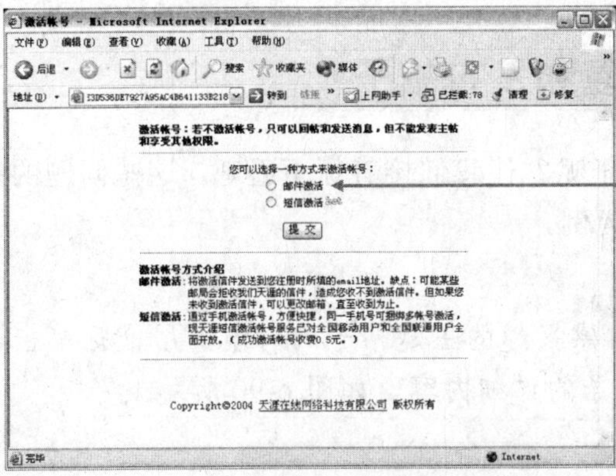

图 6-87 选择激活账号的方式

06 根据自己选择的账号激活方式，将账户激活后出现如图 6-88 所示的界面。

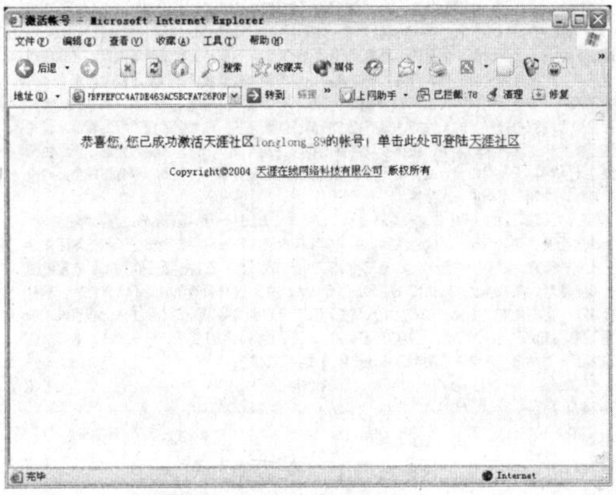

图 6-88 账户激活

07 使用已经激活的账户即可登录天涯虚拟社区，登录后出现如图 6-89 所示的界面。

图 6-89　登录天涯虚拟社区

6.4.3 怎样在 BBS 中查看、回复和发布帖子

在 BBS 中，如何查看、回复和发布帖子呢？让我们接着往下看吧，这些问题的答案会立刻被找到，这里仍然以天涯虚拟社区为例。

具体操作步骤如下：

01 当用户登录论坛，发现自己非常感兴趣的主题帖子的时候，用鼠标单击该链接或者按钮后，即可查看到该帖子的详细内容，如图 6-90 所示。

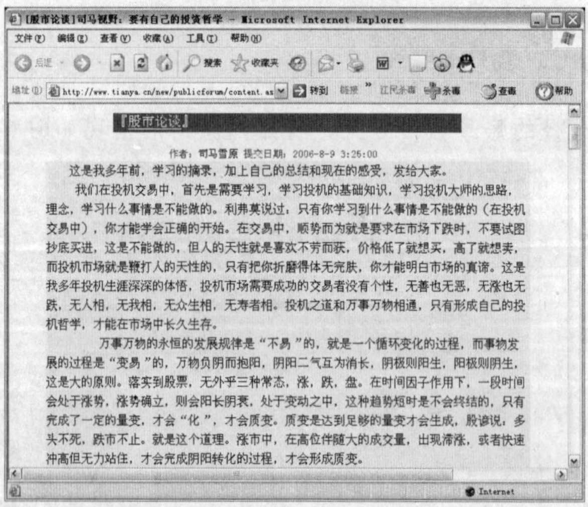

图 6-90　查看帖子

02 如果用户想对该帖子进行回复，那么可以在页面最下方中的文本框中输入自己想发表的见解，如图 6-91 所示。

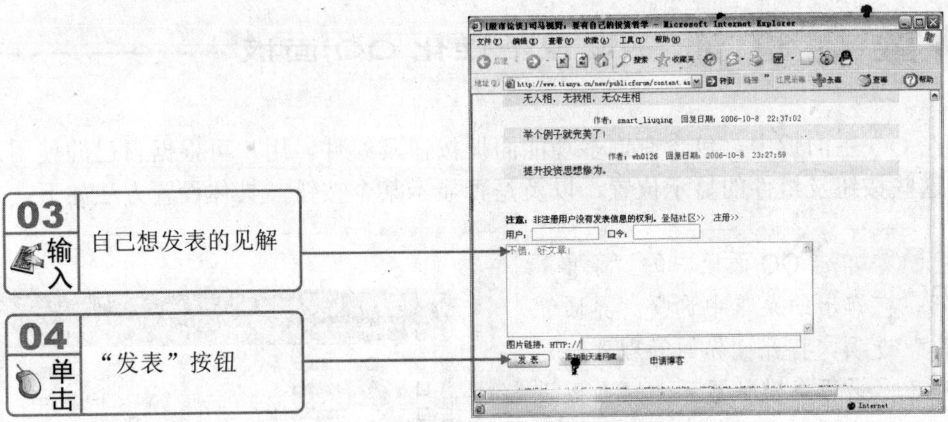

图 6-91　回复帖子

05 如果用户需要在论坛中发表自己独特的见解，那么登录相关的主题区，如图 6-92 所示。

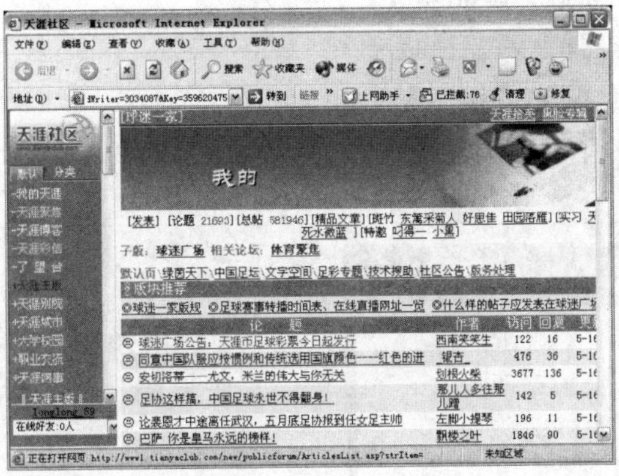

图 6-92　登录相关的主题区

06 单击“发布”按钮，进入主题帖子发表窗口，如图 6-93 所示。

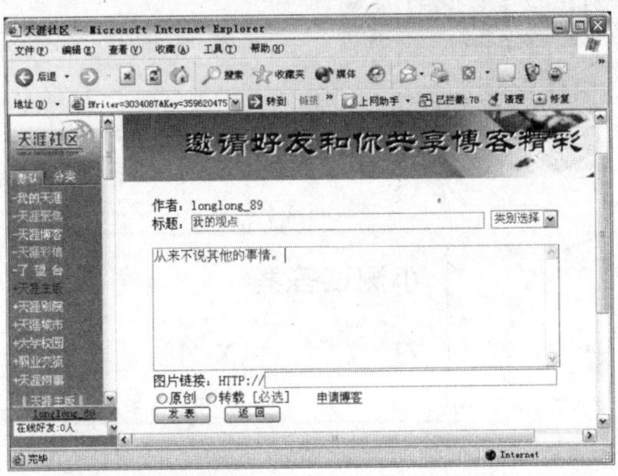

图 6-93　输入内容

07 在其中填写自己需要发表的内容后，单击“发表”按钮后，即可在相应的论坛中查看到自己发布的帖子了。

融会贯通——设置个性化 QQ 面板

在 QQ 主面板中，包含有许多功能面板按钮及组件，用户可根据自己的使用习惯自定义这些按钮及组件的显示位置，以及是否显示某个按钮。具体设置方法如下：

01 单击 QQ 面板中的“菜单”按钮，在弹出的菜单中选择“界面管理器”选项，打开“界面管理器”对话框，对话框中默认显示为“面板设置”选项卡，如图 6-94 所示。

02 在“面板设置”选项卡中可以自定义设置要显示与隐藏的面板。

03 选择某个面板后，单击“上移”或“下移”按钮，即可调节面板的位置，单击“增加面板”按钮，在打开的浏览器页面中可以添加新的面板。

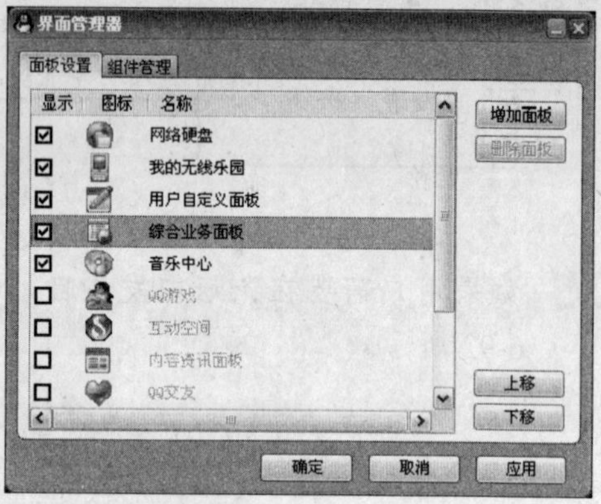

图 6-94　面板设置

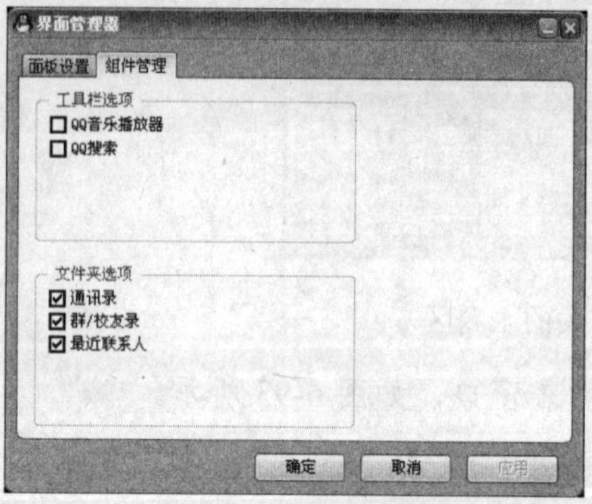

图 6-95　组件管理

04 切换到如图 6-95 所示的“组件管理”选项卡。

05 此选项卡可以选择是否在 QQ 主面板中显示工具栏及文件夹中的部分组件。设置完成后，单击“确定”按钮关闭对话框。

小测试答案 ●●●●●　（请翻转阅读答案）

1. C　2. D

Study

CHAPTER

【第 7 章】

网上娱乐任我行

→内容导读

1．本章需要了解的概念：

网络游戏、网络博客

2．本章需要掌握的操作：

网上玩游戏、上网听音乐、上网看电影、上网收听广播、上网欣赏 Flash 动画、上网看电视、创建校友录、建立自己的博客

3．本章需要提高的内容：

管理博客中的日志

07

7.1 网上玩游戏

利用电脑上网玩游戏的前提是接入 Internet，那么，如何实现接入 Internet 呢？下面给大家介绍几种常见接入方式。

7.1.1 在普通网站玩游戏

在普通网站进行在线游戏时，一般都需要先注册为用户或会员，登录后才能进行游戏。当然，也有些网站可以不进行注册而直接进入游戏室。下面就以“碧海银沙”网站为例，介绍在普通网站进行在线游戏的方法，如图 7-1～图 7-4 所示。

01 打开 IE 浏览器，在地址栏中输入 www.yinsha.com 后进入“碧海银沙”首页。

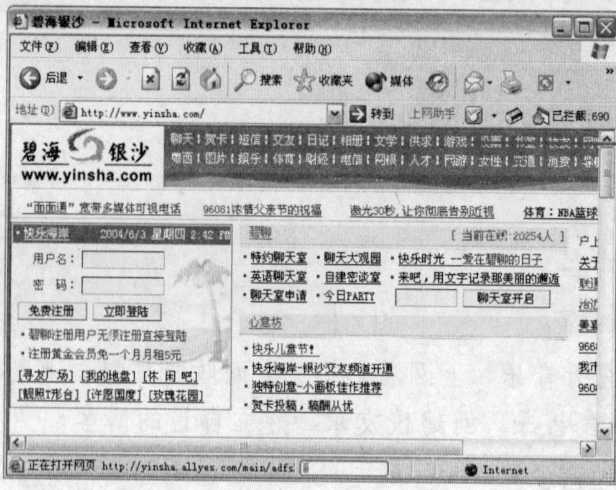

02 单击 “游戏”链接，进入碧海银沙游戏城页面

图 7-1 碧海银沙网站首页

03 单击 任意游戏名称超链接

图 7-2 碧海银沙游戏城

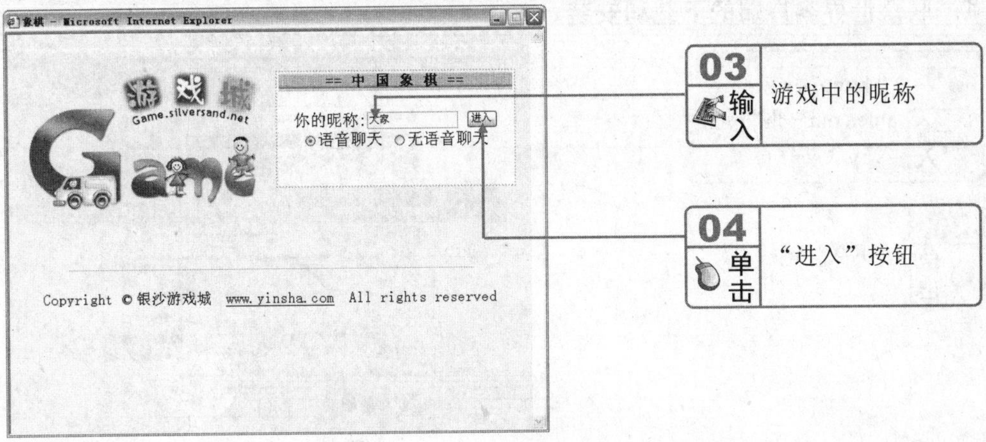

图 7-3　登录页面

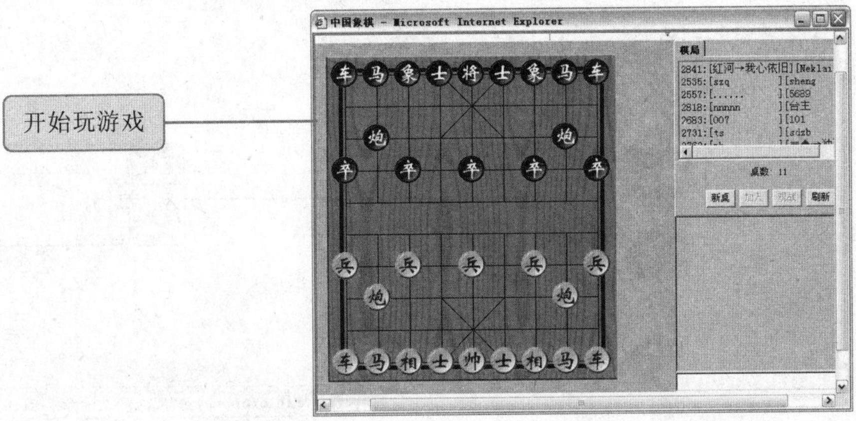

图 7-4　开始游戏

7.1.2　在联众世界玩游戏

联众世界（简称“联众”）是基于 Internet 技术的在线棋牌游戏休闲网站，目前已成为全球最大的中文游戏社区之一。联众建立了包括网站、俱乐部、游戏大厅、BBS 等具备丰富功能和内容的休闲社区。

联众世界中拥有十余种具有浑厚中华文化背景的网上棋牌游戏并不断进行技术升级，还定期举行大型网上比赛。联众的在线棋牌游戏，吸引了大量棋牌爱好者，在各大“棋牌室”经常人满为患。

要进入联众游戏区，首先需要拥有一个联众世界的游戏账号和下载安装联众游戏客户端，然后需要下载安装游戏软件。这样就可以在联众世界享受棋牌游戏为我们带来的乐趣了。

下面我们通过联众世界游戏客户端的下载、安装到账号的申请、游戏软件的下载安装等详细步骤了解网络棋牌游戏的操作过程，如图 7-5～图 7-14 所示。

1．联众世界客户端的下载和安装

01 输入 “http://www.ourgame.com”网址进入联众世界首页

02 单击 “下载”链接

图 7-5　联众世界

图 7-6　下载页面

03 单击 “自动下载安装”按钮

04 单击 “安装”按钮

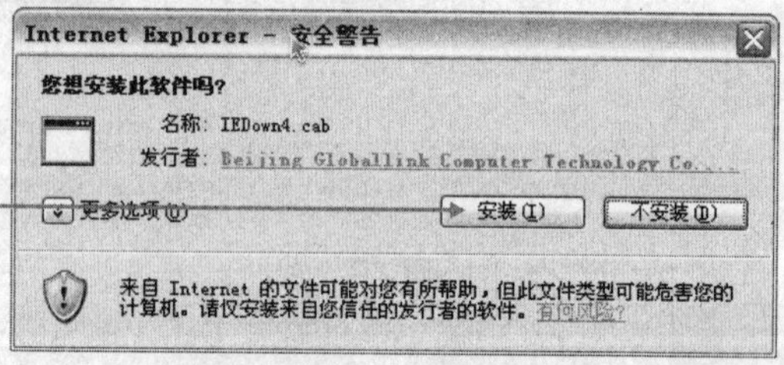

图 7-7　单击“安装”按钮

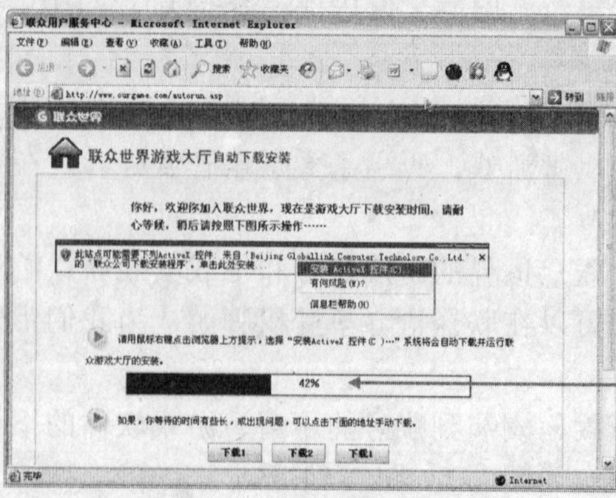

05 查看 下载数据

图 7-8　系统开始读取下载数据

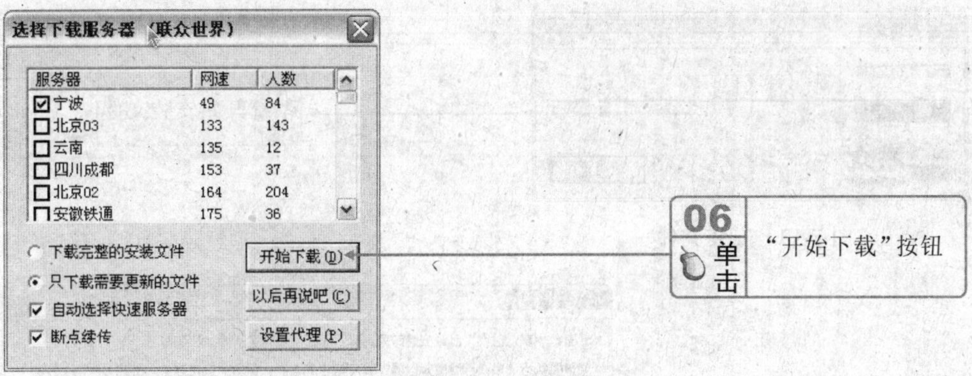

图 7-9　选择下载服务器

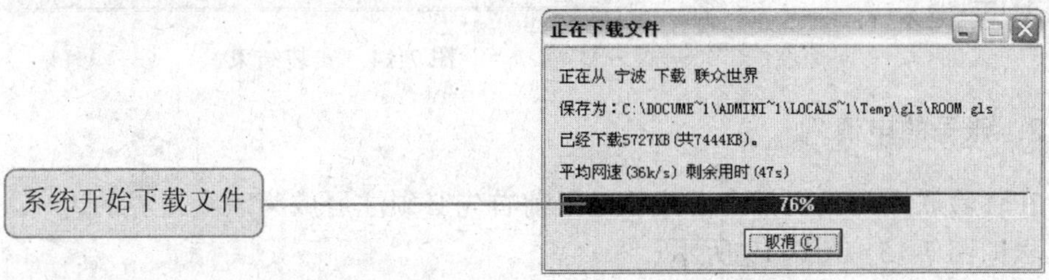

图 7-10　下载文件

图 7-11　确定安装

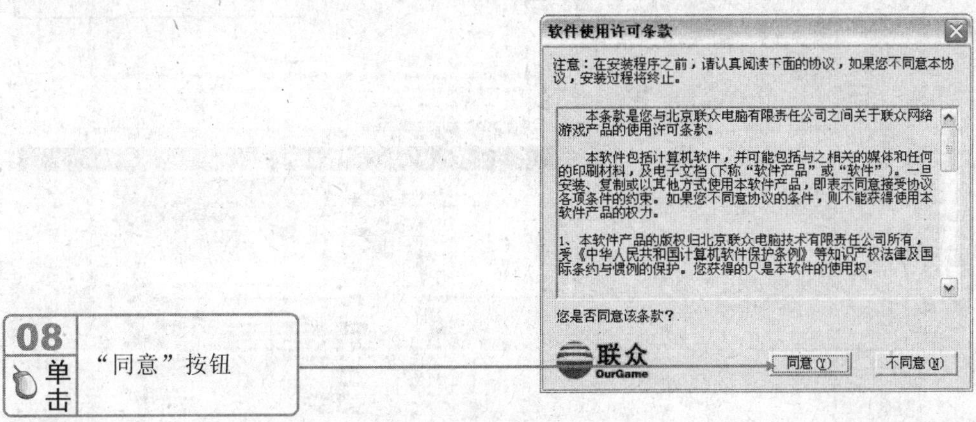

图 7-12　软件使用许可条款

图 7-13　安装文件

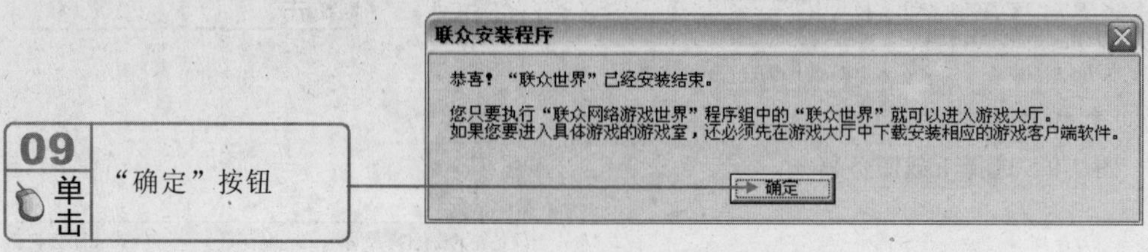

图 7-14　安装结束

2. 账号的申请

在体验联众为我们带来游戏乐趣之前首先必须注册成为联众世界的用户。注册的操作过程如图 7-15～图 7-19 所示。

01 进入联众世界账号注册页面。

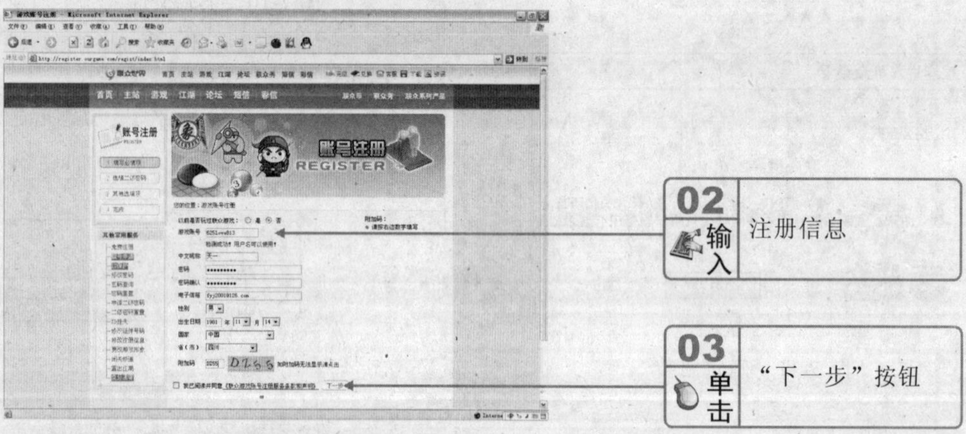

图 7-15　输入注册信息

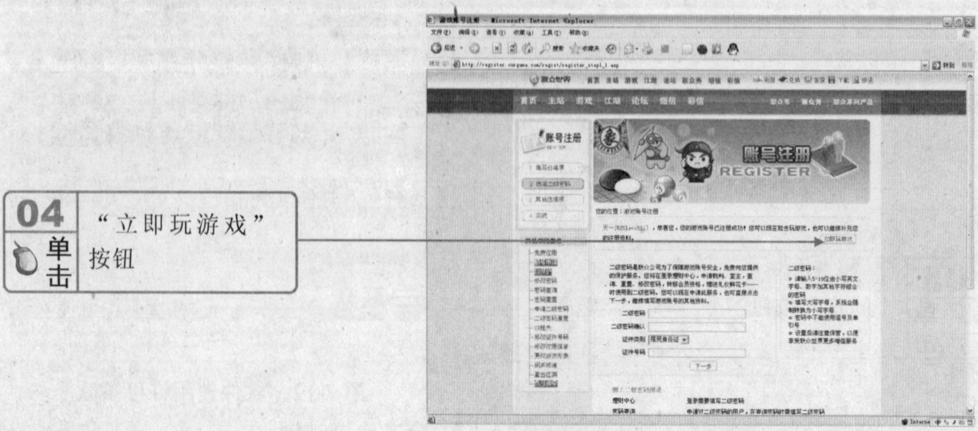

图 7-16　单击“立即玩游戏”按钮

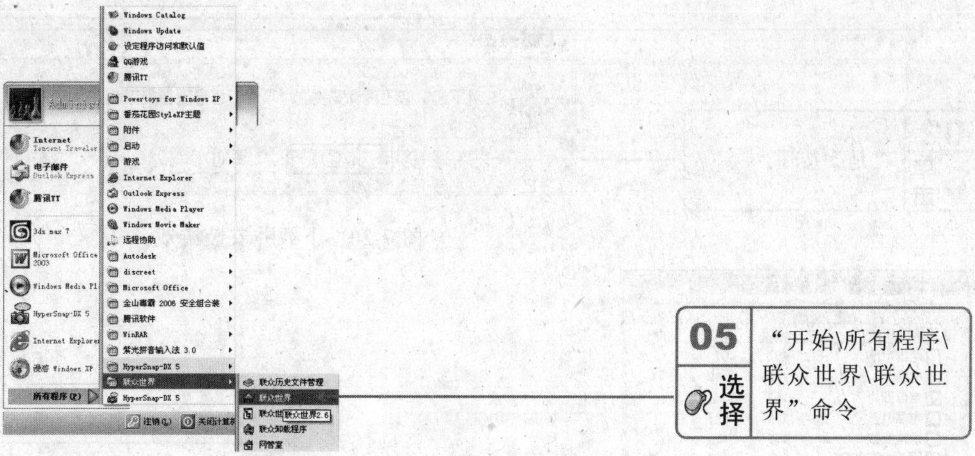

图 7-17　启动联众世界

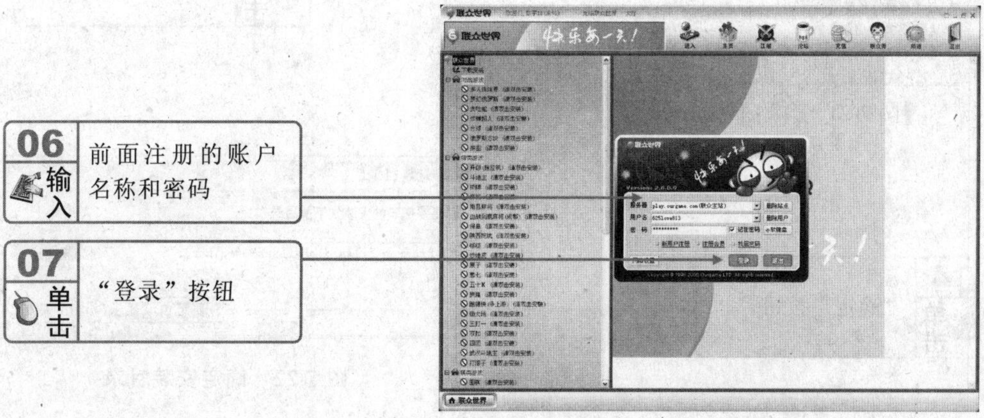

图 7-18　输入账户名称和密码

3. 游戏软件的下载安装

联众世界的所有游戏都拥有客户端，我们选择喜欢的游戏后需要进行游戏软件的下载和安装，如图 7-19～图 7-27 所示。

图 7-19　双击游戏

图 7-20　下载并安装游戏

图 7-21　开始下载

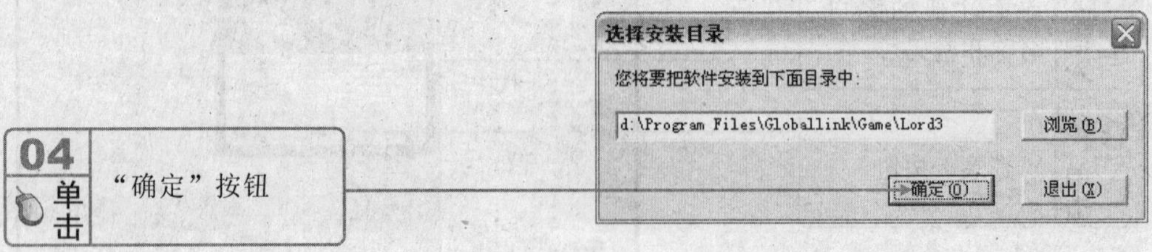

图 7-22　确定安装目录

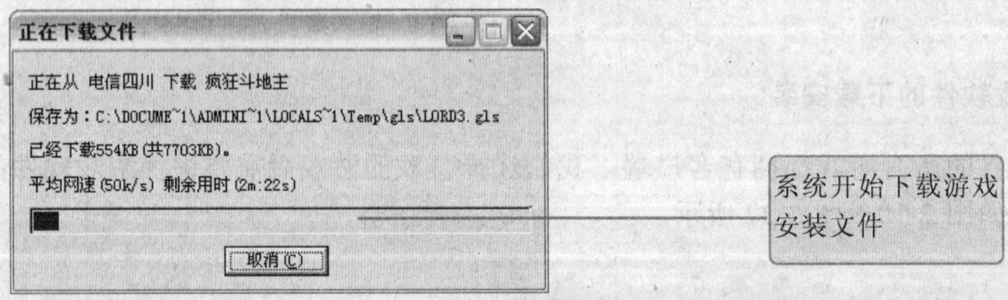

图 7-23　下载文件

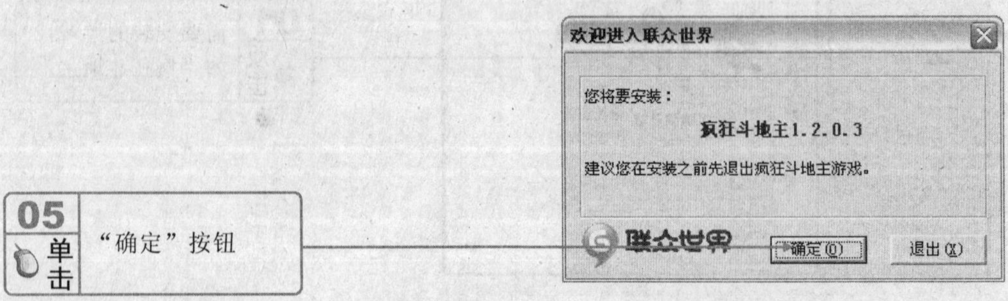

图 7-24　“确定”安装游戏客户端软件

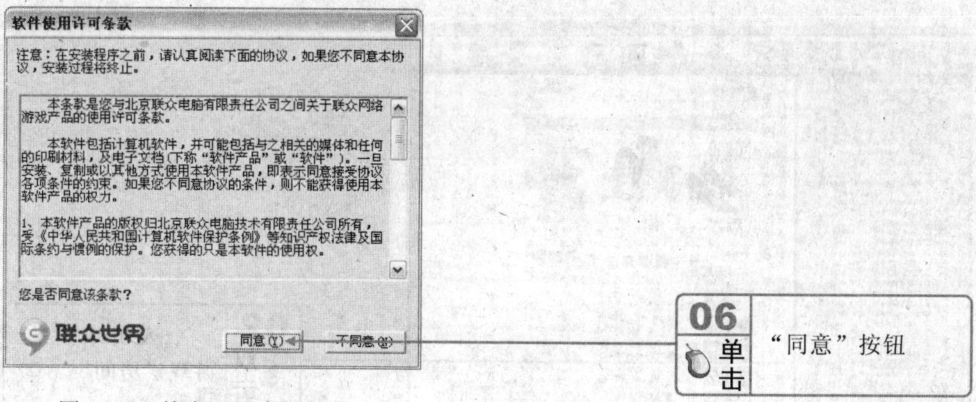

图 7-25　单击“同意”按钮

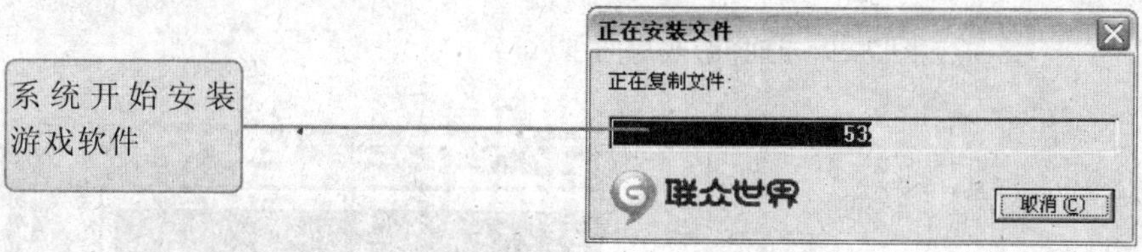

图 7-26　安装进度

图 7-27　安装成功

4．开始游戏

游戏安装完成后我们可以选择游戏的房间进入游戏世界体验游戏的乐趣，如图 7-28～图 7-33 所示。

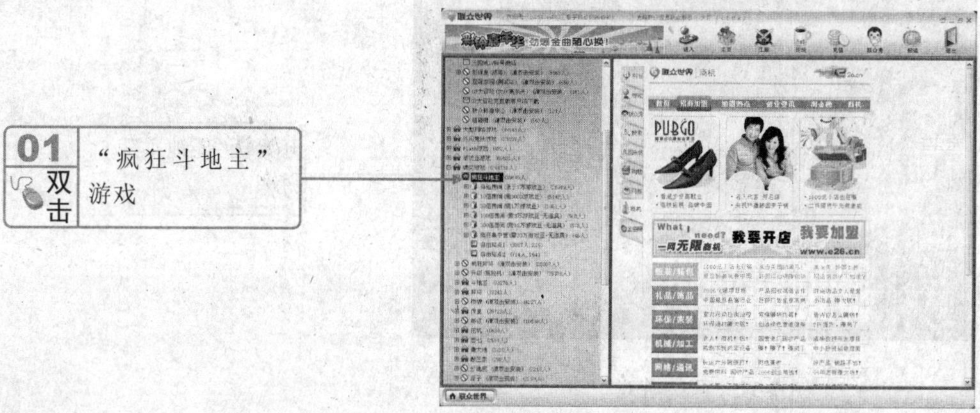

图 7-28　双击游戏

02 双击 一个人员未满的游戏“房间”

图 7-29　选择游戏房间

03 选择 一张空桌子，并用鼠标单击空闲的椅子

图 7-30　选择空位

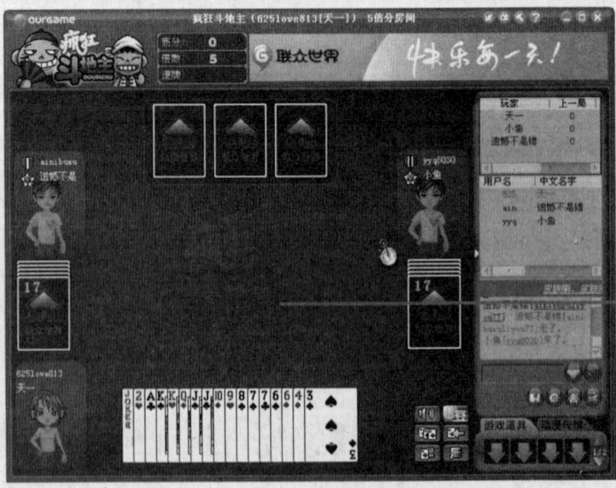

开始玩“斗地主”游戏

图 7-31　开始游戏

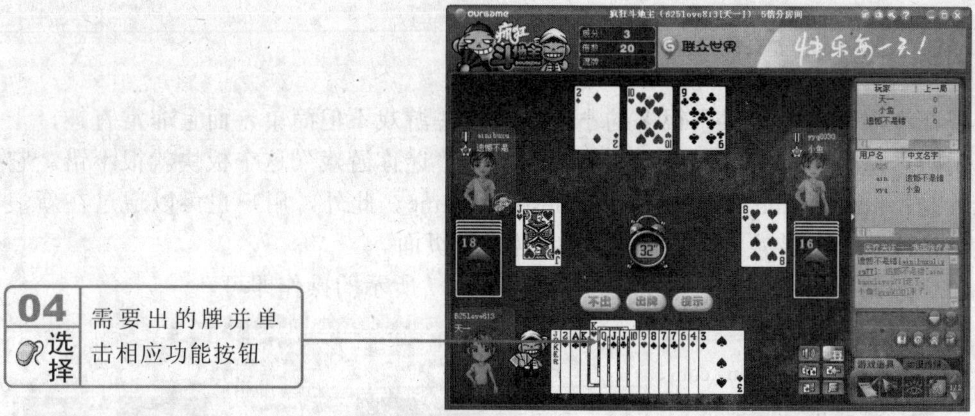

图 7-32　玩游戏

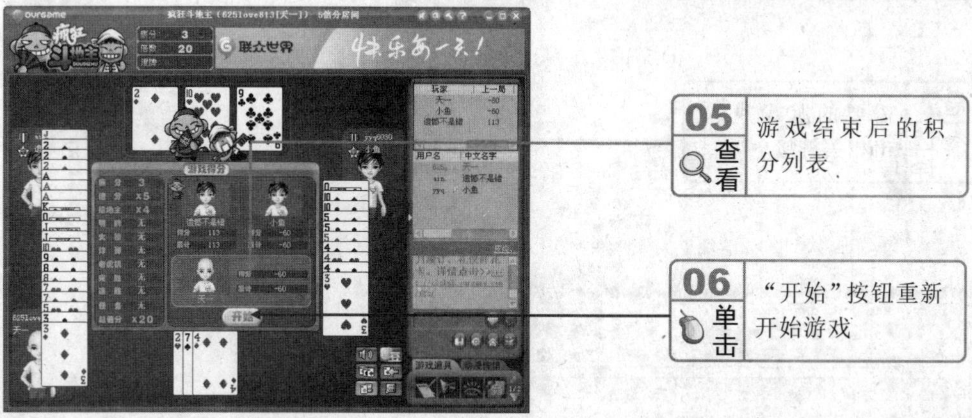

图 7-33　积分列表

你问我答

联众游戏都是免费的吗？

联众游戏都是免费的，但是如果需要在游戏中使用“道具”或者需要特别的服务，联众将根据不同的服务收取一定数量的“联众币”，而“联众币”需要通过网络或者电话充值。

你问我答

现在在网络上还有其他像联众一样的免费游戏“大厅”吗？

现在风靡华人世界的棋牌游戏“大厅”还有腾讯公司提供QQ游戏，QQ游戏“大厅”几乎拥有和联众相似的大多数棋牌游戏，而且QQ游戏只需要使用已有的QQ号登录即可，不需要另外注册账号。

01 小　测　试

在联众世界中玩游戏，除了下载和安装相应的游戏大厅软件外还需要（　　）。

A. 网上付费　　　　B. 安装播放软件

C. 申请属于自己的游戏账号　　　　D. 购买装备

7.1.3 上网玩 Flash 小游戏

现在许多网站都提供了很多的小游戏，这些游戏不但简单，而且非常有趣，十分适合在闲暇之余调节你的心情。比如新浪网中的“迷你游戏”这个板块就很不错。它的网站地址是：http://game.sina.com.cn/games/littlegame。此外，用户也可以通过在新浪网的主页中依次执行“游戏\休闲娱乐”然后进入其页面。

怎样开始玩游戏呢？按照如图 7-34～图 7-37 所示的操作即可。

01 输入 “http://game.sina.com.cn/games/littlegame” 网址

02 选择 需要的游戏并单击相关链接

图 7-34　选择游戏

03 单击 “马上开始游戏啦”按钮

图 7-35　单击按钮

04 单击 “Play”按钮

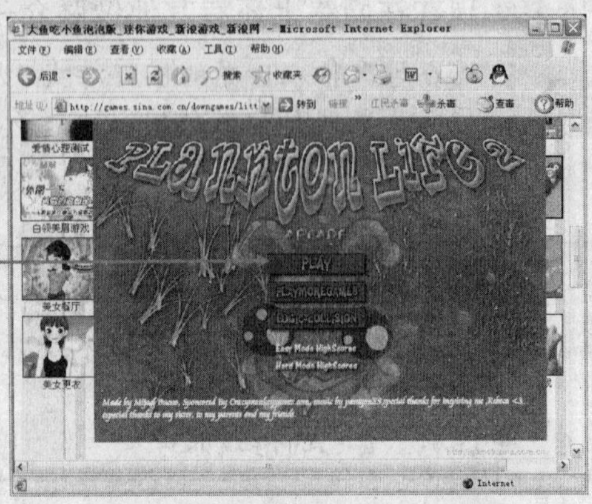

图 7-36　单击“Play”按钮

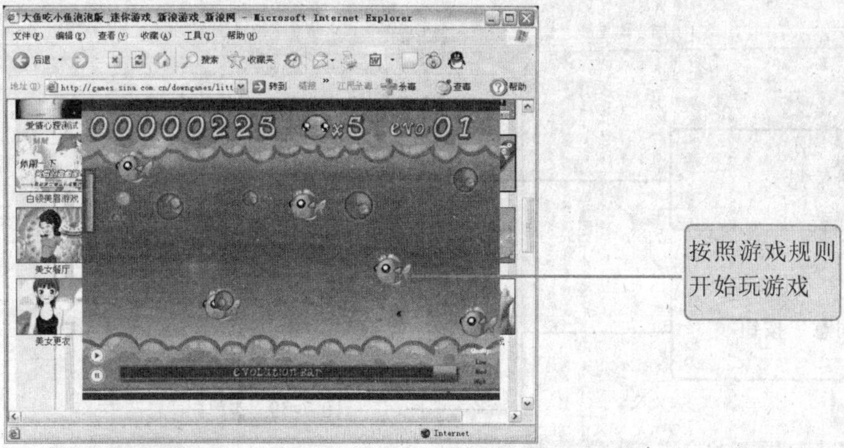

图 7-37　开始玩游戏

7.1.4　走进网络大型游戏——魔兽世界

暴雪公司所推崇的“无与伦比的乐趣”和游戏性至上的制作理念在魔兽世界内得到了最好的体现。从暴雪内部测试开始至今，魔兽世界囊括了一年多以来所有的网络游戏评选活动的最高奖赏，也得到世界范围内玩家的认可和推崇，堪称世纪大作。

魔兽世界共计数千个大小不同的任务，且不会重复，任务设定也是相当便利和直观，任务的进行也会有详细的指示和记录。魔兽世界设计了 8 大种族 9 大职业，可供玩家进行选择。每个种族都各有自己鲜明的特色，包括各个种族各自的故事背景、城市、能力特点、天赋技能以及不同的运输方式和坐骑。

魔兽世界提供了多种操作方式，如纯鼠标操作、鼠标和键盘操作等。完整的世界设定，堪称史诗的游戏背景，主线故事与游戏的发展环环相扣，引人入胜。在魔兽世界中，玩家除了可以使用从商店里购买来或者从怪物手中夺取而来的武器，还能通过专业技能，收集需要的材料，自行打造出镌刻有自己名字的各种装备。

要玩魔兽世界游戏，首先要申请一个账户，操作步骤如图 7-38～图 7-52 所述。

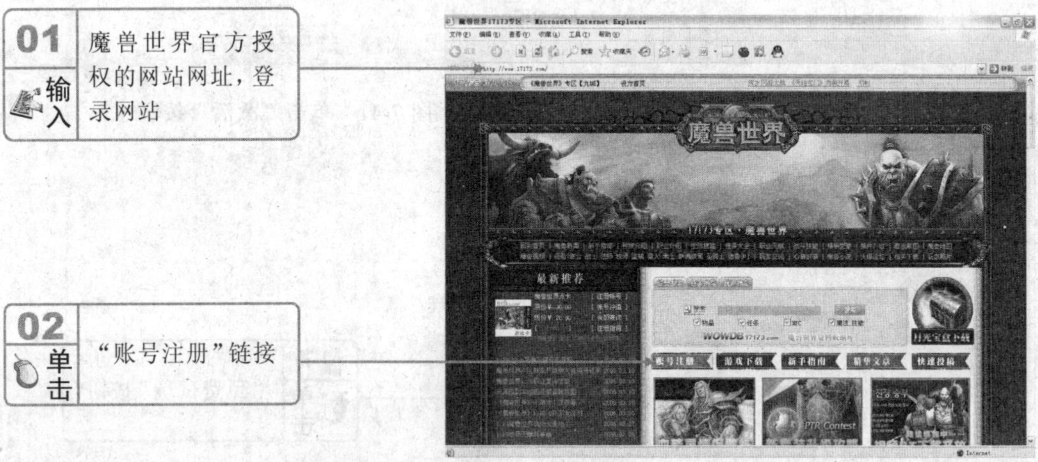

图 7-38　登录网站

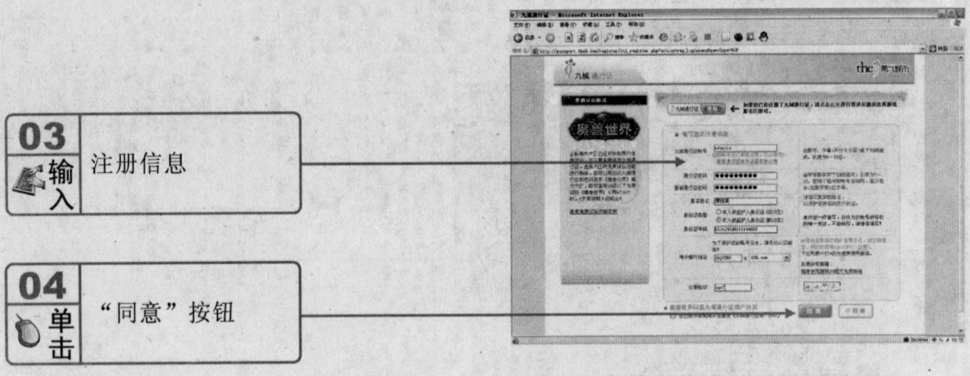

图 7-39　填写信息

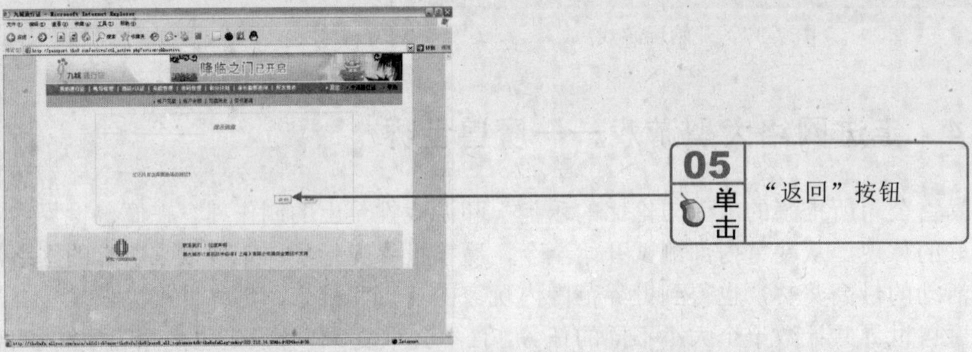

图 7-40　单击“返回”按钮

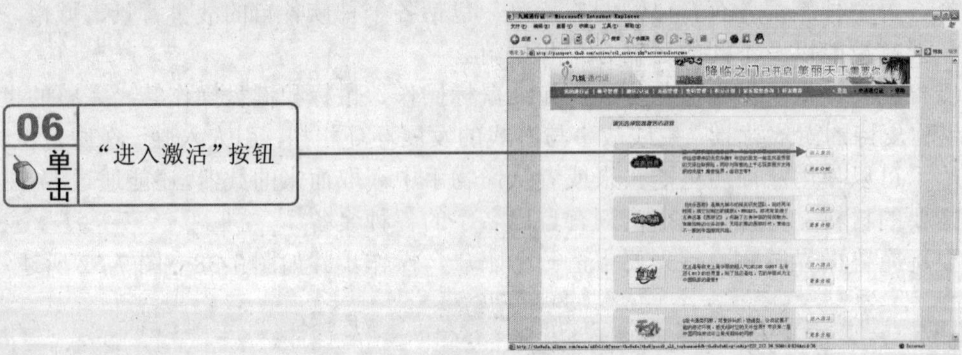

图 7-41　单击“激活”按钮

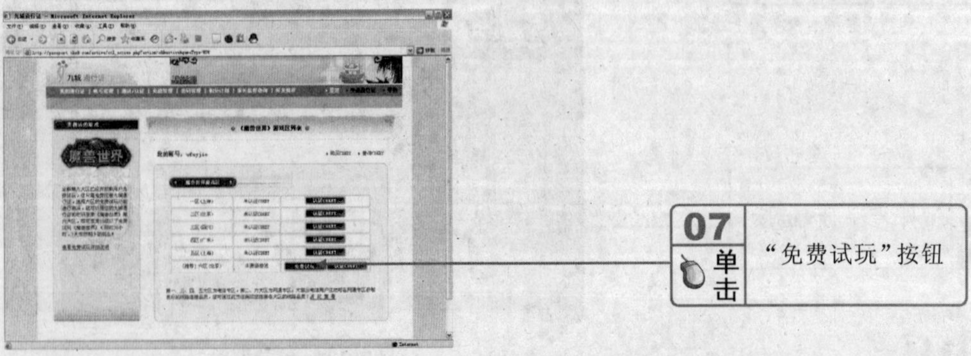

图 7-42　单击“免费试玩”按钮

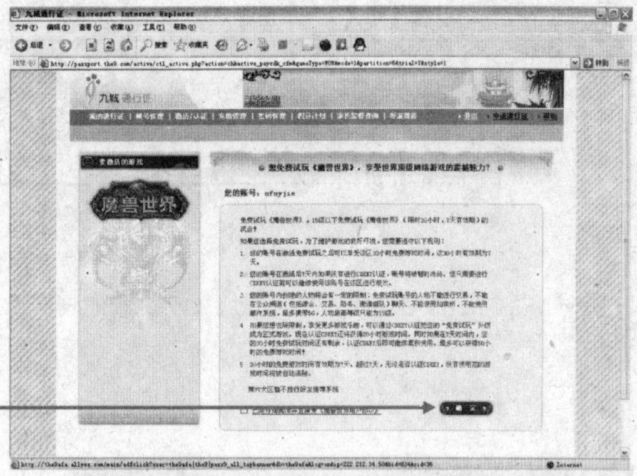

08 单击 “确定”按钮

图 7-43　单击“确定”按钮

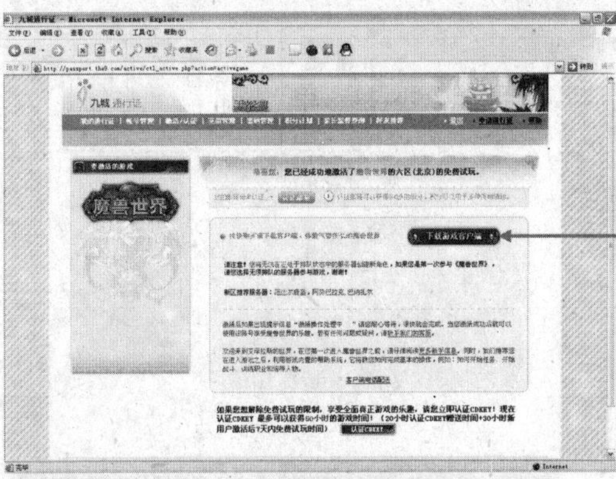

图 7-44　单击“下载游戏客户端”按钮

09 单击 “下载游戏客户端”按钮

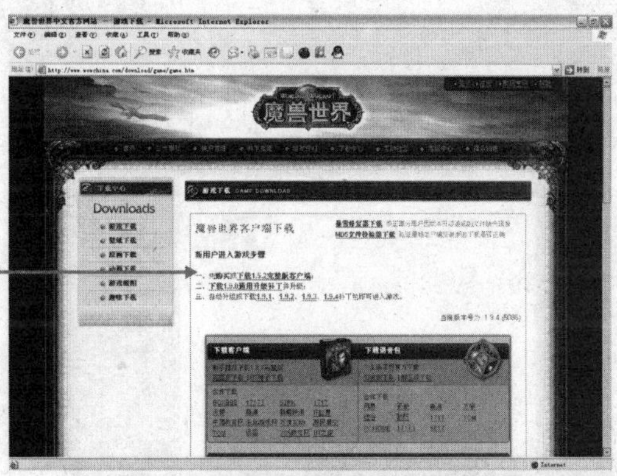

10 单击 “下载 1.5.2 完整版客户端”链接

图 7-45　下载页面

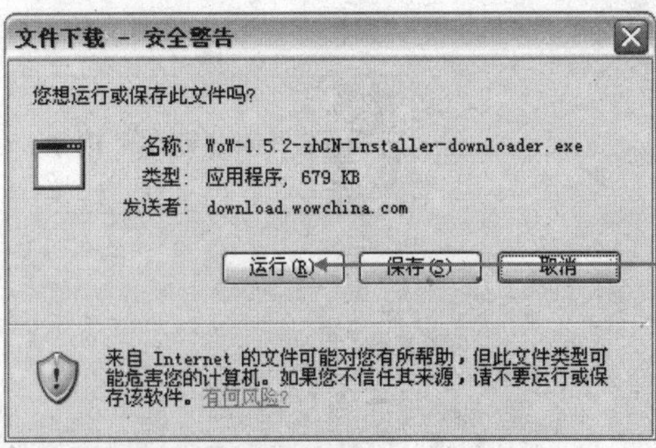

11 单击 “运行”按钮

图 7-46　单击“运行”按钮

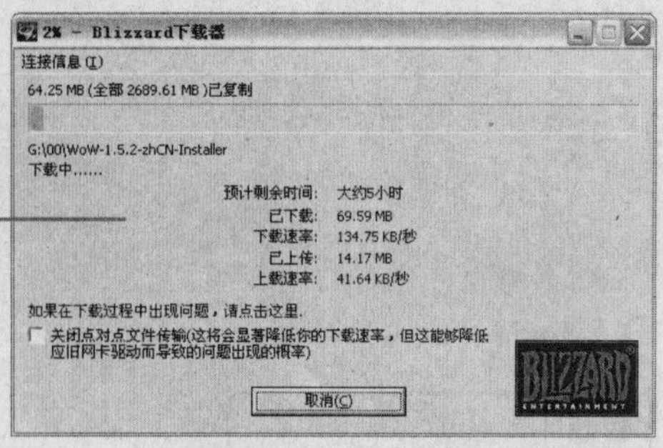

系统开始下载

图 7-47　开始下载

12 单击 “安装魔兽世界”按钮

图 7-48　单击“安装”按钮

系统开始安装“魔兽世界”客户端

图 7-49　开始安装游戏

13 单击 “创建账号”按钮

图 7-50　单击“创建账号”按钮

14 输入 账号名称和账号密码

图 7-51 输入账号名称和密码

开始在“魔兽世界”体验网游的神奇与乐趣

图 7-52 开始游戏

你问我答

“魔兽世界”游戏的规则是什么，对于新手来说应该怎样才能懂得游戏的玩法？

“魔兽世界”的官方网站和官方授权分区网站上都提供了专门针对新手的帮助，这些帮助图文并茂、通俗易懂，希望玩家新手们在开始游戏之前先仔细阅读这些“新手指南”。“魔兽世界”中文官方网站网址是“http://www.wowchina.com/register.htm”。

7.2 网络视听

在网络中，蕴藏着众多视听资源，大家可以随心所欲地感受它们给你带来的乐趣。本节将带领大家走进精彩的网络影音世界。上网欣赏视听节目之前，需要在用户的电脑中安装相应的播放软件。比如 Windows 自带的“Windows Media Player”和“RealPlayer”等软件，这些软件都是系统自带的或者可以在网络上下载安装。

7.2.1 上网听音乐

在我们欣赏网络音乐之前，还是先来了解网上常见的音乐格式有哪些。以下是最为常见的几种音乐格式。

MP3 格式

这种格式是网上普遍流行的音乐格式，人们在电脑中播放的也大多是这种格式。如果你有 MP3 播放器，还可以随时随地欣赏下载来的 MP3 音乐。播放这种格式的音乐建议使用播放软件 Winamp 或“音频解霸”。

RM 格式

相对于 MP3 格式来说，RM 格式文件的最大特点就是体积小。一首 RM 的容量仅为同样一首 MP3 的三分之一到五分之一。它的传输速度也极快，在网上有取代 MP3 之势。建议使用 RealPlayer 软件播放。

SWF 格式

这是闪客们的最爱，俗称 Flash 格式。它使你在欣赏美妙音乐的同时，还能欣赏到闪客们制作的美妙动画，是这些年来风靡网上的一种新的影音格式。只要你的网络浏览器安装了 Flash 插件，鼠标单击 SWF 格式文件在网上的链接，就可以自动播放了。

WMA 格式

这种格式是微软多媒体的主流格式，因为安装了 Windows 系统后，Windows Media Player（微软媒体播放器）就会同时被捆绑安装，这也就消除了使用者选择播放器的顾虑。同样，采用这种格式的文件也比 MP3 格式的文件小得多。建议使用的播放软件为 Windows Media Player。

ASF 格式

现在网上的日韩剧很流行，而网上提供大家的日韩剧格式多是 ASF 格式。ASF 是 Advanced Streaming Format 的缩写，它是一种采用流式传输方式在 Internet 播放的媒体格式，它可以将整个媒体文件分压成一个个的数据包，再由视频服务器向用户计算机进行连续、实时的传送，速度非常快。建议使用的播放软件是 ASFRecorder。

大家都知道音乐主要有两种形式，一种是纯粹的音乐，一种是带有图像画面的 MTV，下面我们就分别讲解两种音乐形式在网络上的播放方法。

1．在线收听普通音乐

我们以在“天籁之音”网站收听音乐为例，给大家讲述在线收听音乐的方法，如图 7-53～图 7-55 所示。

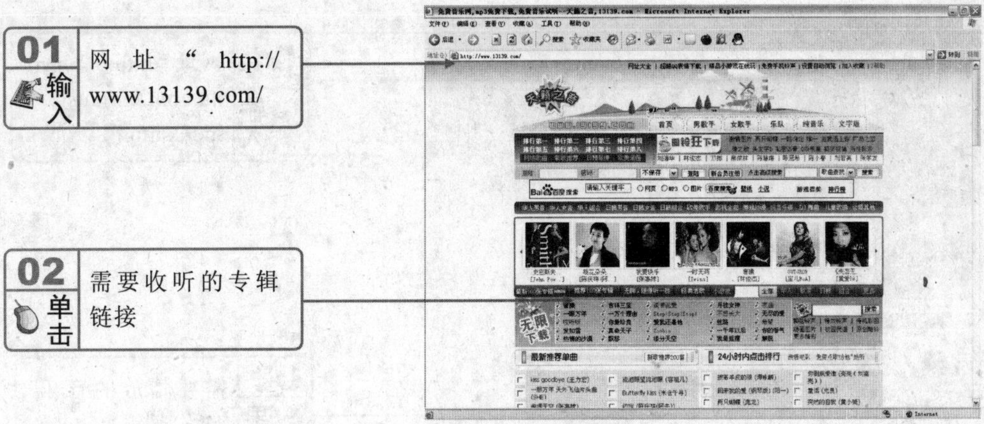

图 7-53　专辑链接

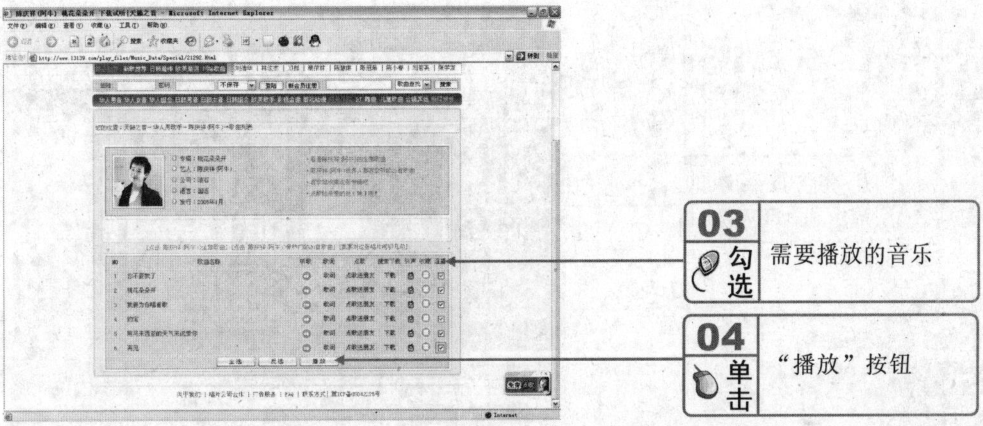

图 7-54　播放音乐

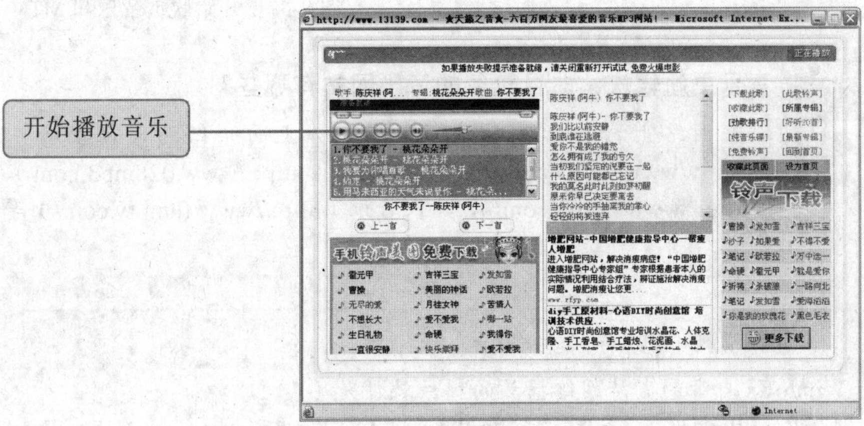

图 7-55　开始播放音乐

2. 在线欣赏 MTV

下面我们以在“新浪宽频”在线收听 MTV 音乐为例讲解上网收听音乐的操作过程。如图 7-56 和图 7-57 所示。

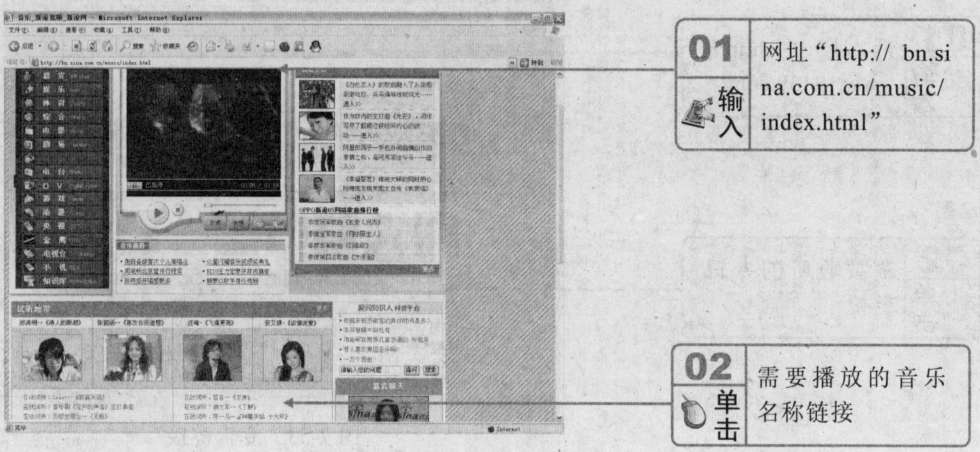

图 7-56　单击音乐链接

图 7-57　开始欣赏音乐和 MTV

你问我答

音乐更新较快、曲目较多的音乐网站有哪些？

现在网络上好的音乐网站有很多，如上面介绍的天籁之音，还有如 7mp3（http://www.7mp3.com）、成都音乐（http://www.028mp3.com）、天天音乐网（http://www.ttmp3.com/）、凡人音乐（http://www.funmtv.com/）等都是不错的音乐网站。

02 小 测 试

Windows 自带的支持网络播放的播放软件是（　　）。

A. RealPlayer　　B. Media Player　C. King Player　　D. Flash 播放器

7.2.2 上网看电影

网络中的电影资源相当丰富，尤其是以众多的专业电影网站居多，为大家的网络生活增加了不少的乐趣！

在网上在线看电影需要用户的带宽支持才行，否则会表现出频繁停顿“通信”现象，当然现在大多数家庭和企业上网用户都是宽带接入，播放电影是没有问题的。如果出现在线无法观看或者时常停顿建议读者使用前面章节中讲解的下载软件的方法到提供电影下载的网站下载电影，然后本地播放观看。

下面我们以互连星空“星空剧场”在线电影网站为例，给大家讲解如何通过计算机网络在线收看电影，如图 7-58～图 7-60 所示。

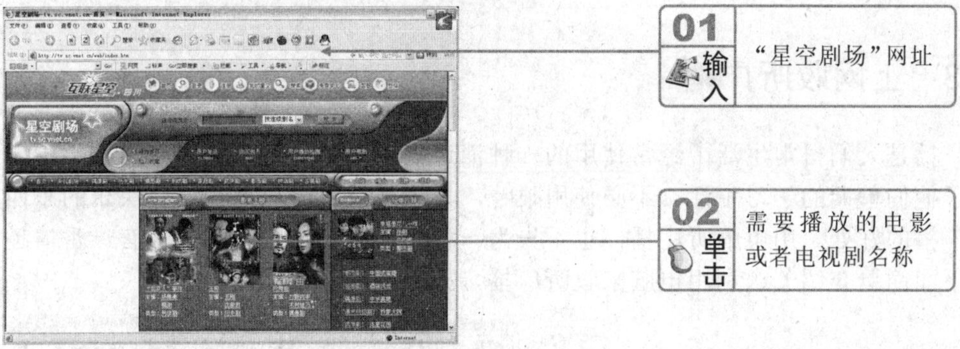

图 7-58　单击电影名称

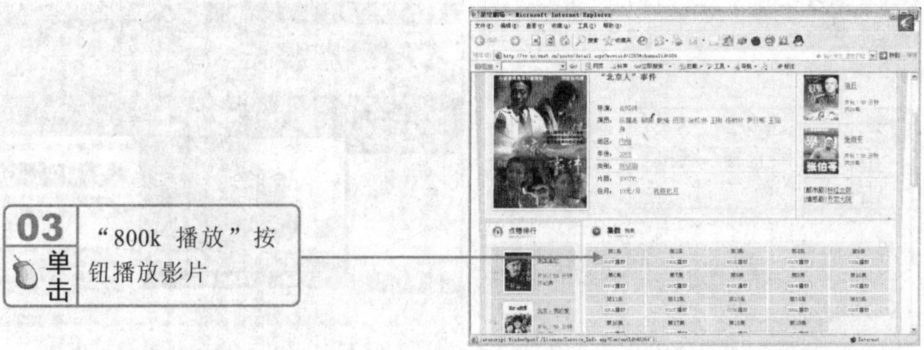

图 7-59　单击播放按钮

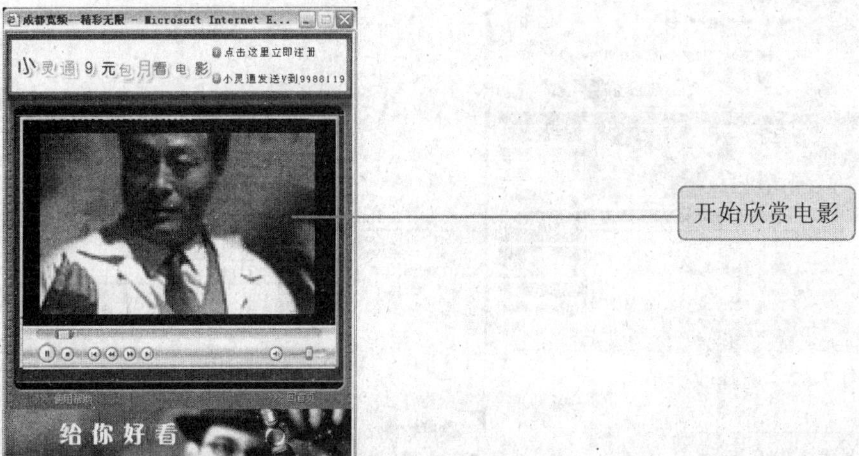

图 7-60　播放电影

你问我答

为什么在网上看电影经常需要输入账号或者使用手机注册？

需要使用手机注册的网站多数为收费网站，在这些网站收看电影是需要付费的。我们可以在搜索引擎上搜索免费观看电影的网站进行免费观看，而且现在大多数网络提供商都为自己的用户提供了免费在线电影观看服务。如电信用户可以在“互联星空”免费观看电影，长城宽带用户可以在“天天影院”免费观看电影。

7.2.3 上网收听广播

广播是人们日常生活中经常使用的一种消遣娱乐方式，特别是一些在校学生，广播充实了他们单调的学习生活。不必使用眼睛，只用耳朵就可以感受一些快乐的东西，这就是广播的好处。用电脑听广播，也不失为一种相当好的休闲方式，别有一番情趣！

下面简单介绍怎么利用电脑来收听广播，如图 7-61 和图 7-62 所示。

01 登录中国广播网的主页。

02 单击 “在线直播”链接

图 7-61 单击“在线直播”链接

图 7-62 选择收听节目

03 单击 需要收听的节目名称链接

开始播放电台节目

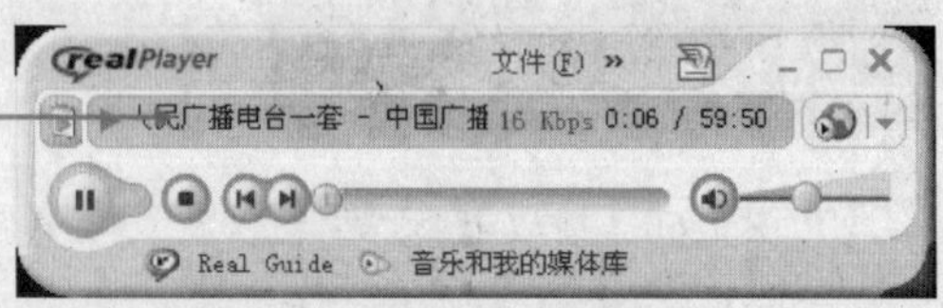

图 7-63 开始播放

你问 我答	**还有其他更简便的收听广播节目的方式吗？** 用户还可以直接通过播放软件收听在线直播，例如通过 RealPlayer 10 可以直接进入电台选项，在返回的电台节目中，用户即可选择自己喜欢的节目进行收听。

7.2.4 上网欣赏 Flash 动画

Flash 动画是这些年来风靡网上的一种新的影音格式。只要你的网络浏览器安装了 Flash 插件，鼠标单击 SWF 格式文件在网上的链接，就可以自动播放了。

如果没有安装 Flash 插件，我们可以在网上下载进行手动安装。Flash 插件是免费软件，在很多软件下载站如“华军软件园”、“天空软件”以及 Macromedia 的 Flash 官方网站“http://www.flash.com/”上也可以下载。

下面我们通过在百度搜索引擎中搜索并播放 Flash 动画为例讲解如何在网上欣赏 Flash 动画，如图 7-64～图 7-68 所示。

01 登录“百度”搜索引擎首页。

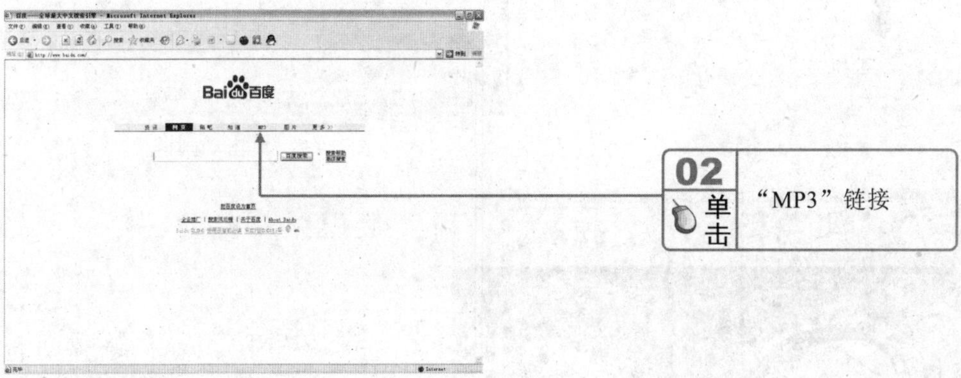

图 7-64 “百度”首页

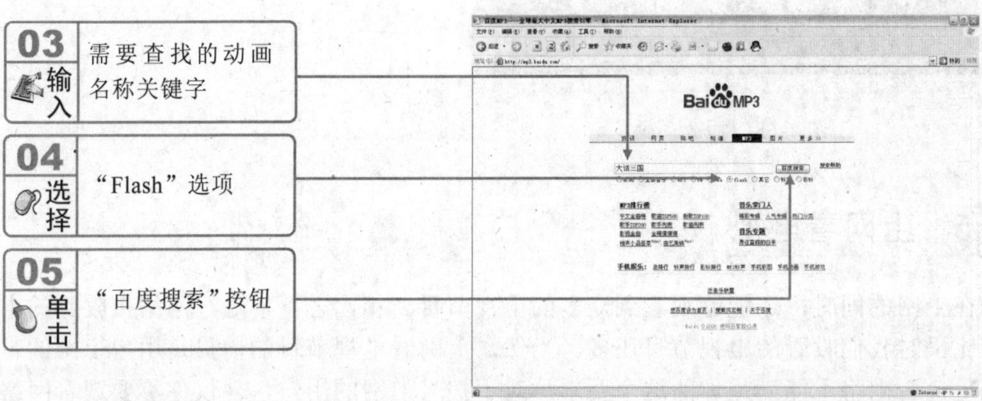

图 7-65 单击“百度搜索”按钮

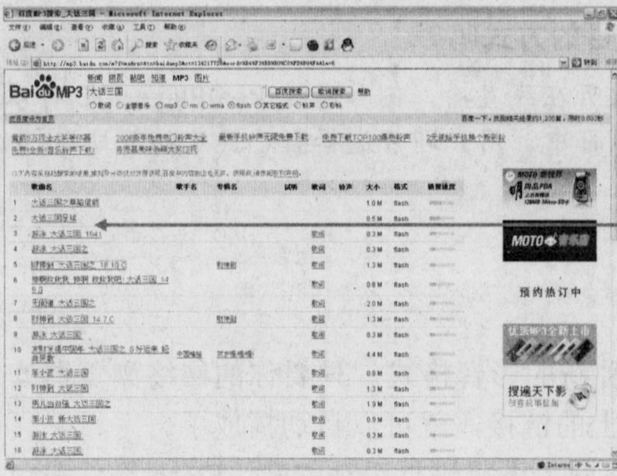

06 单击 需要播放的动画名称链接

图 7-66 单击播放的链接

07 单击 图示中的链接

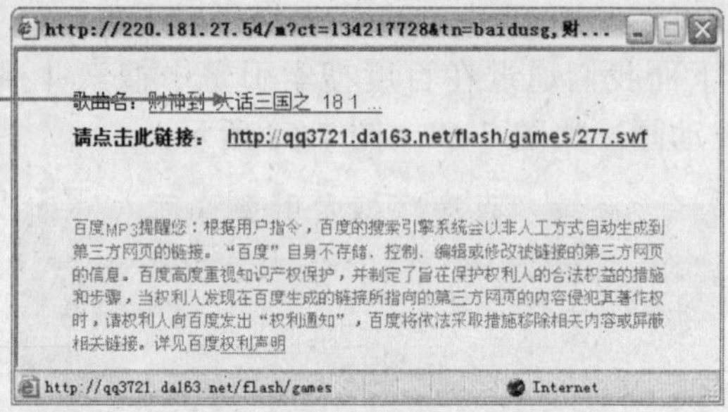

图 7-67 单击动画链接

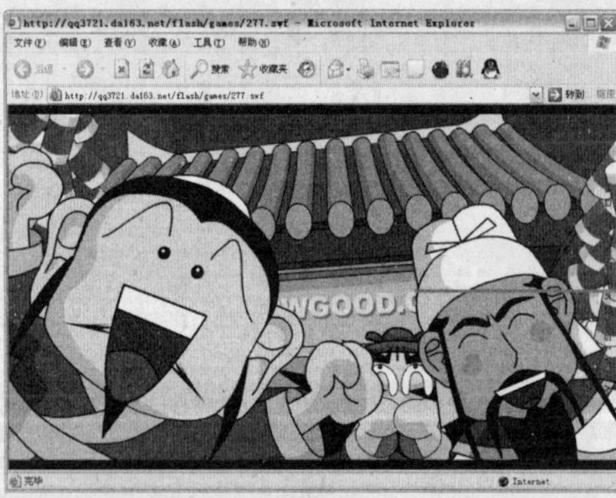

开始播放 Flash 动画

图 7-68 播放动画

7.2.5 上网看电视

在上网的同时，还能够观看到众多的电视节目。相比之下，通过网络接收到的电视节目比平时我们收看的电视节目还多。当然，上网看电视节目的前提是用户上网的带宽要充足，否则将不能满足你的这个要求。对于拨号上网的用户，建议你不要观看网络电视。网上看电视可以通过登录网站和专业软件两种途径来实现。

1. 登录网站看电视

下面以登录央视网站看电视为例，介绍如何在网上看电视，如图 7-69～图 7-72 所示。

01 登录“http://www.cctv.com/”央视网站。

02 选择 需要观看的节目频道

图 7-69 选择节目频道

03 单击 要观看的节目

图 7-70 单击要观看的节目

04 单击 感兴趣的节目

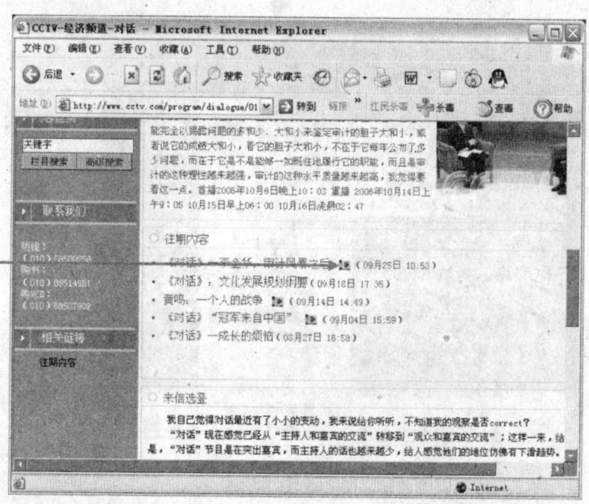

图 7-71 单击感兴趣的节目

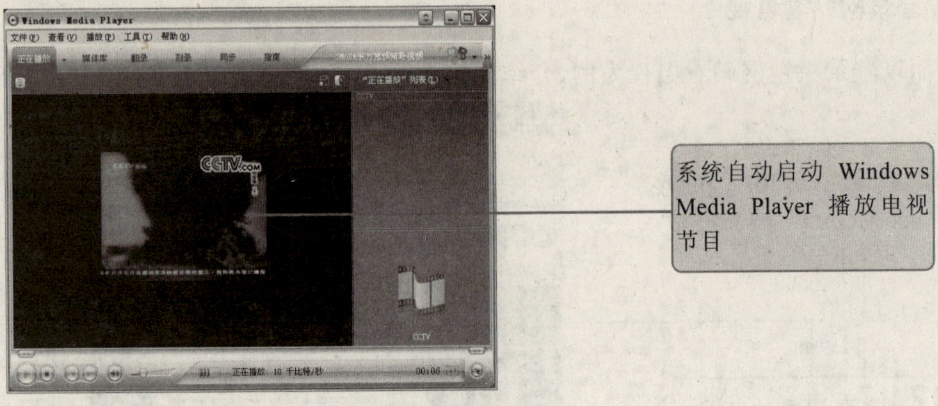

图 7-72　系统自动启动 Windows Media Player 播放电视

2．使用专门的电视软件

这里以“华人网络电视”为例，给大家讲解如何使用电视软件观看免费电视。首先，将“华人网络电视”软件的安装程序下载到自己的电脑中，然后安装该程序。安装完成后按照如图 7-73～图 7-75 所示的操作方法就可以实现网上看电视了。

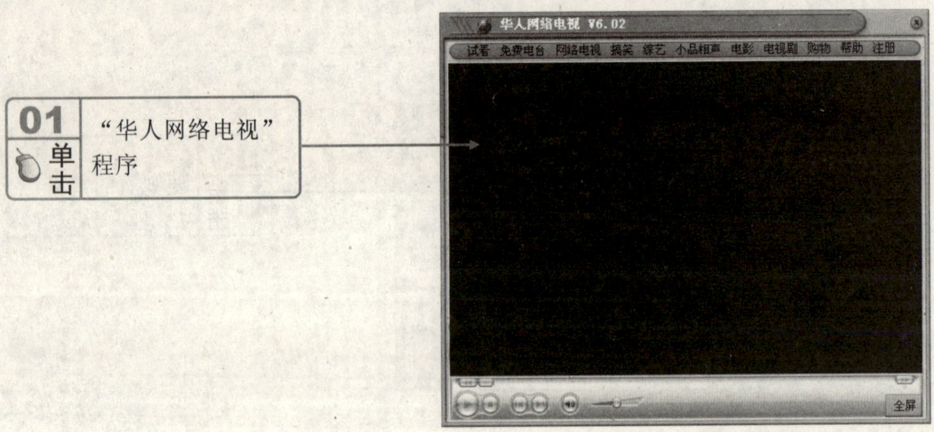

图 7-73　启动程序

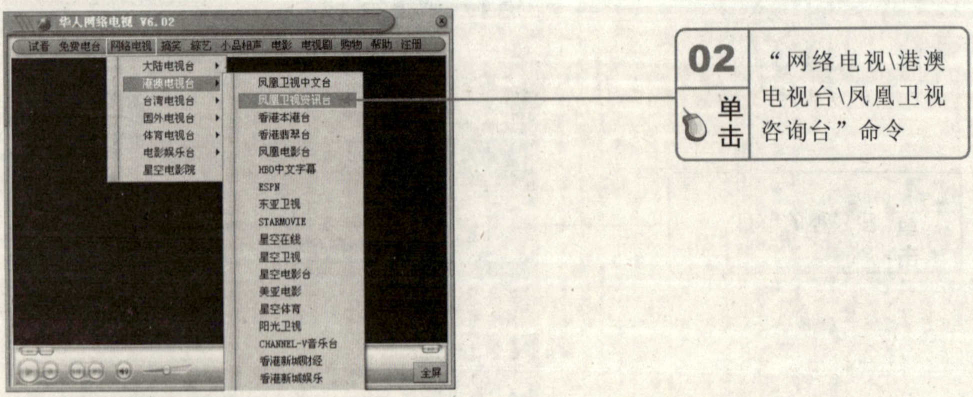

图 7-74　选择电视台

图 7-75　播放节目

你问我答

华人网络电视播放软件有什么优点？

“华人网络电视”的功能相当强大，其内置了 400 多个国内外电视台，拥有 1000 多部在线和下载电影、小品相声、电视剧以及综艺节目等速度快、质量高的精彩视频。此外，软件具有自动检测更新升级，每个星期至少更新一次。

7.3 校 友 录

在网络中，大家可以尽情地遨游，享受网络生活给我们带来的乐趣，让日常生活变得更加丰富多彩。如今在网络中已经推出了电子版的同学录，是同学们相互联系的好帮手。通过上网，进入同学录中属于自己的班级，就可以遇见久违的同学了，大家在这里可以留言、发布自己的相片等……

7.3.1 创建自己的校友录

这里以国内最著名的“QQ 校友录”为例，给大家介绍如何使用校友录。使用 QQ 号码登录网站，创建自己的学校和班级等，创建学校之前请先搜索您的学校，如果找不到您的学校，可以创建学校。先选择学校类型、学校地区，再确定学校名称即可申请创建学校，系统管理员将在 24 小时内对你的申请予以审核和批准。

创建班级之前必须先找到自己的学校（找不到自己的学校要先创建自己的学校），在本学校的班级列表中找不到自己的班级时，可创建自己的班级。创建班级时输入班级名称和入学年份提交即可。如果在创建班级以前还没有填写自己的个人资料，系统会提示你填写，以方便你和同学的联系。如图 7-76～图 7-80 所示。

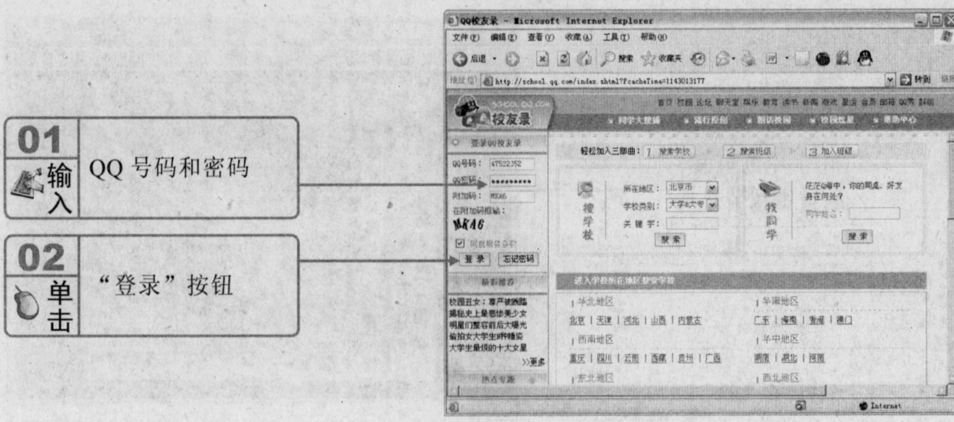

图 7-76　注册页面

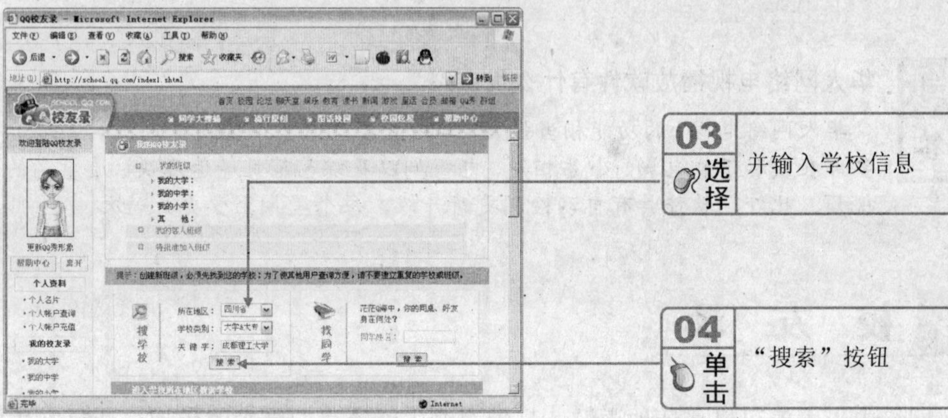

图 7-77　搜索页面

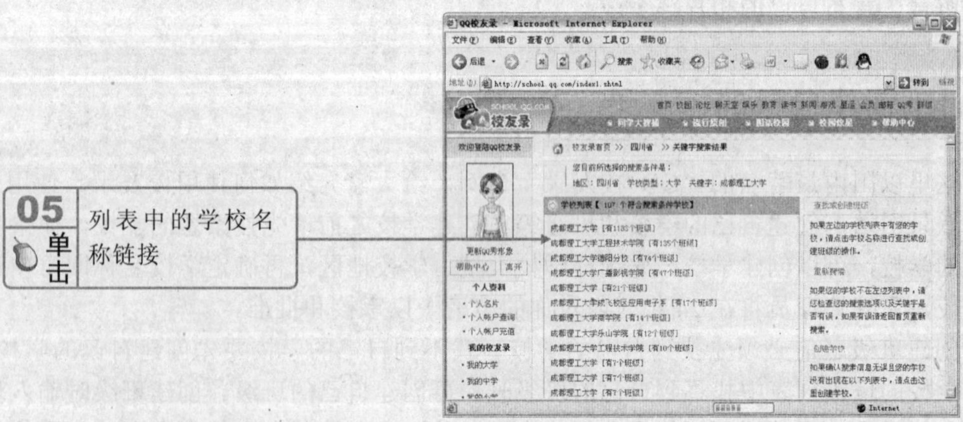

图 7-78　单击学校链接

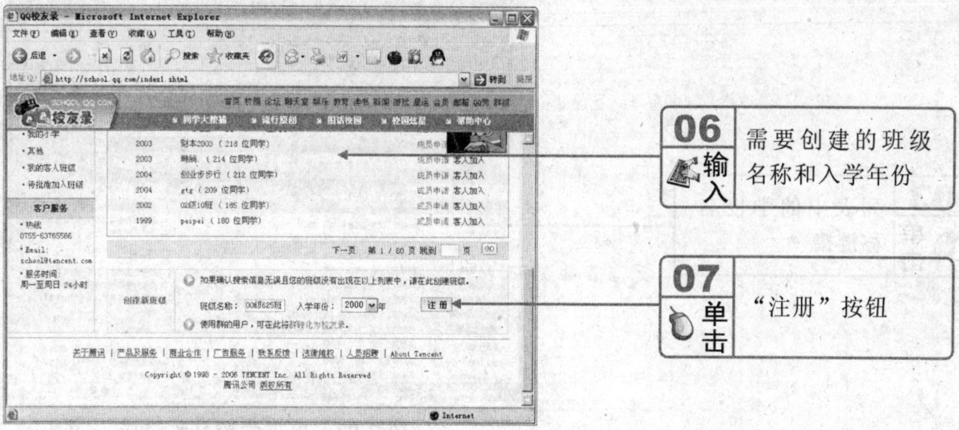

图 7-79　注册页面

图 7-80　单击“确定”按钮

7.3.2 登录自己的班级

登录进入班级后，大家能够看到曾经朝夕相处的同学的留言和相片，此时会感觉格外亲切。用户可以自己在校友录中进行留言和发送相片等操作。这样，其他的同学进入这个界面后，就可以看见你的留言或者照片了。

下面我们就一起通过登录 QQ 校友录上的班级来掌握登录校友录中班级的方法，如图 7-81～图 7-84 所示。

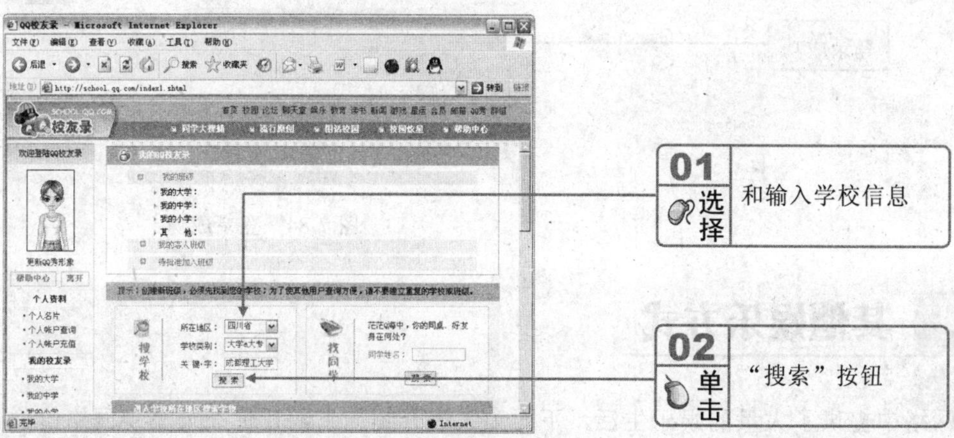

图 7-81　搜索页面

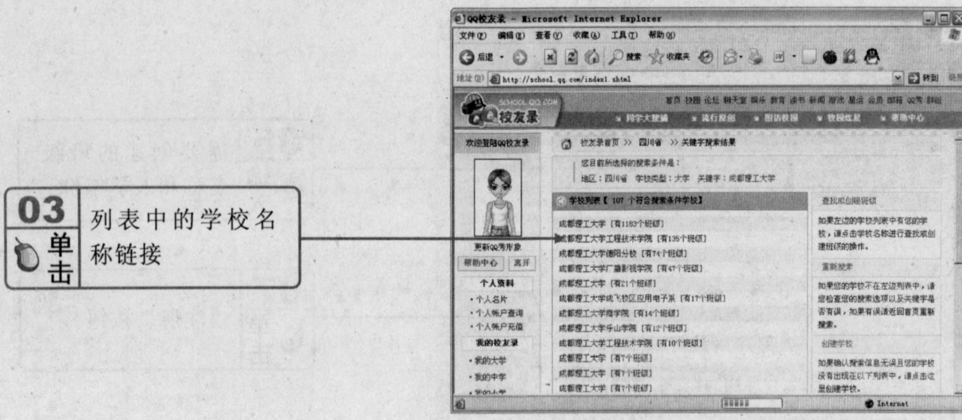

图 7-82　单击学校名称链接

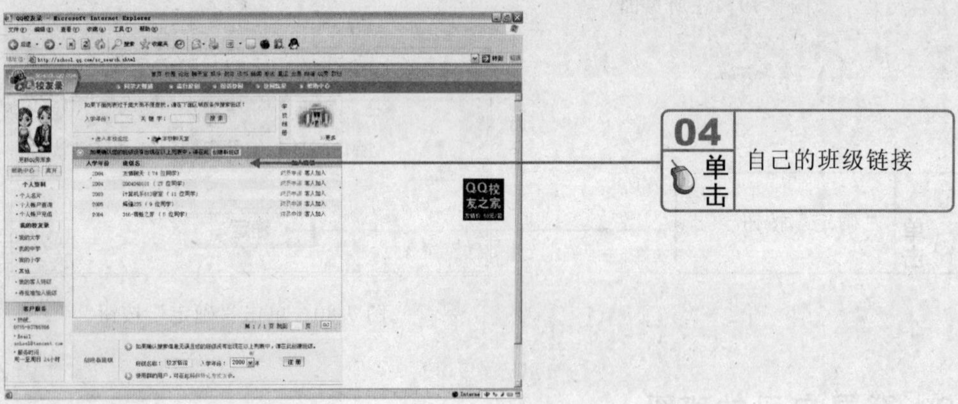

图 7-83　单击自己班级链接

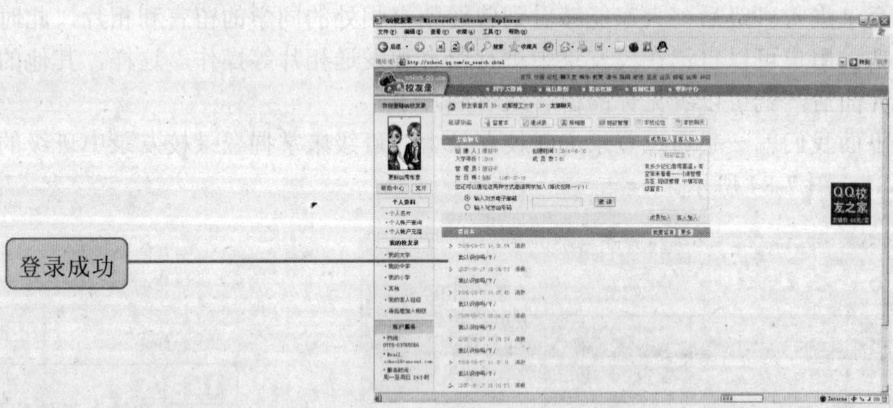

图 7-84　登录成功

7.4 其他娱乐方式

网络中提供了大量的娱乐生活，下面为大家介绍一下，让你充分享受网络给你生活带来的快乐！

7.4.1 贺卡传情

还记得小时候，每当某个重要的节日来临，都会互相赠送贺卡，比如生日贺卡、贺年卡等等！而在当今这个信息时代，通过电脑和网络制作一张电子贺卡，送给远方的朋友，这样会使收到这份祝福的朋友或者亲人倍感亲切和温暖。

下面介绍在“卡秀”网站上发送贺卡的方法，如图 7-85～图 7-91 所示。

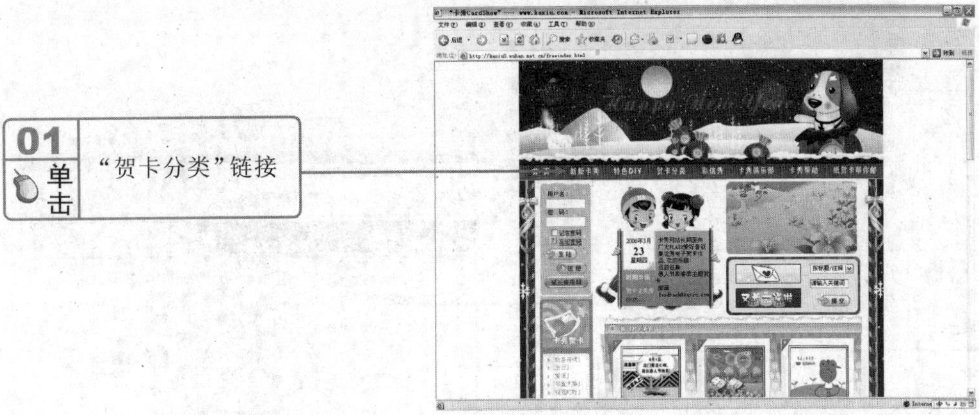

图 7-85　单击分类链接

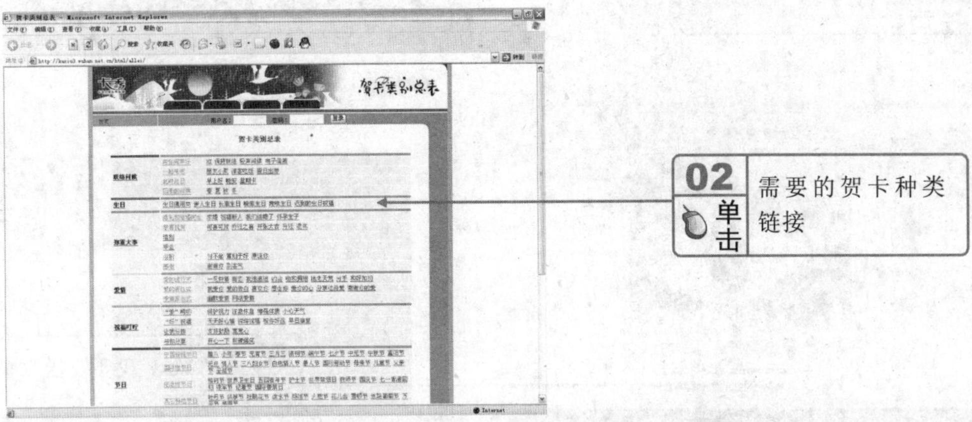

图 7-86　单击贺卡种类链接

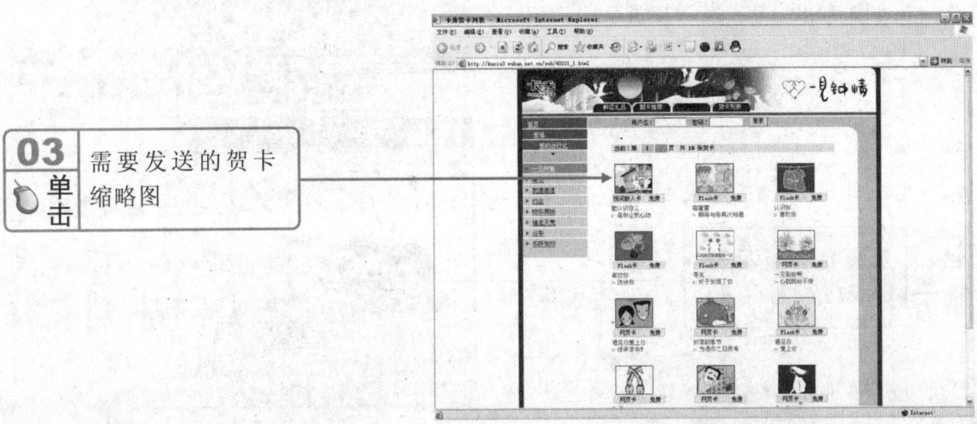

图 7-87　单击需要发送的贺卡缩略图

04 单击 “定制并发送”按钮

图 7-88　单击发送按钮

05 输入 贺卡相关信息

06 单击 “预览发送”按钮

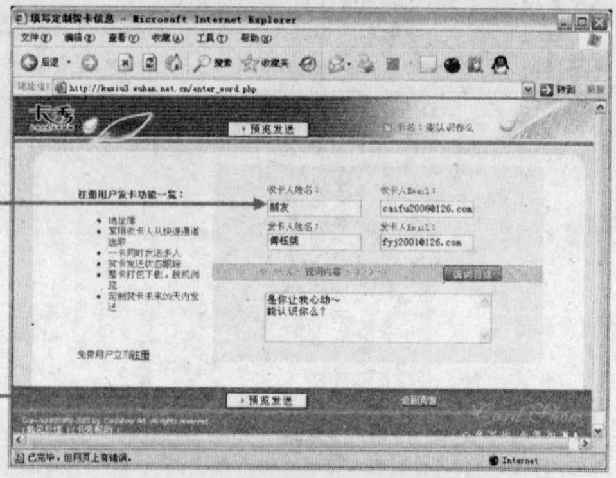

图 7-89　预览页面

07 单击 “Yes，我要发送”按钮

图 7-90　单击发送按钮

08 查看 系统自动显示发送成功界面

图 7-91　显示发送成功界面

你	问
我	答

在电子邮箱中收到朋友发送的贺卡时，要怎样操作才能看见贺卡呢？

只需单击该电子邮件中的蓝色链接即可查看该贺卡。

7.4.2 网络杂志

曾几何时，学生时代，看杂志几乎成为我们每天最有韵味的消遣方式。如今我们可以在很多网站上免费阅读我们喜欢的杂志。比如腾讯网络提供的免费网络杂志，分类列出了多达几百种，而且网络电子杂志很多时候还配了动画和音乐，让我们从视觉和听觉方面体会杂志带给我们的意境，如图 7-92～图 7-96 所示。

01 输入 “http://mag.qq.com/”网址登录腾讯杂志网站

图 7-92　输入登录腾讯杂志网站

02 单击 需要阅读的杂志名称链接

图 7-93　单击杂志名称链接

03 单击 杂志封面图片链接

图 7-94　单击杂志封面图片链接

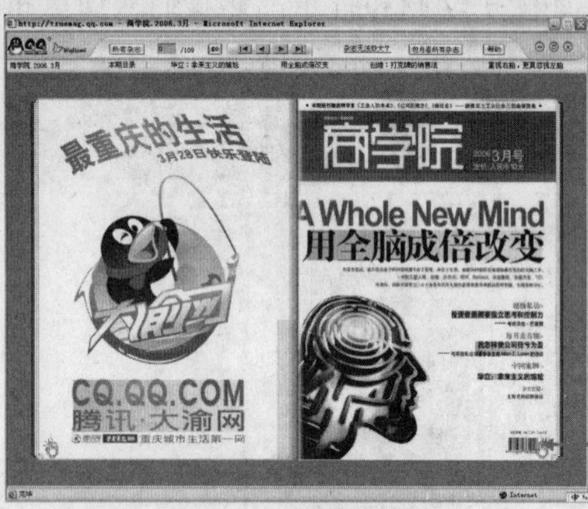

04 单击 鼠标图形翻页

图 7-95　单击鼠标图形翻页

05 单击 鼠标可以放大页面

图 7-96　单击鼠标可放大页面

7.5 建立自己的博客

随着网络出版、发表和张贴文章等网络活动的急速增长，博客已经成为了一个网民可以不论长幼，不分高低贵贱，各抒情怀，各持己见以及展现自我之地的代名词。博客通常是由简短且经常更新的张贴构成，这些张贴的文章都按照年份和日期排列。博客的内容和目的有很大的不同，从对其他网站的超级链接和评论，到有关公司的新闻或构想，或者是个人的日记、照片、诗歌、散文，甚至科幻小说的发表或张贴。

博客（Blog，同义词有 web log，weblog）的最普通的定义是：一种表达个人思想，内容按照时间顺序排列，并且不断更新的出版方式。Blog 可以翻译成博客日志，但大多数人将它简化成博客。

许多博客是个人将自己的想法表达出来，或者是一群人根据某个特定主题或共同目标进行合作。撰写这些博客（Blog）的人就叫做 Blogger 或 Blog writer，通常我们也将它翻译成博客。

7.5.1 博客（Blog）的兴起

一般认为，博客起源于网上浏览者在网上发现了有趣的内容，互相用电子邮件等方式交流通报。这些信息经过有心人有意识的整合，就发展成了博客的最初形式。

《纽约时报》的大卫·格拉格这样描述博客的诞生：一些程序员尝试在网上推出超链接形式的日记，张贴他们自己的技术层面的思考心得与个人生活方面的休闲内容。当这种行为引起人们广泛关注后，他们为那些喜欢这种张贴方式但对技术一窍不通的人开发了博客网站的简便维护工具，由此，博客在非技术人员中也开始流行起来。

随着博客人数的日益增多，他们的目的与初衷已相去甚远。如今博客们发表和张贴的目的有很大的差异。由于博客的沟通方式灵活方便，它已成为家庭、公司、部门和团队之间越来越盛行的沟通工具，并且逐渐被应用到教育的实践领域中。

博客的出现，使人类网络生存方式开始向个人化的精确的目录式方式过渡。博客是信息时代的知识管理者。他们的知识与思想不再是封闭的，就如同自由软件运动贡献出的是程序的源代码一样，博客们在博客日志中贡献出的是他们思想的源代码。博客们将工作、生活和学习融为一体，通过博客日志，将日常的思想精华及时记录并发布，萃取并链接自己认为的最有价值、最相关、最有意思的信息与资源，使更多的志同道合者能够零距离、零壁垒地汲取这些知识和思想。

7.5.2 博客（Blog）的种类

给博客进行分类是一件很困难的事，博客本身也处在一个成长的过程中。从形式上看，通常它不过是个人或小组利用相当便捷的免费维护软件运作的个人网站，网站中包含许多其他网站的链接。当然，富有个性的机智、幽默的简短评注是博客不可或缺的内容。一般来讲，我们可以将博客分成如下这些类型。

（1）基本的博客

基本的博客是博客中最简单的形式。单个的作者对于特定的话题提供相关的资源，发表简短的评论。这些话题几乎可以涉及人类的所有领域。例如美国 NBC 广播公司脱口秀主持人 AlRoker 和电视连续剧星际旅行中扮演船长的 William Shatner 利用他们的名声在他们自己的博客日志上有规律地发表随笔与感想，与他们的崇拜者分享他们的思想。

每天不同的人们都在发表他们的博客日志：大学生、老师、家庭主妇、商业顾问、运动员以及新闻记者，很多的博客日志由特定的领域的专家管理。Jim Romenesko 的 Media News weblog 就是一个经典的例子，它是运行时间最长的涵盖所有媒体的博客网站（现在由 Poynter.org 主管）。

（2）小组博客

这是基本的博客的简单变型，一些小组成员共同完成博客日志，有时候作者不仅能编辑自己的内容，还能够编辑别人的条目。这种形式的博客能够使得小组成员就一些共同的话题进行讨论，甚至可以共同协商完成同一个项目。

（3）亲属和朋友之间的博客

博客也同样流行在朋友和亲属等个人的生活圈中。这种类型博客的成员主要由亲属或朋友构成，他们是一种生活圈、一个家庭或一群项目小组的成员。这种博客通常流行于住在不同区域的朋友中，例如高中或大学的好友毕业以后各奔四方，但是他们可以通过博客继续交流与通信。

（4）协作式的博客

这种类型的博客与小组博客相似，其主要目的是通过共同讨论使得参与者在某些方法或问题上达成一致，有些人也将他归到小组式的博客中。通常，我们把协作式的博客定义为允许任何人参与、发表言论、讨论问题的博客日志。

（5）公共社区博客

前几年，在网上曾经出现过一种公共出版系统。互联网服务商不仅提供网络出版系统给用户，而且提供硬盘空间给他们。公共出版在几年以前曾经流行过一段时间，但是因为没有持久有效的商业模型而销声匿迹了。廉价的博客与这种公共出版系统有着同样的目标，但是使用更方便，所花的代价更小，所以也更容易生存。

（6）商业、企业、广告型的博客

对于这种类型博客的管理类似于通常网站的 Web 广告管理。

（7）知识库博客，或者叫 K－LOG

知识库博客是最令人兴奋，而且最起作用的一种类型。由于博客技术的不断发展，基于博客的知识管理也将越来越广泛。这种博客使得企业可以有效地控制和管理那些原来只是由部分工作人员拥有的、保存在文件档案或者个人电脑中的信息资料。知识库博客提供给了新闻机构、教育单位、商业企业和个人一种重要的内部管理工具。

博客的类型十分繁杂，以上所列举的几种类型是一种简单的划分方法，有的博客可能无法归到上面几类中，也有些博客则可能同时具有几种类型的特征。

有时候根据博客日志的存在方式，我们还可以把博客分为三类：一类是托管型的，博客们不需要自己注册域名、租用空间和编制网页，所有一切由相关网站负责完成，并且不需要支付费用，www.blogger.com 就是这样的网站，这是一种建立博客日志的最方便的方式；一类是自建独立网站的博客，有自己的域名、空间和页面风格，这种方式需要一定的条件；还有一类是附属博客，将自己的博客作为某一个网站的一个栏目、一个频道或者一个附加内容，不少媒体网站都开始有了这样的举措。

7.5.3 申请博客

网络上的博客网站很多，下面我们以博客网站为例讲解注册博客的操作，如图 7-97～图 7-99 所示。

01 登录“博客中国”网站。

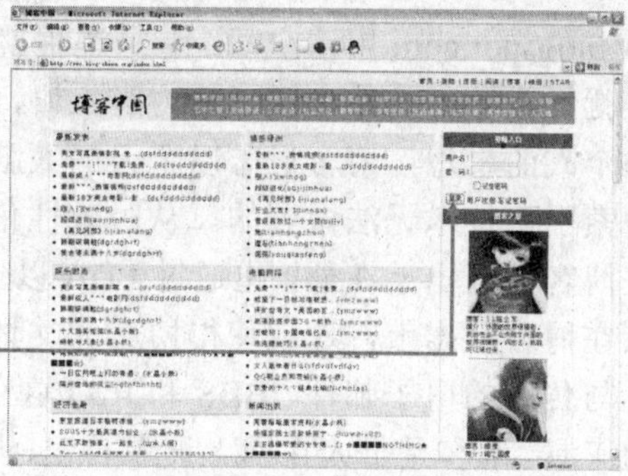

02 单击 “注册”链接

图 7-97　注册页面

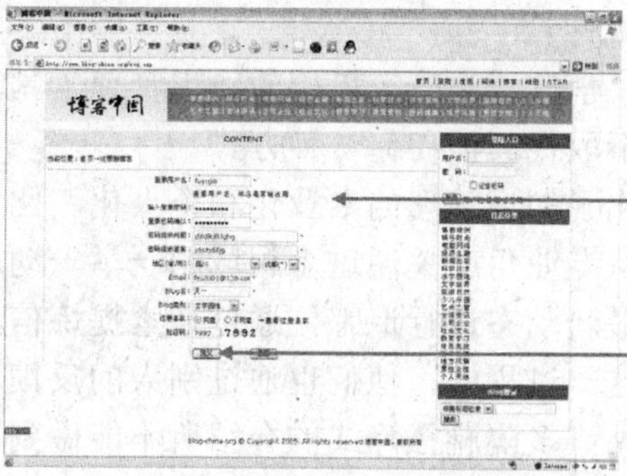

03 输入 注册信息

04 单击 “提交”按钮

图 7-98　注册信息提交页面

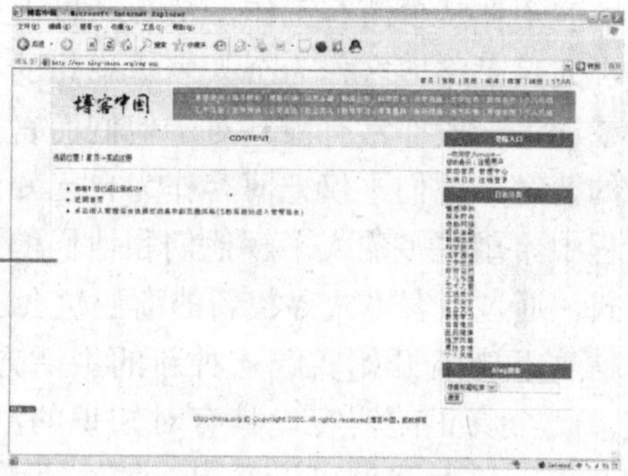

系统提示注册成功

图 7-99　注册成功

7.5.4 发表文章

无论是国内还是国外的博客网站，其形式和内容仍处于探索之中。它的形式目前与一般个人网站没有明显不同，与 BBS、个人网站、电子刊物等其他网络传播方式在技术本质上也没有很大的区别。博客网站无论是技术还是形式都非常简单。可以说，成为博客没有任何“技术含量”，博客所有的技术都是互联网与生俱来的。不受技术、形式和理念的约束，是博客们的理想。

与个人主页相比较，博客是一种方便的、个人化的，即时性很强的网页。一般的个人主页门槛相对较高，标准的个人主页需要注册域名，需要申请租用服务器空间，并且要维护主页还需要许多软件工具的使用常识。博客日志则不同，一个会申请电子邮件的网民就完全可以“零技术知识”、“零成本”地拥有自己的博客空间。例如，你去

www.blogspot.com 申请空间，整个过程就如同申请免费邮件那样简单，每天写作、编辑、上传就好像发送邮件一样。从内容上讲，博客是个人行为，博客的文章是从个人的角度反映个人的思想，博客日志以个人的大脑作为网络搜索引擎和思想发源地，这是目前任何搜索引擎技术无法做到的。从时效性角度，博客日志是经常动态更新、不断积累的，有些博客甚至出差在外，也通过 PDA 以无线传输方式，及时将个人的行为、信息和思想记录在博客日志上，这就使得博客的文体有别于其他个人文章。

与传统的电子邮件、BBS 和 ICQ 这三种互联网沟通方式相比，博客是一种较严肃的沟通工具。博客是个人在网上展示自己、与别人沟通交流的综合工具，它的管理也比 BBS 简单得多。因此，美国许多政府部门要求政府官员用博客方式来进行沟通和知识管理，而 BBS、ICQ 等在这方面的应用都有自己的局限性。

未来博客的发展方向之一，就是成为企业、学校、政府等机构的知识管理工具，这是其他几种方式所不能实现的。当然，博客并不取代其他任何一种方式。

与传统门户网站相比较，博客则进一步深化了知识管理的专业化和个人化。比如在一个有关教育技术的博客网站上，专业的博客从专业角度关注这个领域的一举一动，依据其教育技术理论基础与实践知识对该领域的最新动态进行追踪，通过搜索提炼信息，为受众提供及时的资料，发表自己的评论。在这一过程中，他们也通过别人的反馈和评论不断修正自己的思想。这是那些大的门户网站许多隔靴搔痒式的介绍所不能做到的。因此，许多门户网站开始将专业的、有深度的内容，交由博客来完成。

博客个体从事博客工作，从其动机上来讲各不相同。我们可以把他们简单分为三类：第一类人只是将博客作为个人表达思想的方式，他们是博客世界中沉默的大多数，他们的受众或读者一般非常有限，对于他们而言，有时甚至无所谓有没有读者；第二类是追求影响力的博客，他们不仅把博客作为自己知识过滤、知识积累和知识传播的方式，而且在这一过程中希望更多的人了解他们和他们的思想；第三类则是认为博客可能产生一种新的产业模式，通过博客方式寻找新的商业机会。当然，有些人属于综合性博客，三者兼而有之。

博客意味着开始实践一种新的生活方式、新的工作方式、新的学习方式和新的交流方式。一个真正的博客，具有对知识的激情、对关注领域的执著、对思想与资源共享的开放心态。由此我们可以看出，博客不单单是一种网络技术手段，也不仅是单纯的制作网页的行为，它是一种网络的文化现象。

下面通过在前面注册的博客空间中发表文章来学习使用博客，如图 7-100～图 105 所示。

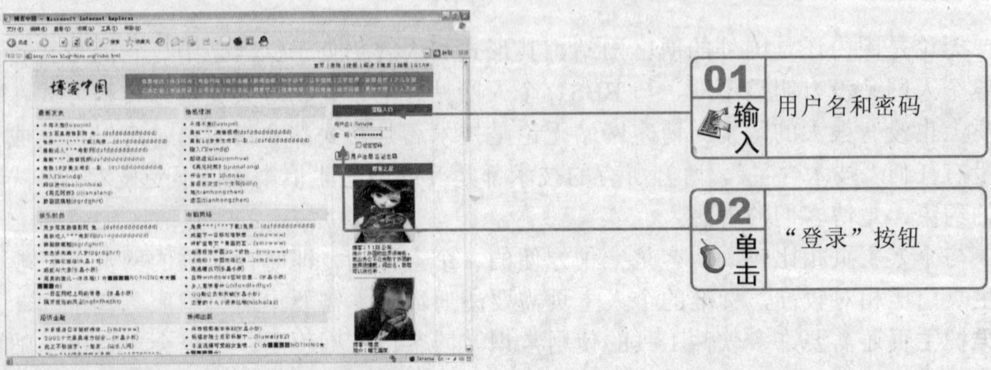

图 7-100　输入用户名和密码

03 单击 “管理中心”链接

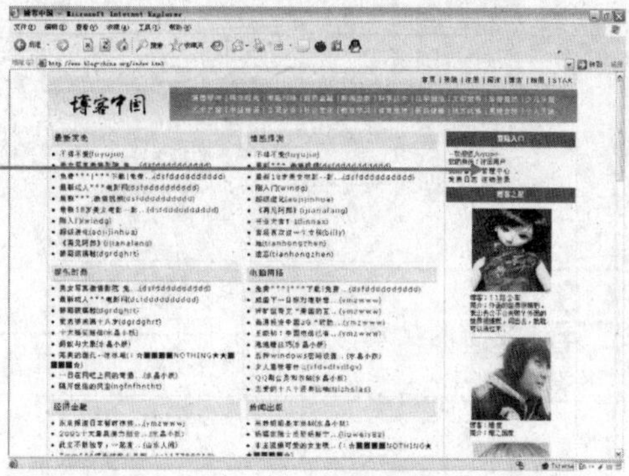

图 7-101　单击管理中心链接

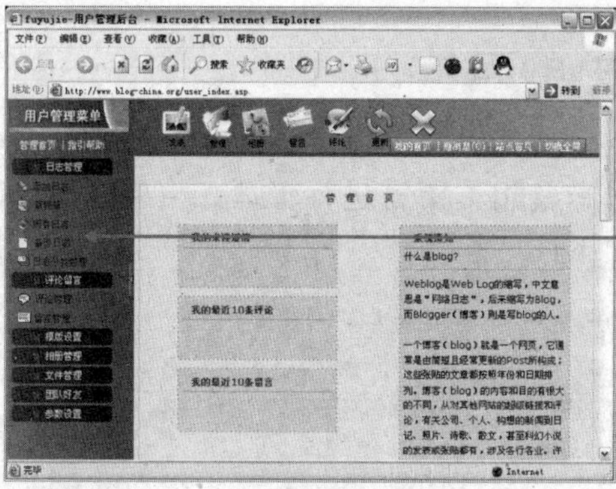

04 单击 “添加日志”链接

图 7-102　添加日志

05 输入 文章名称和内容等相关信息

06 单击 “发布日志”按钮

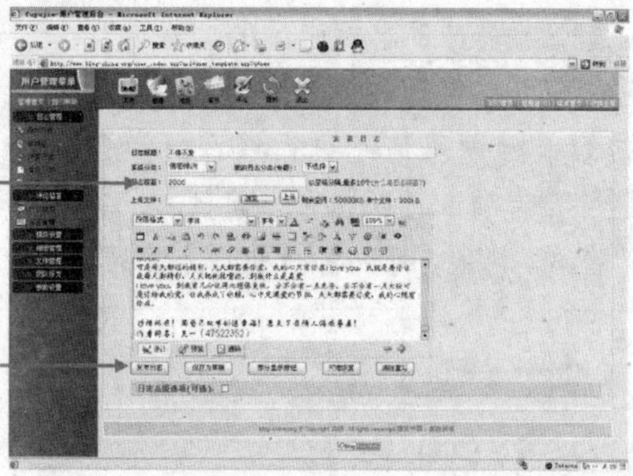

图 7-103　单击发布日志

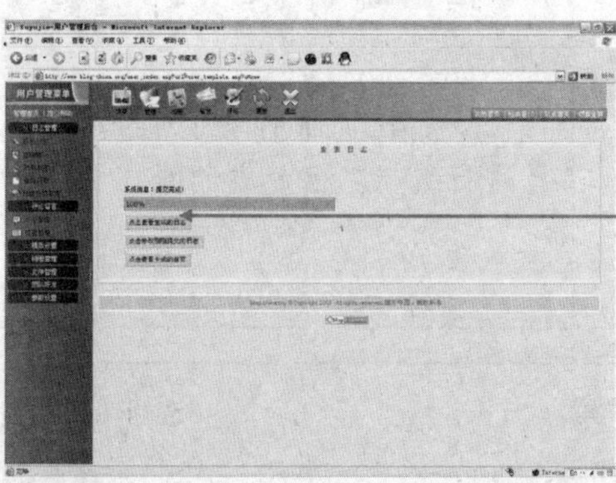

07 单击 “点击查看生成日志”链接

图 7-104　单击“点击查看生成日志”链接

08 查看 发布的文章

图 7-105　查看发布文章

融会贯通——管理博客中的日志

在博客中发表日志后，还可以对发表的日志及相关留言进行管理，主要包括修改、删除、隐藏或还原四项操作。具体操作步骤如下：

01 登录博客，在“我的控制面板”页面中单击“文章管理”项目下的“日志管理”链接，即可在页面中显示日志管理页面，如图 7-106 所示。

02 单击日志标题后的“修改”选项，即可在打开的日志编辑页面对日志内容或标题等信息进行修改；单击“删除”选项，可以删除当前日志；单击“隐藏”选项，可以将当前日志隐藏。

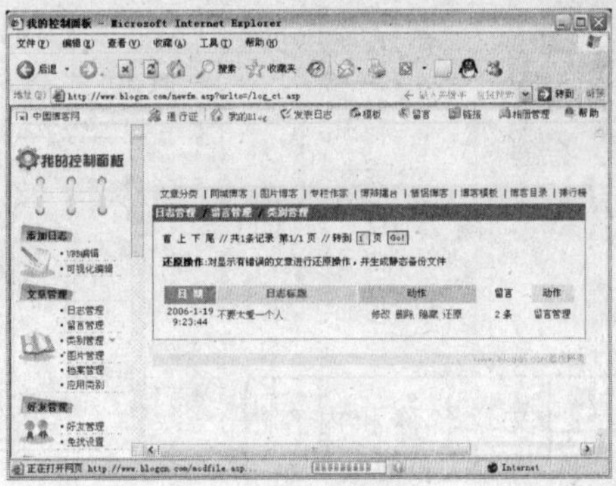

图 7-106　查看发布文章

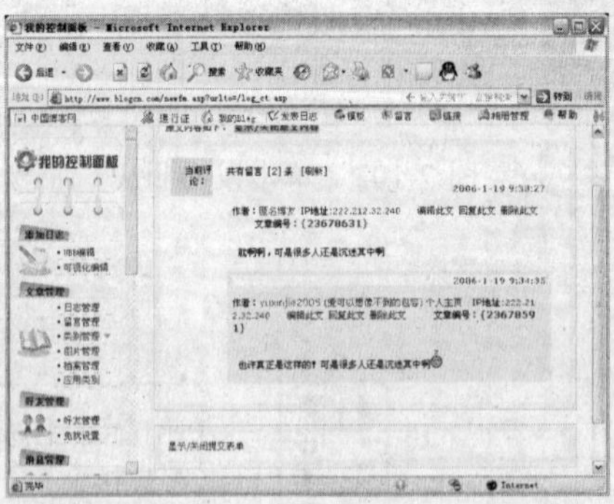

图 7-107　“留言管理”页面

03 单击“留言管理”选项，打开如图 7-107 所示的页面。

04 在页面中即可对当前日志留言进行编辑、回复或删除。

小测试答案 ●●●●●　（请翻转阅读答案）

1. C　2. B

Study

CHAPTER

【第 8 章】

网上新生活

内容导读

1．本章需要了解的概念：

网络购物、网络旅游、网上银行

2．本章需要掌握的操作：

通过淘宝网购物、网上旅游、网上炒股、网上求职、网上求医问药、网上读书看报

3．本章需要提高的内容：

通过淘宝网出售商品

08

8.1 网上购物

大家平常在购买东西的时候，都会因为走太多的路感到很疲惫。尤其是广大男性朋友，疲惫的同时又觉得十分无赖。通过电脑和网络进行网上购物，足不出户就能解决这个难题，而且天下所有的商品任你挑选，一边喝茶，一边浏览商品，好不惬意？赶快来试试吧！

8.1.1 选择需要的商品

在网站中，用户可以根据自己的需要去选择需要购买的物品。比如，你需要给男友买一个“ZIPPO 打火机”作为他的生日礼物，那么可以直接在主页面中单击“ZIPPO 打火机”按钮，就会立刻出现对该商品的详细介绍与说明。当确定要购买这款商品后，单击界面中的“购买”按钮，此时，就已经将该物品放入了购物车。完成了你对所需商品的选择后，那么就可以单击“结账”按钮。

下面我们以在“淘宝”网选购一台数码相机为例学习网上购买物品的方法，如图 8-1～图 8-5 所示。淘宝网的网站地址：http://www.taobao.com。

01 登录“淘宝”网站首页。

02 单击 “我要买”链接

图 8-1　淘宝网首页

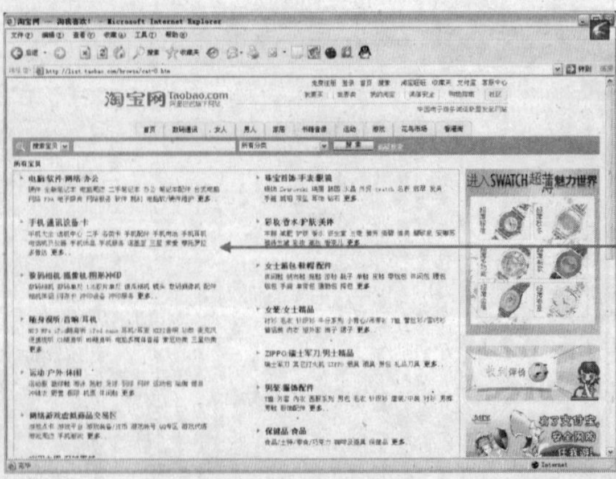

03 选择 需要选购的商品分类

图 8-2　选择商品分类

04 单击 需要购买物品的型号

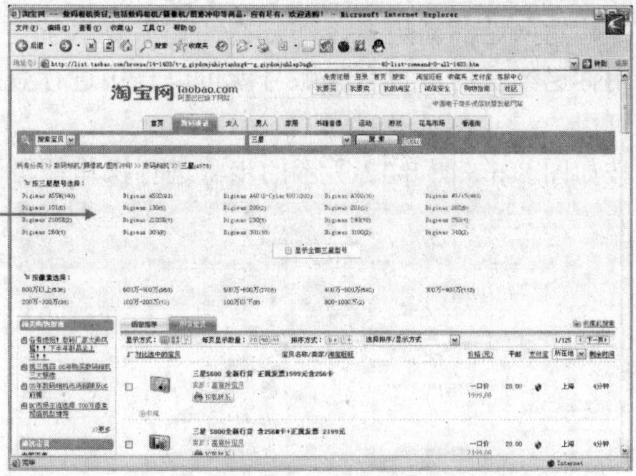

图 8-3　选择商品型号

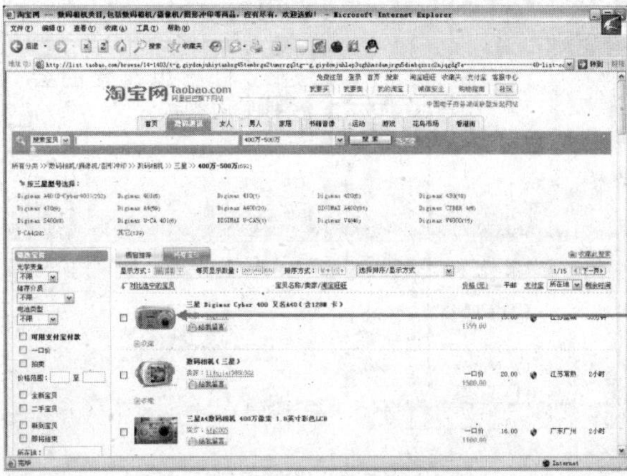

图 8-4　单击商品的缩略图

05 单击 需要购买的商品的缩略图

06 单击 “立刻购买”链接

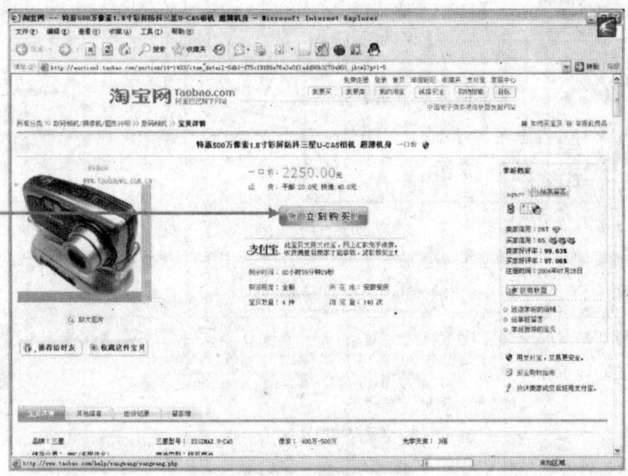

图 8-5　购买商品

8.1.2 注册为“淘宝”会员

当我们选购好商品之后，就可以单击“立即购买”按钮，进入“结账”这个步骤后，这时需要你有账户才能够进行。在淘宝网中注册为会员，便可拥有自己的账户。如果你是这个购物网站的新用户，那么在此处需要注册一个新的用户账号。如果你是老用户，那么用你已经有的用户名和账号就可以直接进行登录了。在注册之前最好先检测用户名是否可用。

按如图 8-6～图 8-12 所示的步骤进行操作便可注册为“淘宝”会员。

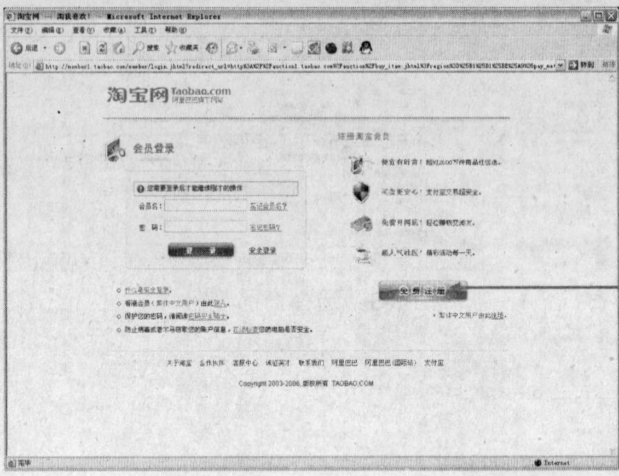

图 8-6　单击“免费注册”按钮

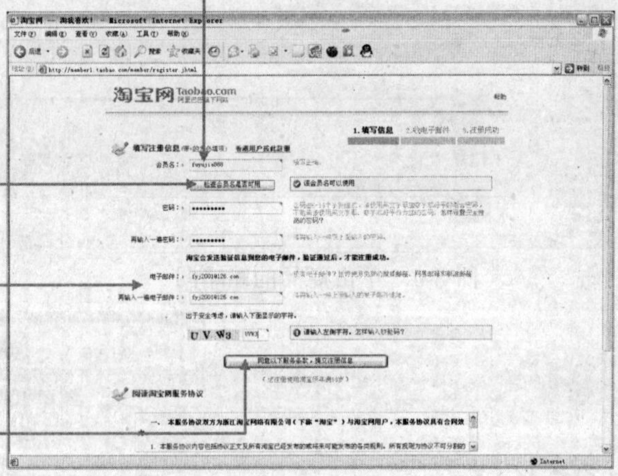

图 8-7　注册页面

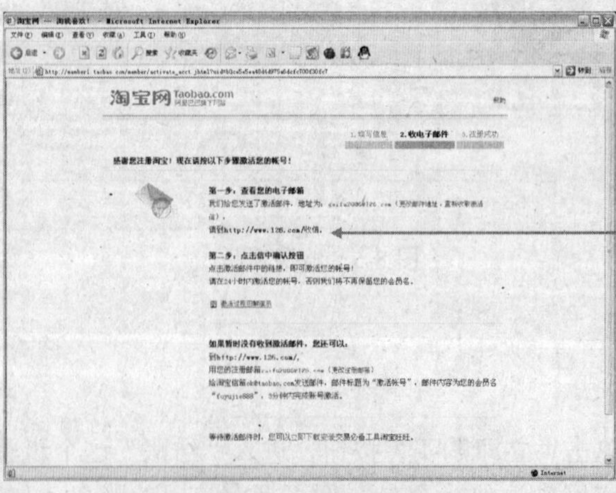

图 8-8　单击链接

07 输入 邮箱信息登录邮箱

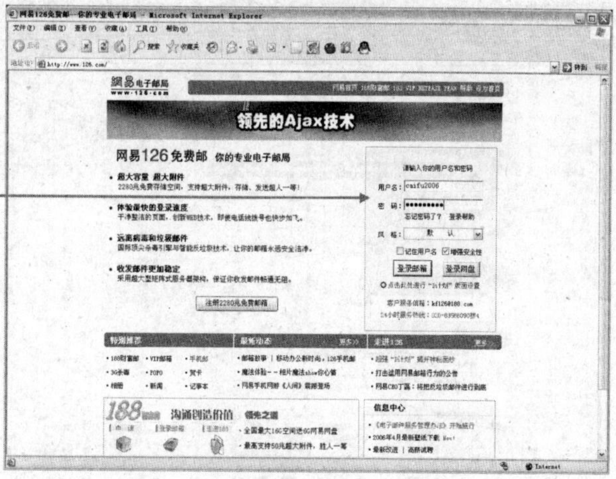

图 8-9　登录邮箱

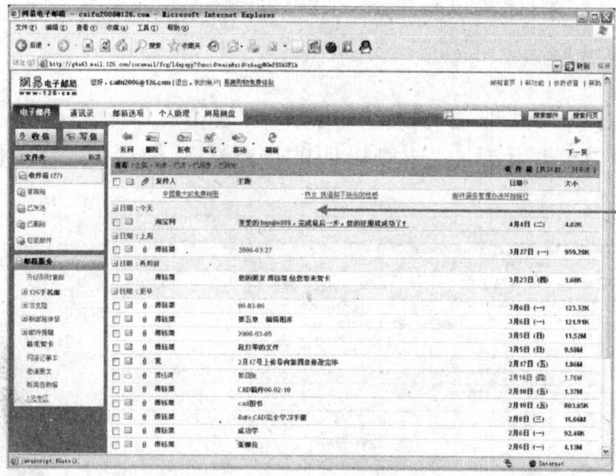

08 单击 来自“淘宝”网的信件

图 8-10　选择邮件

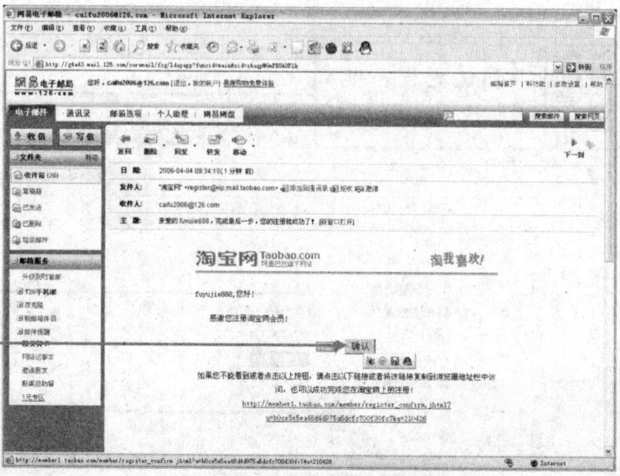

09 单击 “确认”按钮

图 8-11　单击“确认”按钮

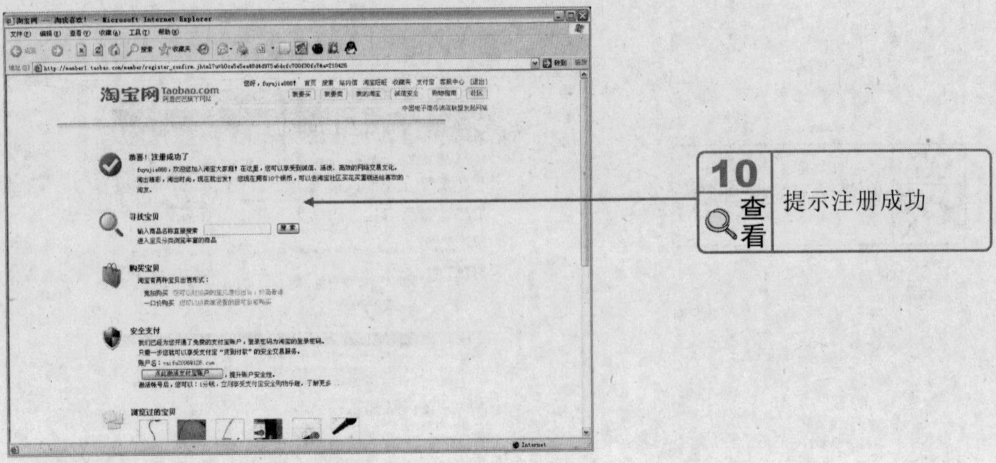

图 8-12 注册成功

8.1.3 填写并提交订单

在定单中，填写好你的真实姓名以及其他的相关信息以后，你还可以选择自己喜欢的付款方式和送货方式，还可以通过其“费用列表”计算出所购商品的总价格，如图 8-13～图 8-15 所示。

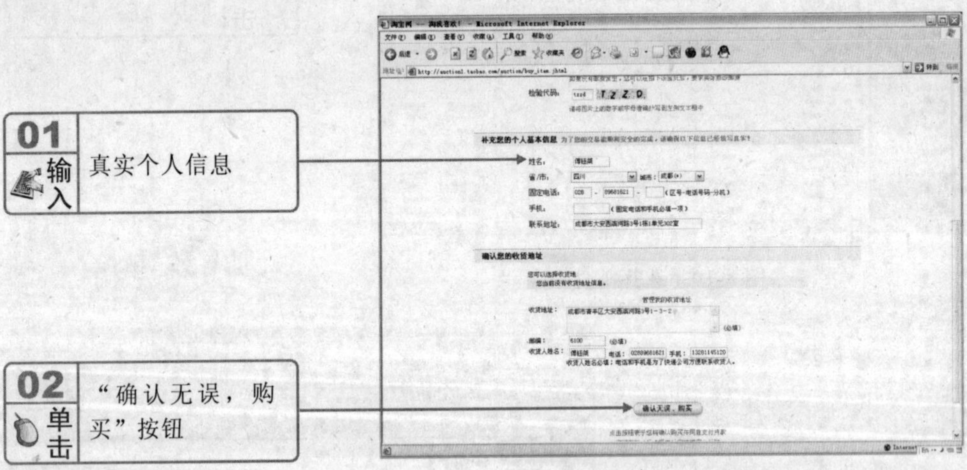

图 8-13 填写信息

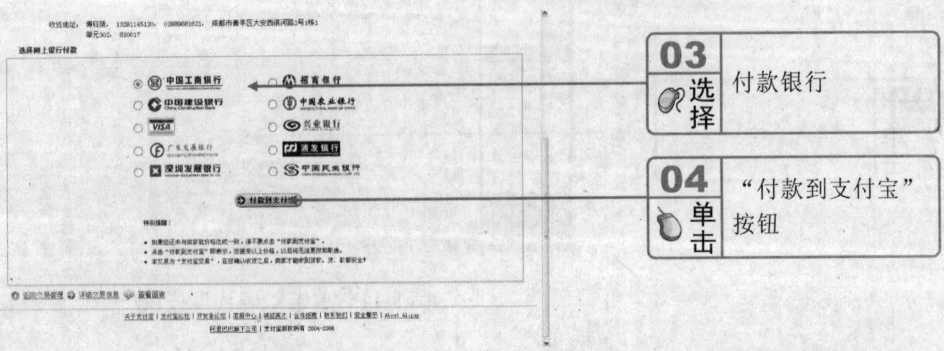

图 8-14 选择付款银行

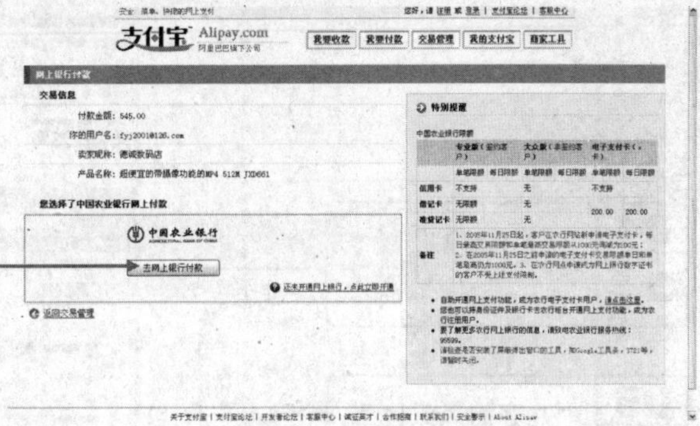

05 单击 “去网上银行付款”按钮进入银行付款

图 8-15　进行付款

你问我答　**如何保证网上购物的安全性？**

现在“淘宝”网联合多家银行推出“支付宝”，买家通过“支付宝”汇款是先汇到“淘宝”网的账户上，然后“淘宝”网通知卖家发货，等到买家收到商品以后通知“淘宝”网，“淘宝”网才将资金转到卖家账户。如果在一定时间没有收到商品，那么淘宝网就不会将资金转给卖家而是退还买家，这样就保证了资金的安全。

你问我答　**其他电子商务网站有相关的支付方式吗？**

现在国内很多电子商务门户网站都推出了比较安全的支付方式。如“易贝”、“易趣”、“易宝”等。

8.2　网上旅游

旅游，不但能够让自己的身体得到锻炼，而且能够让自己的心情得到很好的放松，此外领略祖国的大好河山，享受大自然带给我们的乐趣也是旅游的一大特色。而网上旅游到底是怎么一回事呢？接着往下看吧！

8.2.1　网上查询旅游地图

通过上网，大家能够轻松地查找到旅游目的地的地图情况，这里以“天智旅游网”为例，给大家介绍查询旅游地图的步骤，如图 8-16～图 8-19 所示。

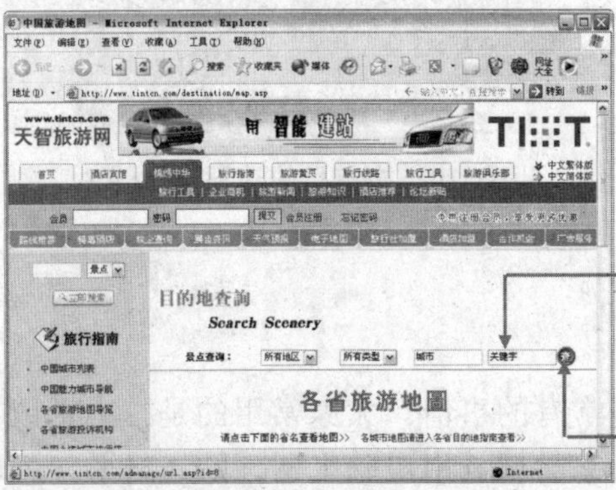

01 登录“天智旅游网”网站，进入其相关的旅游地图界面。

02 输入 需要查询的旅游目的地的名称

03 单击 “查”按钮

图 8-16　旅游网站目的地查询主页

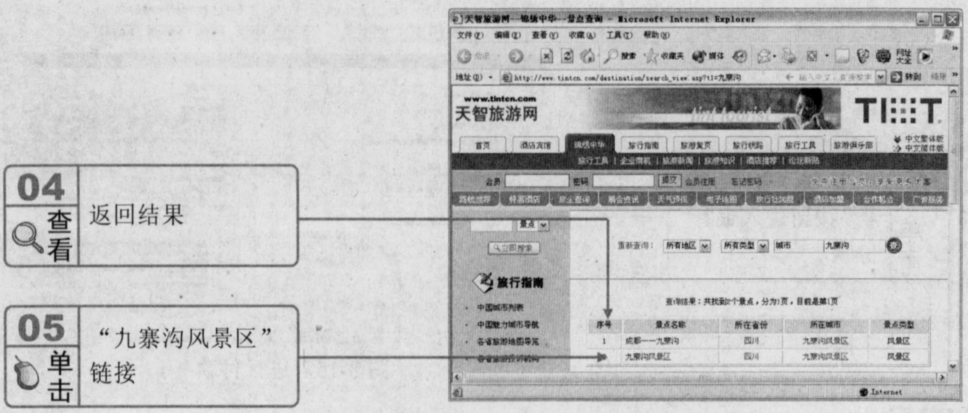

图 8-17　风景区查询界面

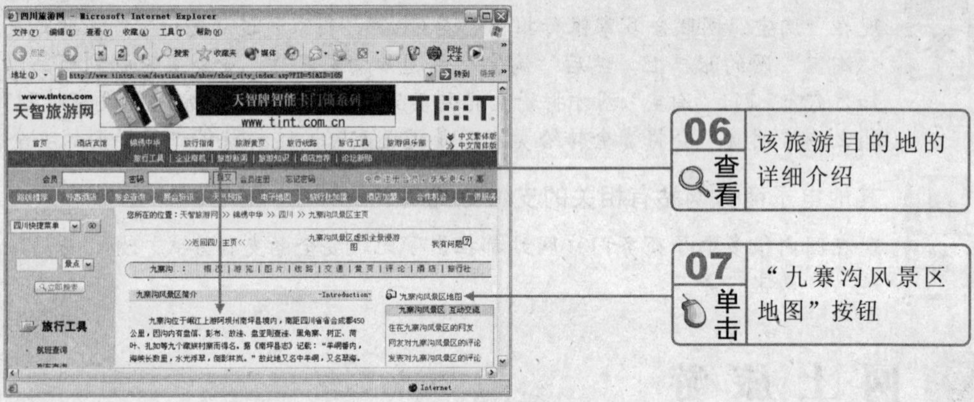

图 8-18　风景区介绍

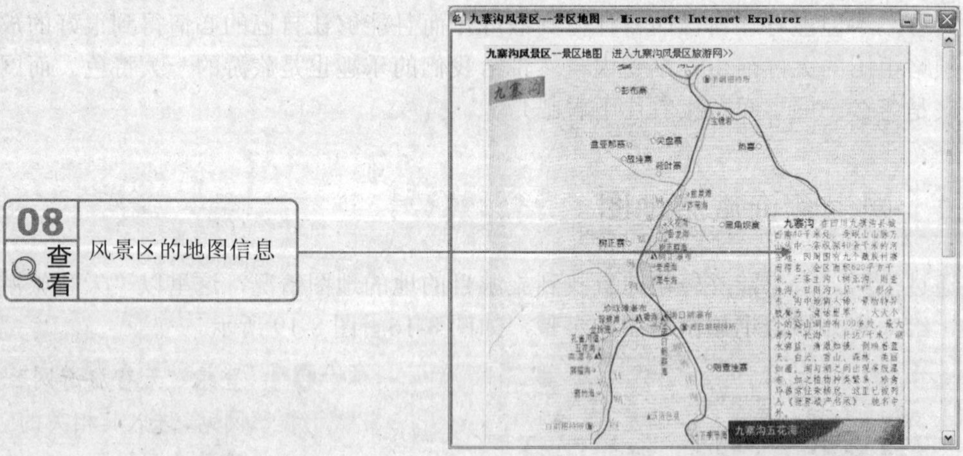

图 8-19　旅游目的地地图

8.2.2　预订电子版飞机票

人们的生活中，乘坐飞机外出或者旅行是常有的事情。大家常用的是打电话或者通过航空公司的机票代理处购买飞机票。如果大家尝试着用电脑上网订购飞机票，就能够发现这才是最方便、快捷的预订方式。

在这里，以南方航空公司为例，给大家简要介绍一下上网订机票的方法。在进行网上购票前，必须注册成为南航网上售票系统的用户并遵守《用户购票服务协议》，如图 8-20 和图 8-21 所示。

01 在地址栏中输入“http: //www.cs-air.com/cn/index.asp”，登录“中国南方航空公司”的网站。

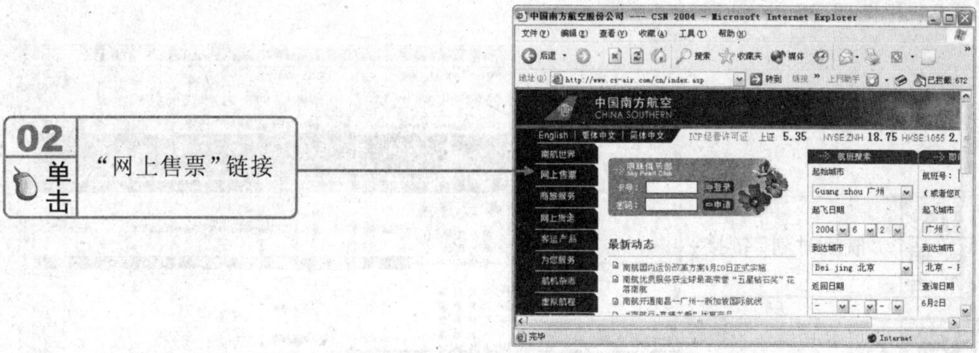

图 8-20　登录网站

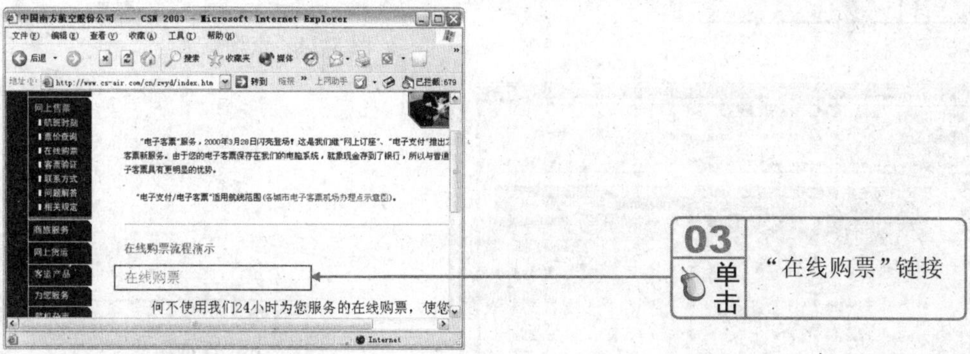

图 8-21　网上订票

按照服务协议，你可以注册一个新用户。在“注册新用户”中，输入新用户的名称后，单击“立即免费注册”按钮即可申请了。

在这里就不一一介绍注册步骤了，按照网站中给出的提示就可以完成。如果注册成功，直接登录后会遇到提示信息，如图 8-22 和图 8-23 所示。

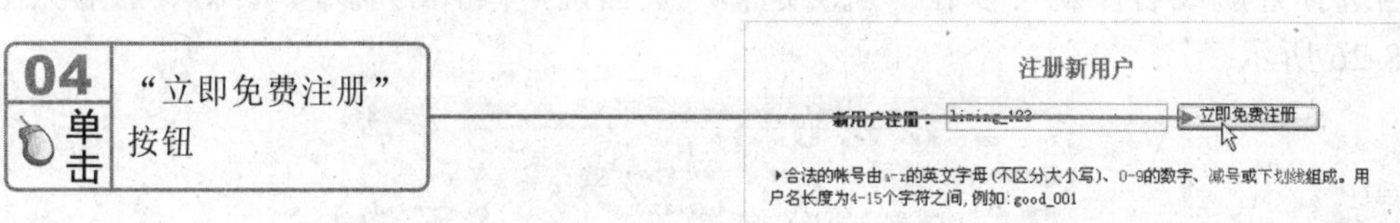

图 8-22　注册用户

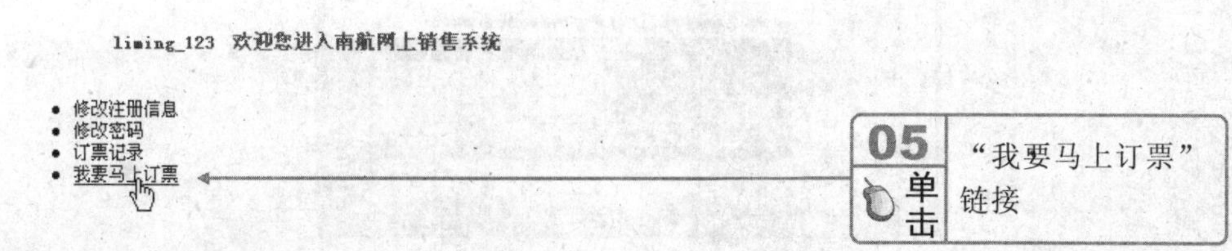

图 8-23　订票

在提示中选择“我要马上订票”链接后，即可按照提示完成网上订票了。

1. 在线订购

（1）航线选择

用户登录后，先要进入“航线选择”页面，选择航班始发、到达城市及航班日期，如图 8-24 和图 8-25 所示。

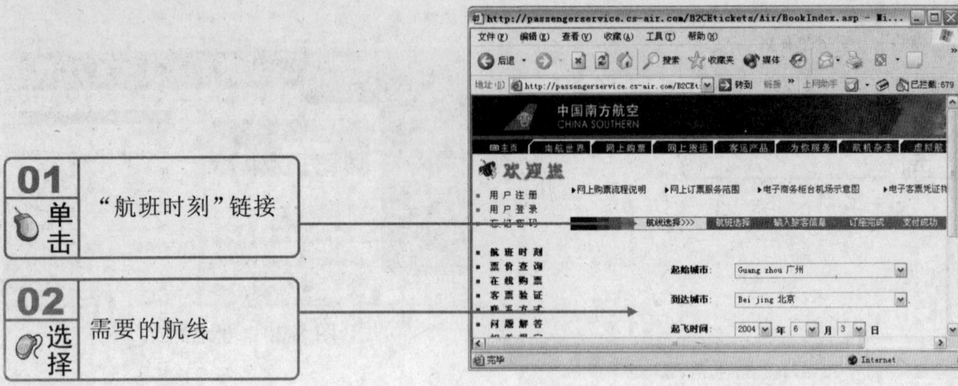

图 8-24　查询航班

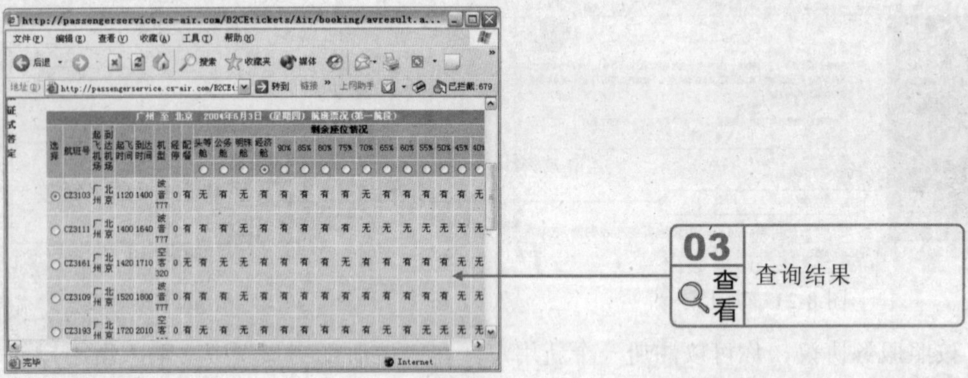

图 8-25　查询结果

（2）航班选择

当选择好航线后，就可以在“航班选择”页面确定具体的航班、价格、旅客人数，如图 8-26 所示。

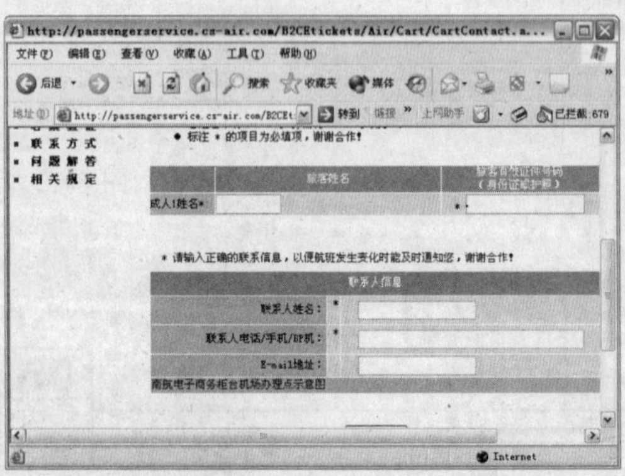

图 8-26　具体内容

（3）输入旅客信息

完成了上面的步骤，单击“继续”按钮，进入“输入旅客信息”界面，如图 8-27 所示。在这里，你需要将乘机旅客的姓名、有效证件号码及联系人资料一并提交。当然要确保所输入信息的正确性，以便航班发生变动时能及时通知你。

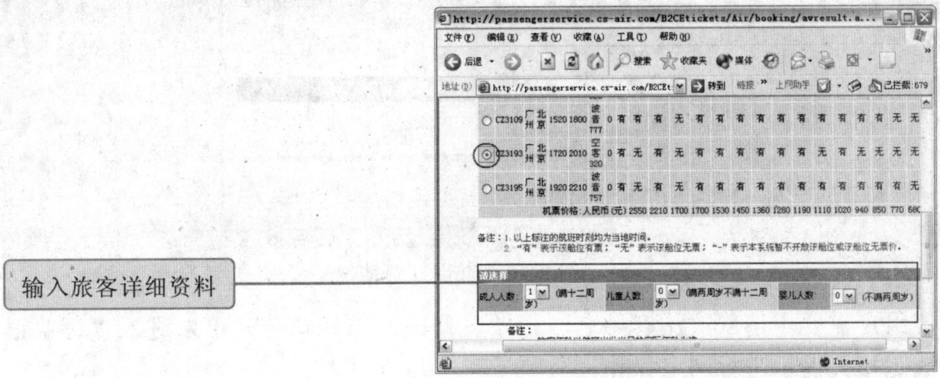

图 8-27　输入旅客信息

（4）完成订票

如果订票成功，进入“订座完成”页面，如图 8-28 所示。确认行程资料无误后，用户务必在 15 分钟内完成票款支付，否则系统将自动取消你的交易。

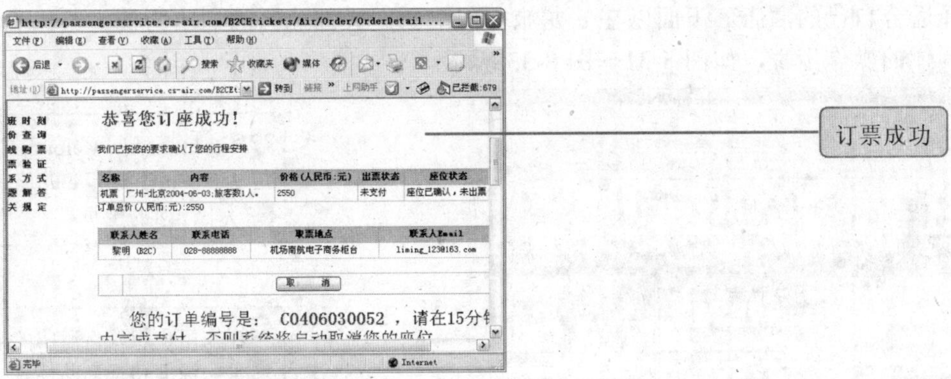

图 8-28　完成订票

（5）网上支付

完成订票后，如果用户需要进行网上支付票款，单击“网上支付”按钮，按照相应的提示进行网上支付就可以了，如图 8-29 所示。

图 8-29　网上支付

当成功完成网上支付后，表示购票已经完成，用户可以在“订票记录”页面里查询订票信息。确认订票成功后，方可退出南航网上售票系统。

2. 查询电子客票

当完成在线订票后，如果想验证客票是否真正订购成功，可以单击网站首页中的“电子客票查询”按钮，进入客票验证系统。输入你在订购时所用的姓名以及订单编号即可查询到有关信息，如图 8-30 所示。

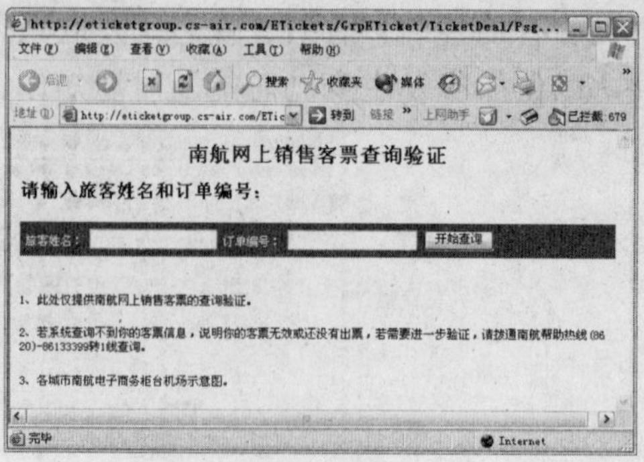

图 8-30　查询订票情况

若用户需要申请修改旅客姓名、退票、修改联系资料等，可以进入“订票记录”页面，依照相关提示进行网上操作。

8.2.3 网上预订酒店

当前，预订酒店已经成了出门旅游的一个重要环节。大家可以通过上网预定的方式来选择适合自己的酒店。下面以在 e 龙旅行网上预定成都地区的酒店为例，给大家进行讲解具体的操作步骤，如图 8-31～图 8-33 所示。

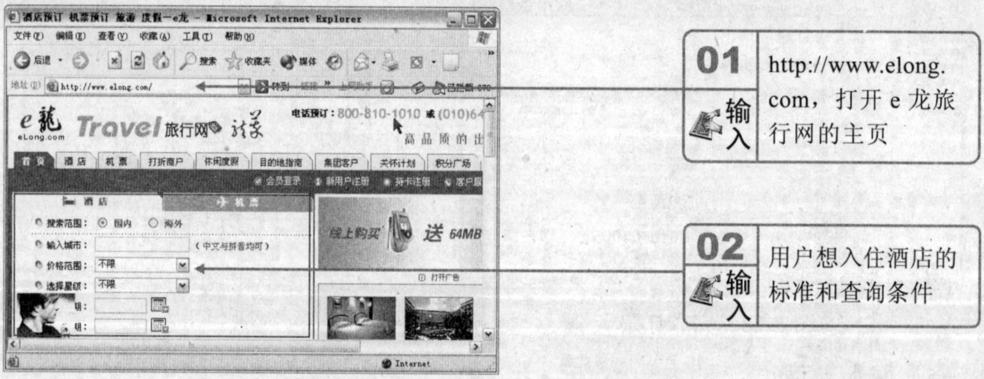

图 8-31　e 龙旅行网主页

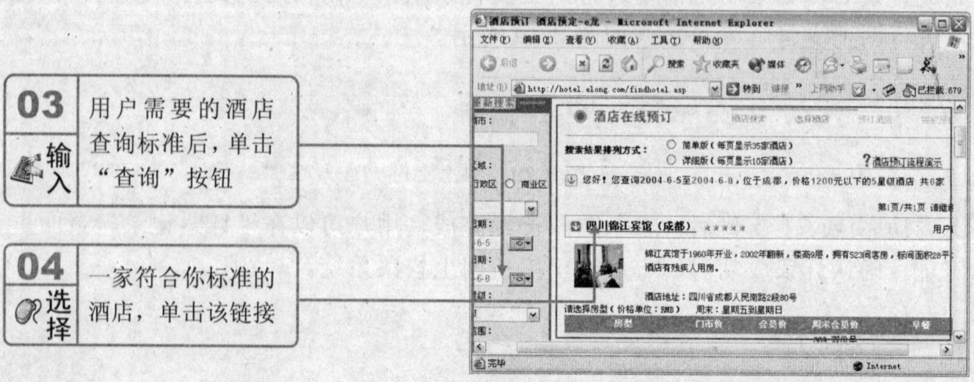

图 8-32　选择酒店

05 查看 有关该酒店详细的信息，包括酒店等级、餐饮设施、休闲设施等信息

图 8-33　查看宾馆详细信息

06 如果觉得该酒店满意，就可以直接在该页面找到“请选择房型”，选择一个适合自己的房型（B 型房间）。选择好房型后，单击下面的“我要预定”按钮，弹出“预定方式”的选择页面，如图 8-34 所示。

图 8-34　选择“预订方式”

07 根据自己的实际情况，选择适合自己的预定方式。单击相应的按钮，根据网页提示完成酒店预定的过程。

这样，我们到达目的地后，就可以直接前往自己预定的酒店，节约了大量时间，让你能够拥有一份愉快的心情来旅游、工作。

8.2.4 欣赏美丽风景

通过浏览网站，让我们能够欣赏到美丽的风景，做一回免费的网上旅游。“中国旅游网”是一个很不错的旅游网站，其网站地址是：http://www.cnta.gov.cn。

我们以“山水览胜”为例，让你足不出户即可领略祖国的山山水水。具体的操作步骤如图 8-35～图 8-37 所示。

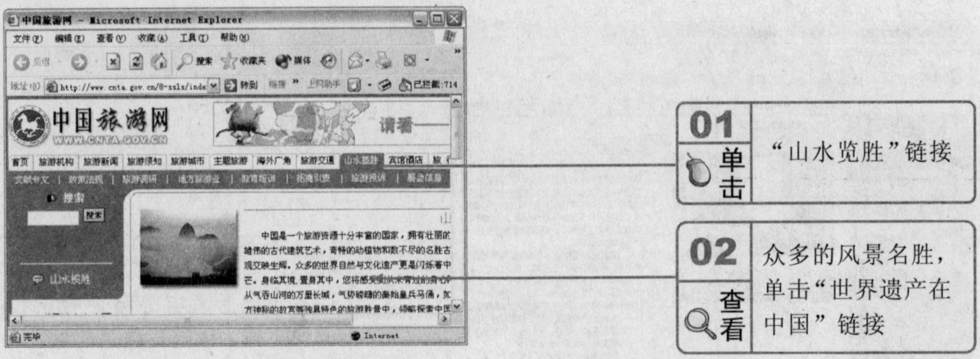

图 8-35 山水览胜主页

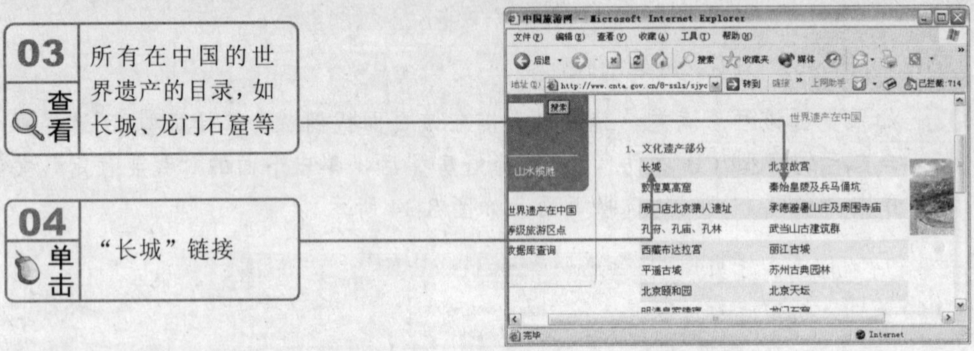

图 8-36 世界文化遗产目录

图 8-37 长城游介绍

而对于长城的相关的景点，这里都会给出一些按钮进行介绍，比如秦皇岛的老龙头、山海关的褒山以及承德的金山岭等。假如单击“八达岭”链接，会立刻看见八达岭上巍峨的长城和许多的景点介绍，如图 8-38 所示。

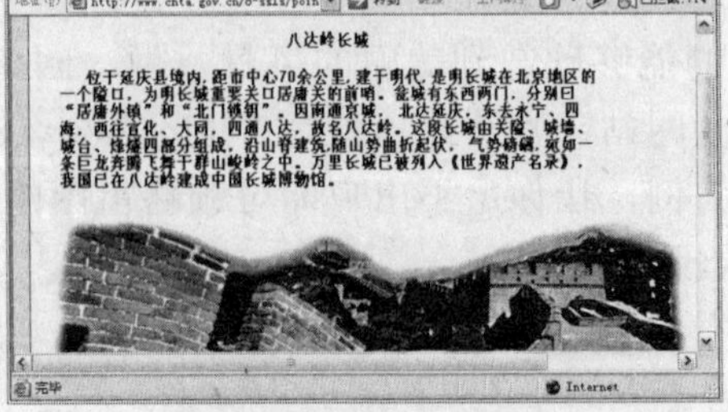

图 8-38 八达岭长城

8.3 网 上 炒 股

8.3.1 使用钱龙软件上网炒股票

钱龙股票分析软件可谓是家喻户晓，如今它推出了网络版，给大家查看股票信息带来了极大的方便。下面给你简单作一下介绍，让大家能够上网查看股票信息，如图 8-39 和图 8-40 所示。

01 输入 “http://www.qianlong.com.cn”登录到钱龙网站

02 选择 下载相应券商的版本

图 8-39　钱龙网站主页

03 将软件下载后，直接按照相应的安装向导进行安装后就能够使用了。

04 程序启动后会自动连接到服务器，出现如图 8-40 所示的“登录”对话框。

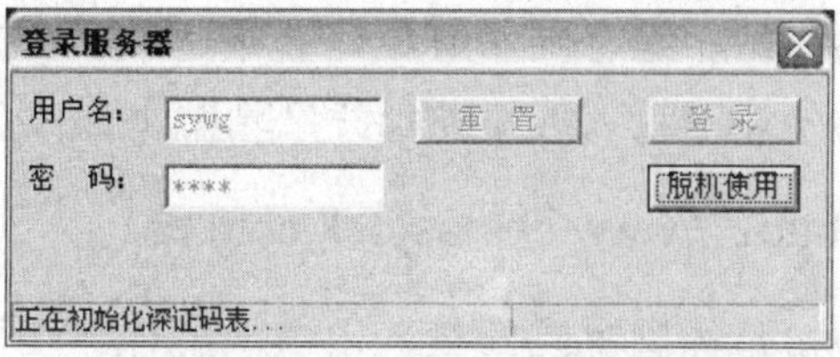

图 8-40　“登录”对话框

05 登录服务器后，软件会自动出现如图 8-41 所示的窗口界面，在其中能够查看到当前股票的基本信息。

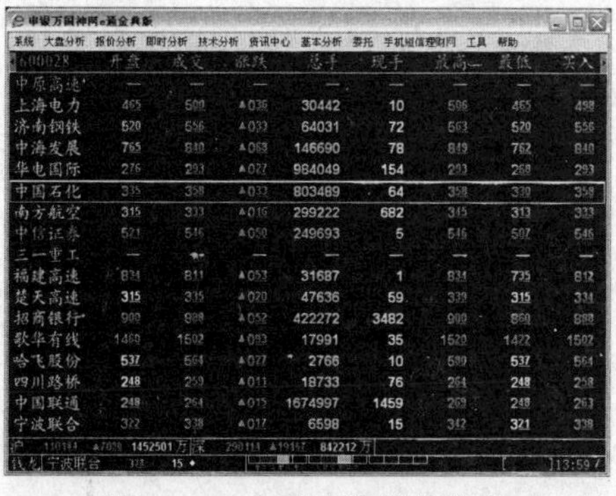

图 8-41　查看股票报价信息

06 如果用户需要对股票进行一些技术分析，比如“KDJ 指标”、“移动平均线”等，那么选择你的股票后，再选择技术指标的种类进行分析，如图 8-42 所示。

图 8-42　查看股票 K 线图

大家需要注意的是，钱龙软件的使用方法与股票交易所中使用的软件用法相同。

你问我答

只有开通了网上交易的用户才能够使用该软件接收股票信息吗？

不是。所有人都可以通过钱龙软件接收和查看股票信息，而只有开通了网上交易的朋友才能够在网上进行股票交易。

8.3.2 炒股软件及站点推荐

在提供网上证券交易的网站上，有大量的股票信息提供给股民。与大盘行情同步的行情显示，已经是证券网站最基本的要求了。除此以外，网站还提供了大量的财经新闻、上市公司的背景资料等信息。

国内目前专业的证券网站、综合网站财经证券频道，以及提供有关财经证券服务的网站已经不下几十家。其中影响较大的专业证券网站有下面几个网站。

1. 中国银河证券网 http：//www.chinastock.com.cn

中国银河证券有限公司是经国务院同意，由中国工行、农行、中国银行、建行、中国长城信托投资公司、中国东方信托投资公司等近十家公司组建的全国性综合类证券公司。它提供全国范围的网上炒股业务、实时股票行情、财经新闻、股评、个股推荐、投资咨询以及个性化社区等服务，如图 8-43 所示。

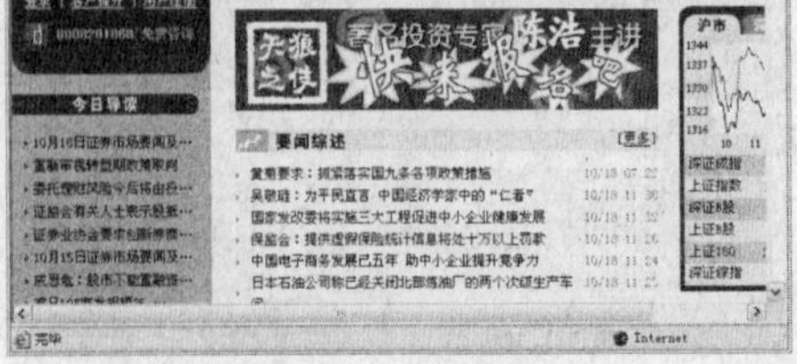

图 8-43　银河证券网

2．中国证券会 http：//www.csrc.gov.cn

中国证券会网对于投资者来说是很有必要去浏览的证券网站，它是由中国证券监督管理委员会主办的，中国证券监督管理委员会负责对证券期货市场进行直接管理。在该网站上有证监会公告、法律法规库、各地证管办、证券业协会、B 股市场、投资基金等栏目，对于广大投资者来说，它是一个了解证券相关法规的好地方。

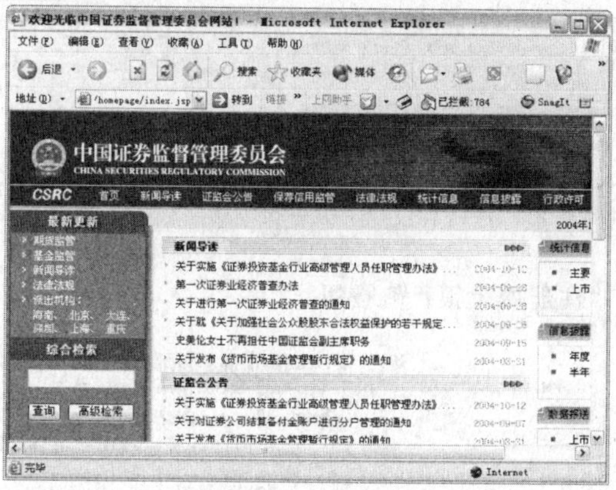

图 8-44　中国证券会

8.4 网上银行

随着网络的不断发展，网上提供的服务也越来越多，使得人们的生活也更加便捷。现在，银行也提供了网上服务功能，使用该功能，我们只要坐在电脑前，就可以进行资金的划拨。当然，也包括进行网上购物。

下面以中国工商银行提供的网上银行服务为例，来了解如何使用网上银行，具体操作如图 8-45～图 8-51 所示。

01 输入 “http://www.icbc.com.cn”，登录到中国工商银行主站点

02 单击 “注册”链接

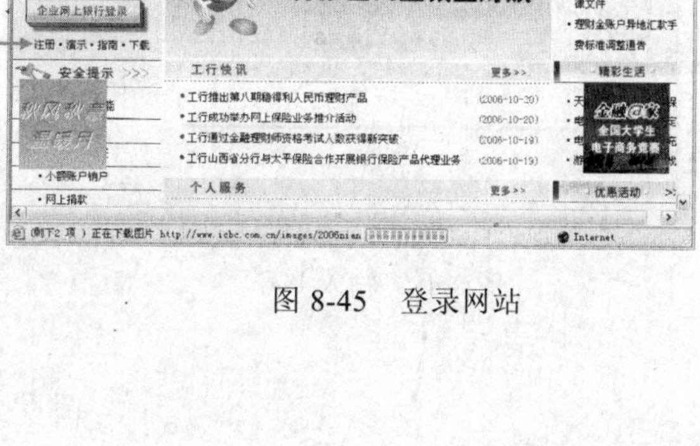

图 8-45　登录网站

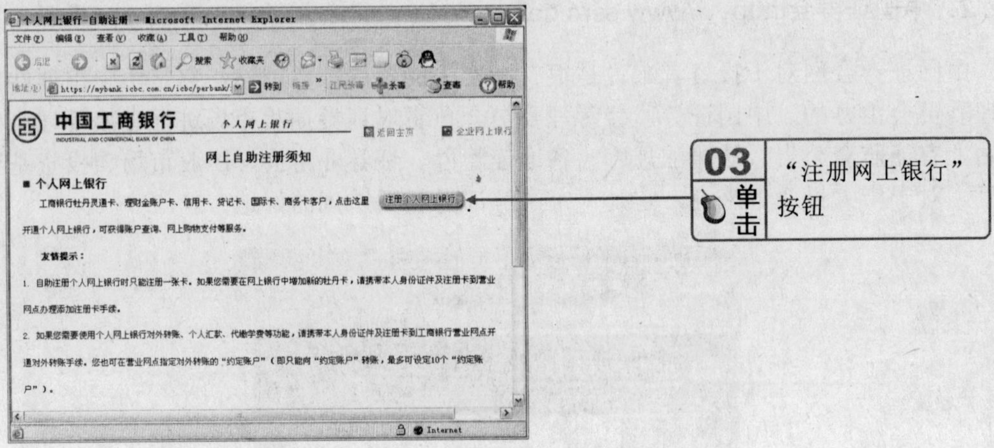

图 8-46　单击“注册网上银行”按钮

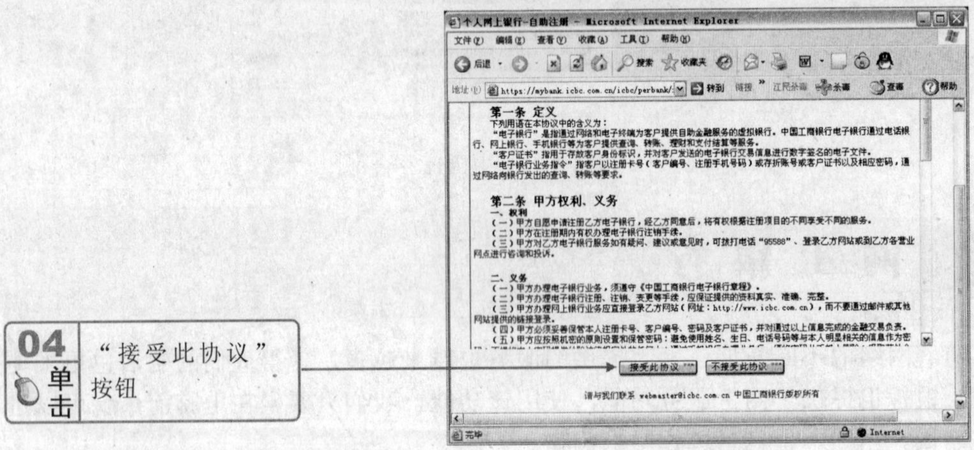

图 8-47　单击“接受此协议”按钮

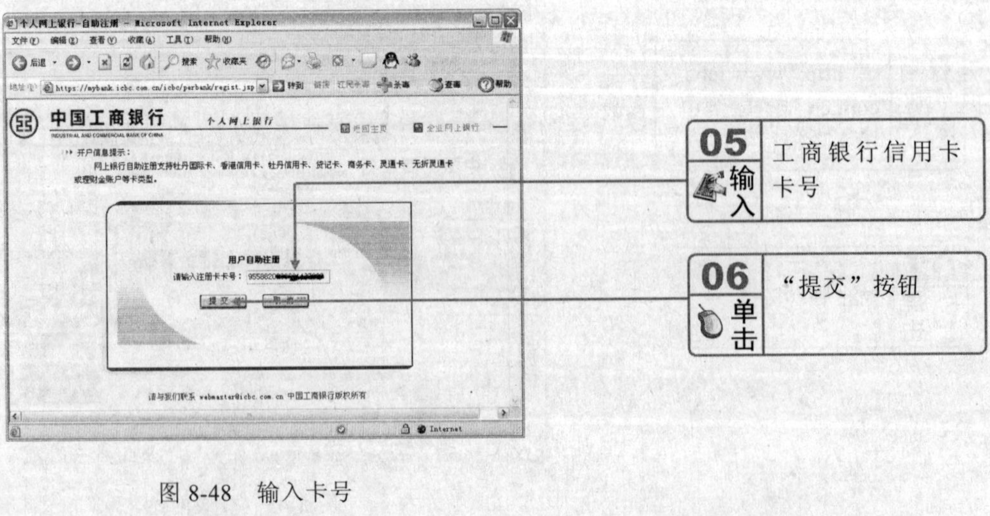

图 8-48　输入卡号

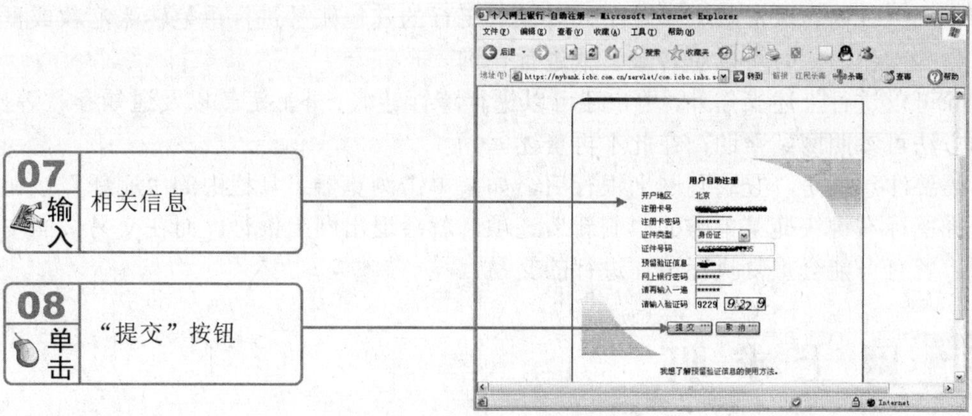

图 8-49　输入相关信息

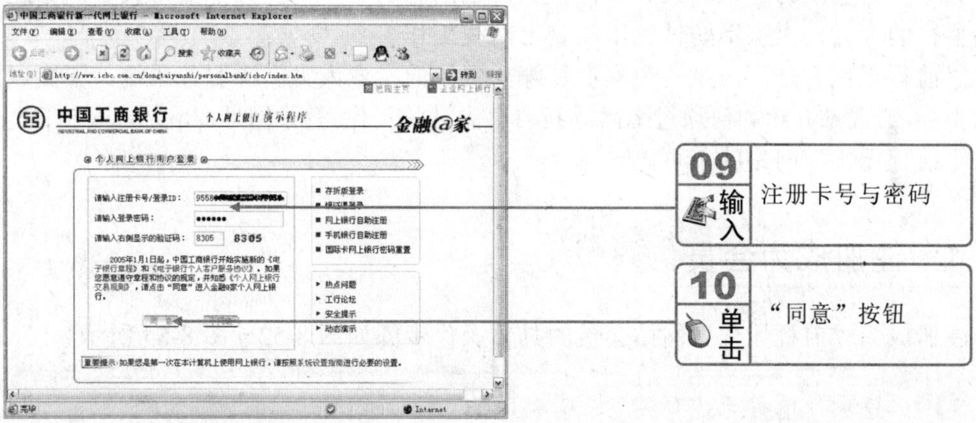

图 8-50　登录页面

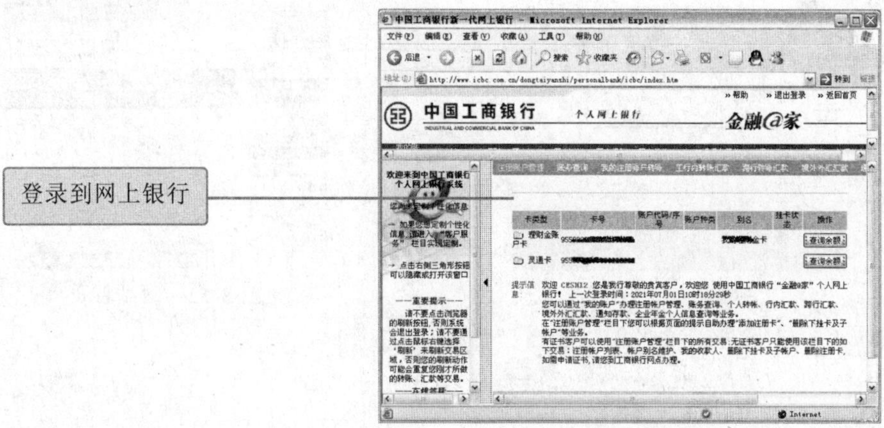

图 8-51　登录到网上银行

登录到网上银行后，通过页面菜单栏就可以执行账户查询、存款类型转账、同行转账等操作。在菜单栏中的“账户类型”菜单中，单击菜单中对应的选项，即可对账户余额、账户交易日明细、历史明细、缴费明细等信息进行详细查询。

在“我的注册账户转账”菜单中，用户可以对存款类型进行转换，包括活期转活期、活期转定期以及定期转活期等。

在“工行内转账汇款”菜单中，可以对工行的其他账号进行单笔转账汇款或批量转账汇款等操作，同时可以对转账汇款进行查询。

除可以进行上述操作外，用户还可以进行跨行转账、外汇汇款以及通知存款等操作，具体方法可参照网站帮助，在此不再赘述。

需要注意的是，登录到网上银行后，如果单击浏览器工具栏中的“刷新”按钮，或者选择鼠标右键快捷菜单中的“刷新”选项，就会退出网上银行。而在交易页面中刷新页面，就有可能会重复执行正在进行的交易。

8.5 网 上 求 职

如今，就业压力越来越大。如何找到自己满意的工作是大家都非常关心的话题。在网络盛行的今天，大家不妨试试用电脑上网找工作。

“前程无忧”是国内第一个集多种媒介资源的专业人力资源服务系统。下面以这个网站为例，给大家介绍如何通过上网寻找自己满意的工作。登录网址 http://www.51job.com，进入“前程无忧”网站的主页。

8.5.1 注册成为会员

注册成为“前程无忧”网站会员的具体操作步骤如图 8-52～图 8-54 所示。

01 登录“前程无忧”网站首页。

02 单击 “新会员注册”链接

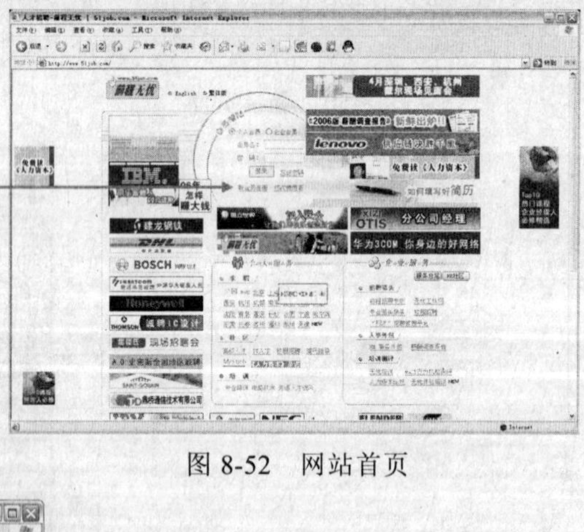

图 8-52　网站首页

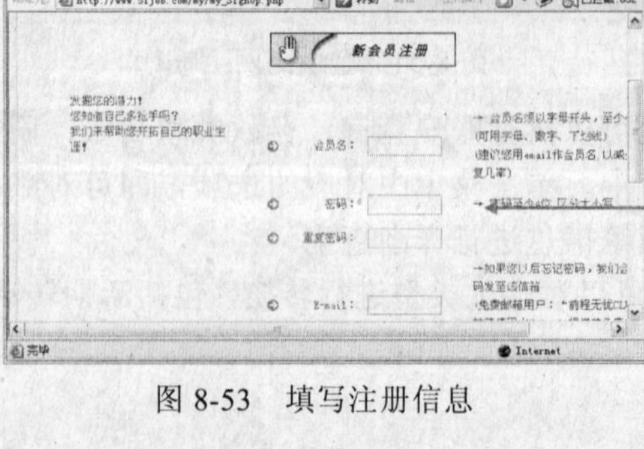

03 输入 注册信息

图 8-53　填写注册信息

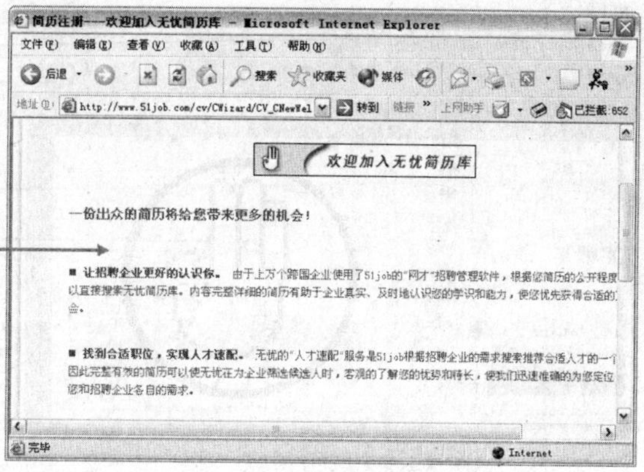

04 查看 注册成功提示

图 8-54　注册成功

8.5.2 填写个人简历

当你成为了前程无忧网站的会员后，系统会自动提示你填写自己的简历，在简历向导中我们可以很容易地填写自己的求职意向、学历、工作经验、工作要求、简历风格、自我简介等求职项目。

填写个人简历的操作步骤如图 8-55～图 8-62 所示。

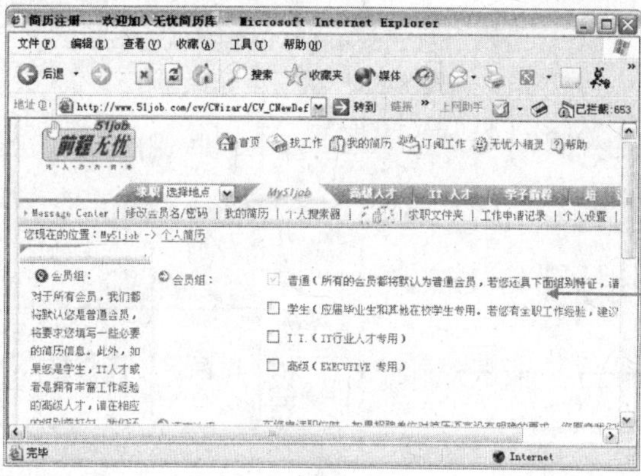

01 选择 会员分组，完成简历向导第一步

图 8-55　选择会员分组

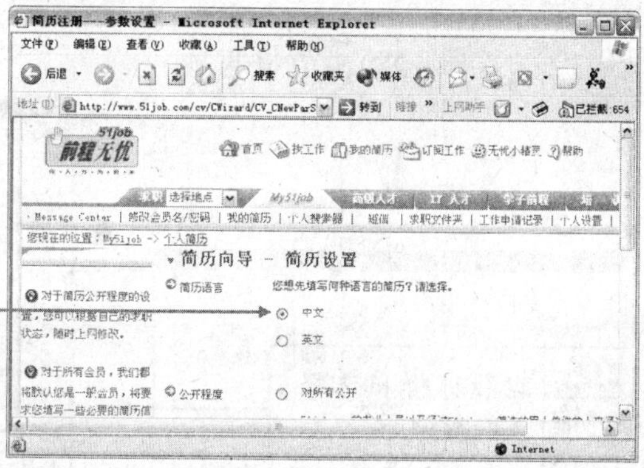

02 选择 简历语言，完成向导第二步

图 8-56　选择简历语言

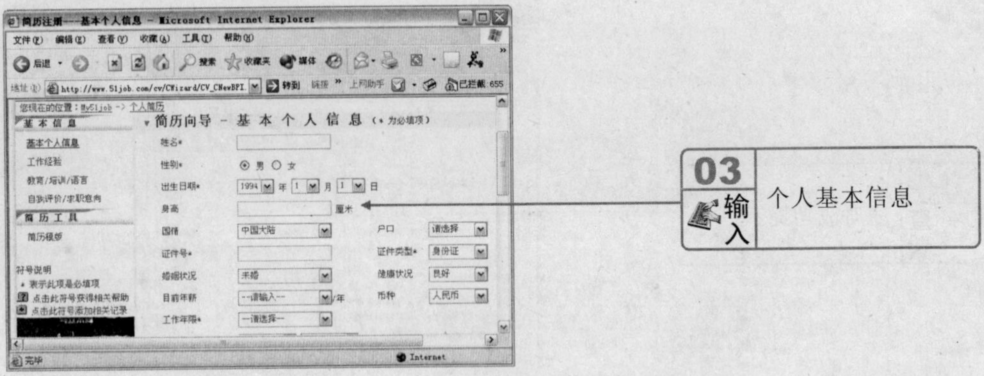

图 8-57　填写信息

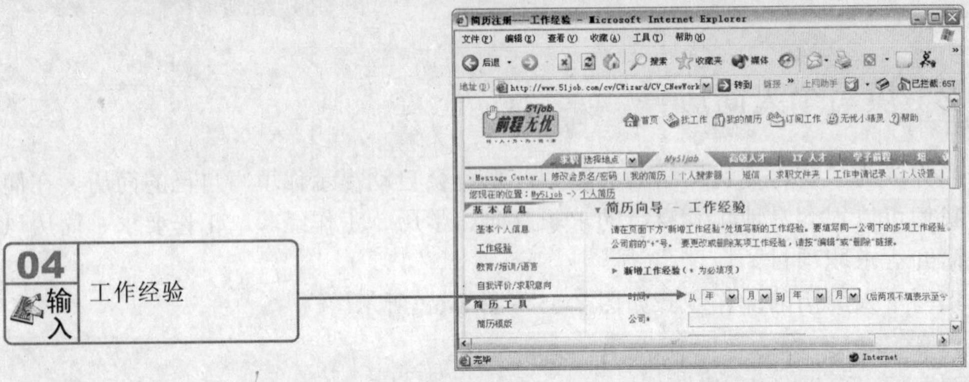

图 8-58　填写工作经验

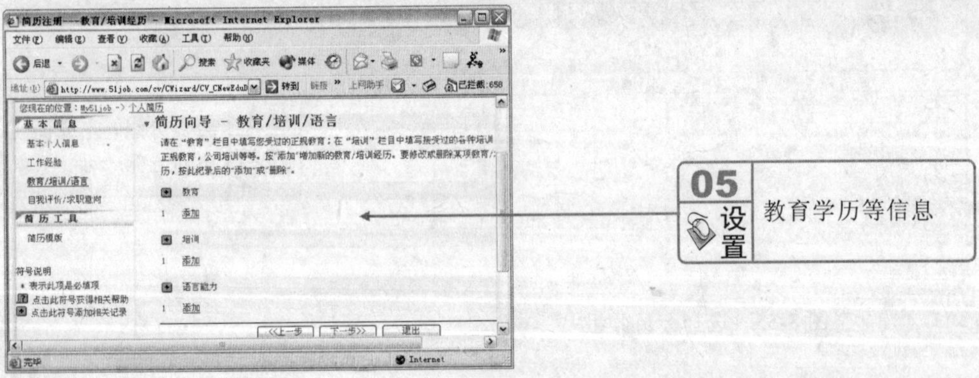

图 8-59　设置信息

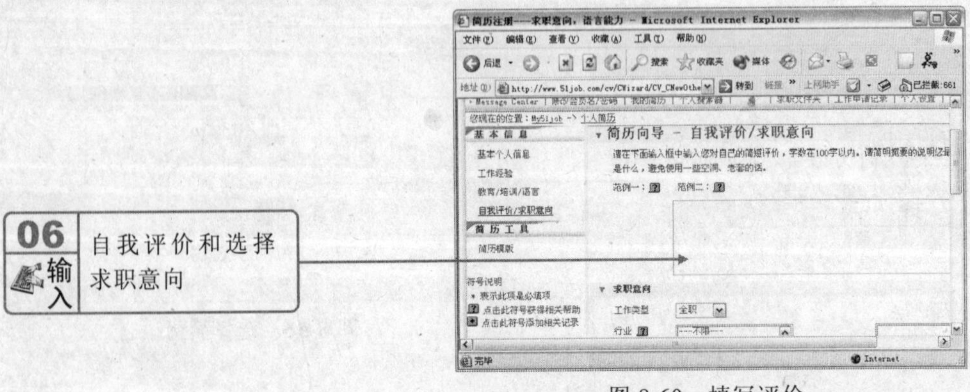

图 8-60　填写评价

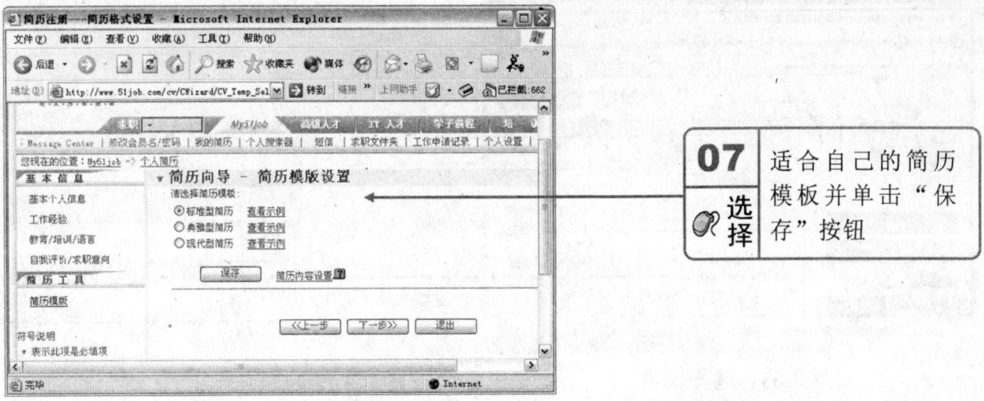

图 8-61　选择模板

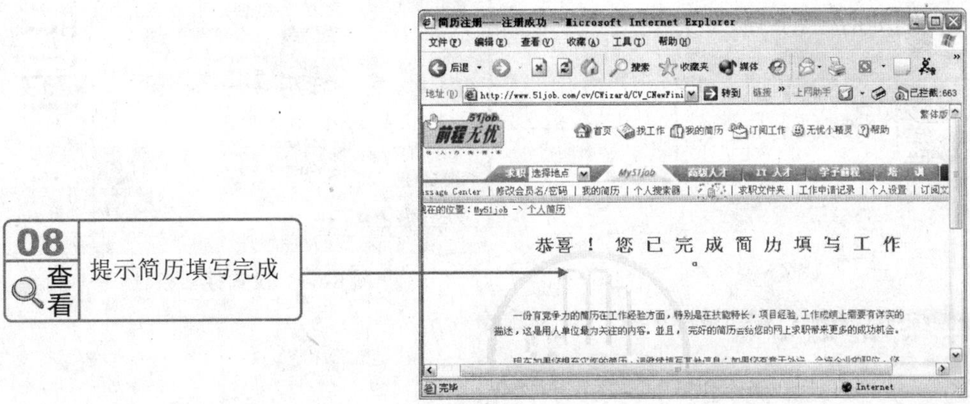

图 8-62　完成操作

01 小 测 试

在“前程无忧”网站使用简历向导时，下列（　　）项目不属于填写范畴。

A. 求职意向、工作要求　　　　B. 学历、工作经验

C. 简历风格　　　　　　　　　D. 家庭成员

8.5.3 寻找适合自己的工作

当你完成上面的步骤以后，就可以在网站中寻找适合自己的工作了。在网站的页面上方，选择你工作的地点，比如上海、成都等，然后在职位搜索器中设置搜索条件能快速轻松地找到自己想要的工作职位，然后查看职位说明，满意后提交职位申请，如图 8-63～图 8-68 所示。招聘单位就可以看到你的简历了，完成后就安心地坐在家里等待满意的工作通知吧。

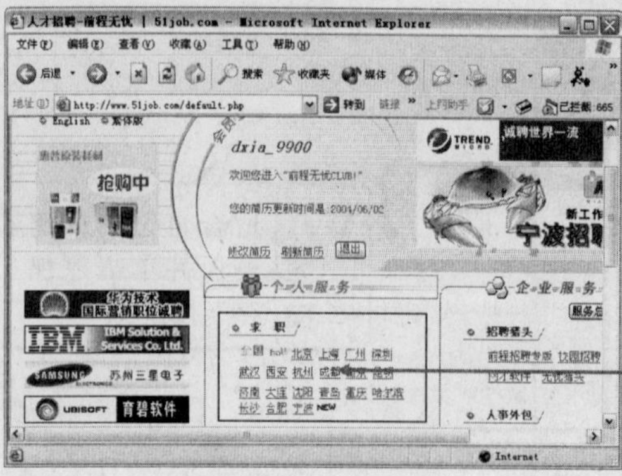

图 8-63 选择城市

01 选择 求职意向所在城市

02 选择 根据提示设置一定的搜索条件

03 单击 “搜索”按钮

图 8-64 设置搜索条件

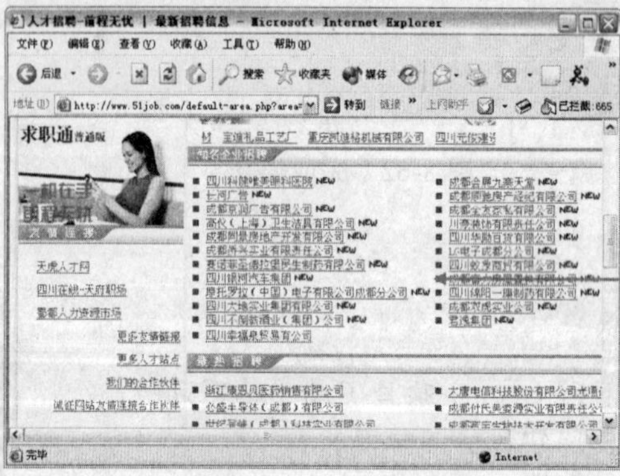

图 8-65 选择信息

04 单击 感兴趣的招聘信息

05 查看 发布招聘公告的公司的简介

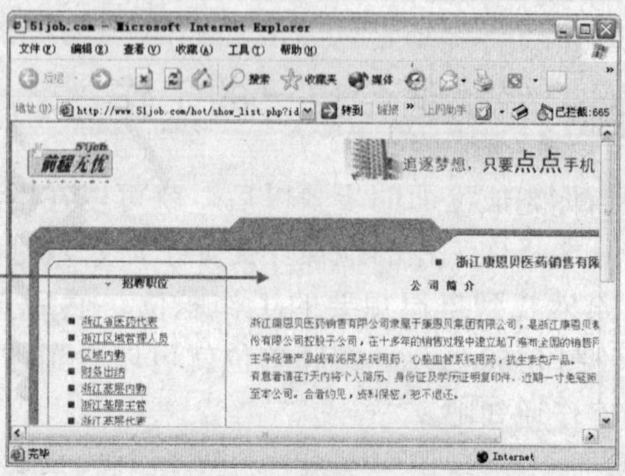

图 8-66 查看公司简介

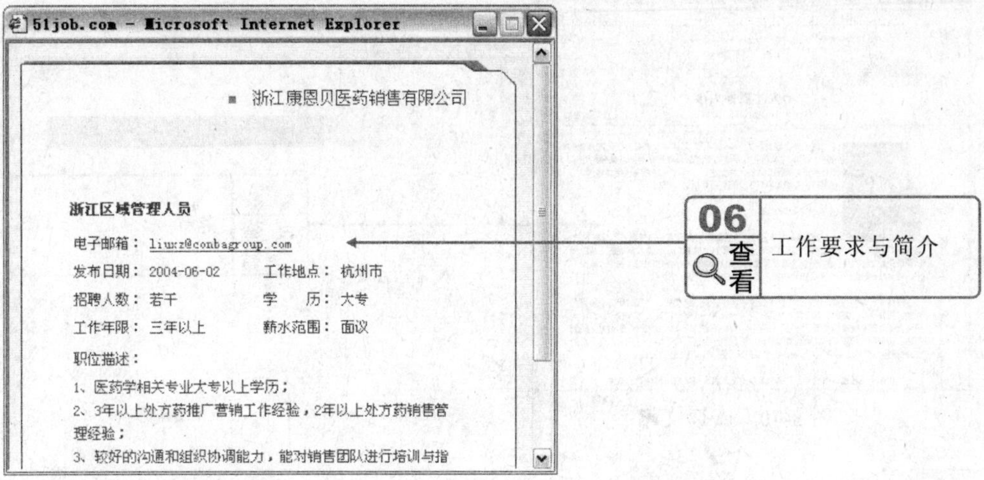

图 8-67 浏览工作要求

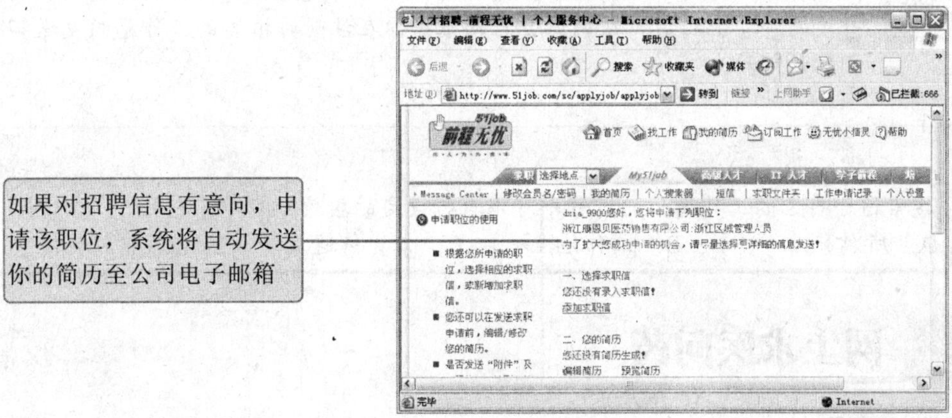

图 8-68 信息页面

在这个网站还为你提供了“求职精选文章”栏目，一个非常好的栏目，给你介绍了许多关于求职方面的技巧，如图 8-69 和图 8-70 所示。

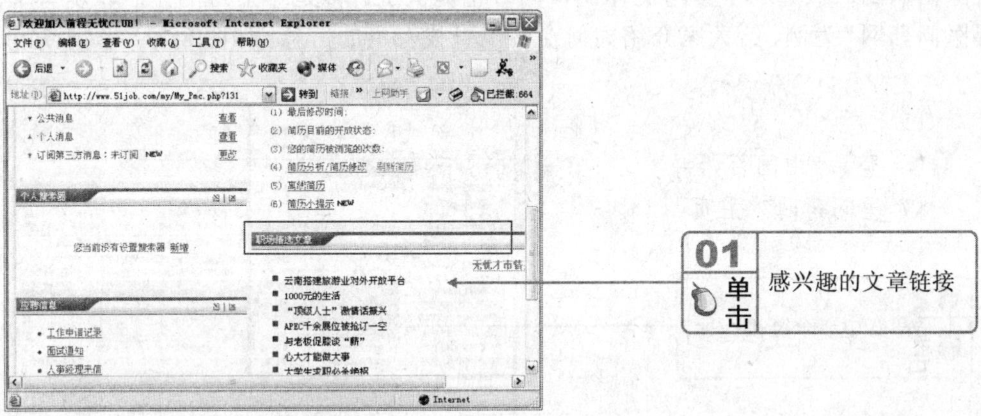

图 8-69 单击链接

第8章 网上新生活

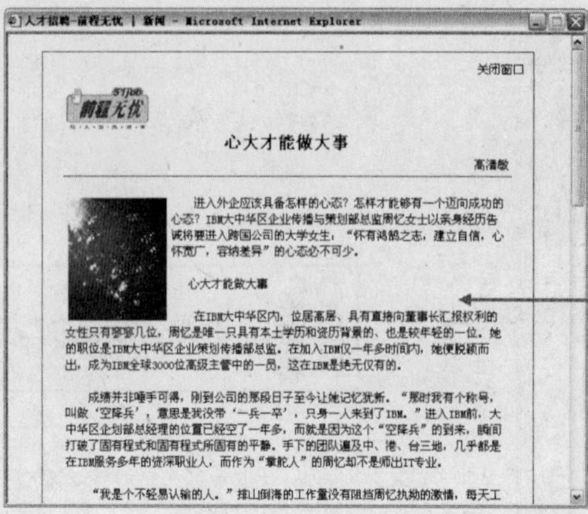

02 查看 文章

图 8-70　阅读文章

你问我答

我上网不是很方便，可以让网站自动发送适合我的招聘信息到我的邮箱里吗？

当然可以，你在求职网站上注册时选择了自动发送招聘信息到邮箱的相关选项，并填写邮箱地址后，该网站会自动根据你在注册时填写的工作意向发送招聘信息到你的邮箱。

02 小　测　试

搜索适合自己的工作岗位的过程中可以自行设定的搜索项目中不包括（　　）项目。

A. 所属行业　　B. 工作地点　　C. 工资待遇　　D. 职位关键字

8.6 网上求医问药

如今，利用网络也可以进行寻医问药的工作，减少了到处奔波的麻烦。当然，也需要大家注意网上寻医问药的方法与技巧，不要一味地听信网络中的偏方和所谓的诊断。假如真正遇到了疾病，还是到居住地附近的医院进行检查。这里所说的寻医问药，只是给大家治病的时候起一个参考的作用，同时也提供了许多延年益寿的方法。以“中国百姓寻医问药网”为例，给大家介绍如何在网上查找有用的信息，如图 8-71～图 8-74 所示。

01 登录“中国百姓寻医问药网”主页。

02 单击 其中一个链接

图 8-71　登录“中国百姓寻医问药网”主页

03 单击 “安享晚年”按钮

图 8-72　进入老年健康专栏

04 查看 相关信息

05 单击 自己感兴趣的链接

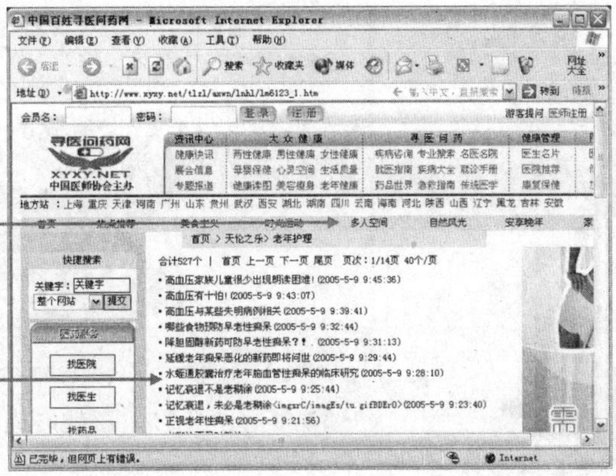

图 8-73　查看信息

06 查看 相关疾病预防知识

图 8-74　查看相关疾病预防知识

8.7 网上时尚

网络中有很多提供时尚资讯的网站，报道国内外的时尚活动，圈点各类最新时尚现象，点评各级时尚人物，在年轻的消费群体中有很大影响力。下面推荐几个时尚网站。

1. 三趣时尚资讯网

网址：http://main.3qu.com/mall

网站首页如图 8-75 所示。这是一个集时尚资讯、数码动力、娱乐新闻、综合信息于一体的大型时尚资讯类网站，集合了时下人们最为关注的各大潮流信息，频道涉及服装服饰、化妆品、旅游、IT 以及民俗文化等诸多时尚领域。

图 8-75　三趣时尚资讯网首页

2. 亿唐

网址：http://www.hompy.cn/CNIndex.jspa

网站首页如图 8-76 所示。亿唐网致力于通过网络零售和引进国际水平的生活时尚产品。其生活时尚社区是中国最好的生活时尚社区网站之一，拥有 650 万注册用户，在中国综合网站中名列前十位，并且提供有手机内容服务。

图 8-76　亿唐网首页

3. E-风尚网

网址：http://www.e-vogue.com.cn

网站首页如图 8-77 所示。E-风尚网是目前国内最大、最新的时尚类综合网站，在全国的时尚类网站中名列前十位，在时尚、品牌、专业性和权威性上具有较大优势。是中国服装设计师协会的官方网站，拥有国内最大的专业数据库和行业资料。

图 8-77　E-风尚网首页

8.8 网上读书看报

在网络中，除了提供有前面所讲解的服务外，还有着更多更精彩的内容，通过使用电脑上网，同样能够读书看报，而且还可以了解到最新的实事咨询。下面分别从网上看报纸、网上看小说和网上看新闻 3 个方面给大家介绍如何在网上读书看报。

8.8.1 网上看报纸

如今，许多的新闻报纸都在互联网上开办了电子版，大家通过上网就可以看见报纸的主要内容了。这里以《成都商报》为例，给大家介绍网上读报的具体方法，如图 8-78～图 8-80 所示。

01 登录《成都商报》的主页。

02 选择　进入自己喜欢看的报纸板块

图 8-78　进入《成都商报》主页

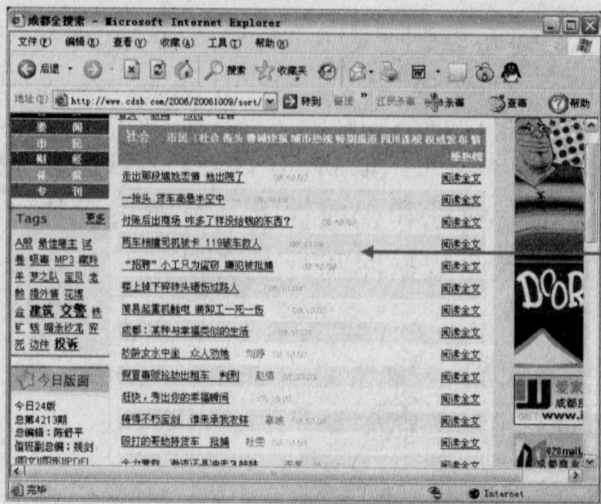

03 选择 感兴趣的新闻标题进入

图 8-79　选择相应的版面信息

04 查看 新闻的详细内容

图 8-80　查看报纸详细内容

8.8.2　网上看小说

喜欢看小说的朋友在网络中可以好好地过一把读书瘾，因为现在网络中的小说文化已经发展得相当成熟了，这里以新浪网读书频道为例，给大家介绍如何通过网络看小说，如图 8-81～图 8-83 所示。

01 打开新浪网读书频道。

02 单击 “小说”链接

图 8-81　新浪网读书频道首页

03 选择 你喜欢的一本小说，点击其相应的链接

图 8-82　查看小说简介

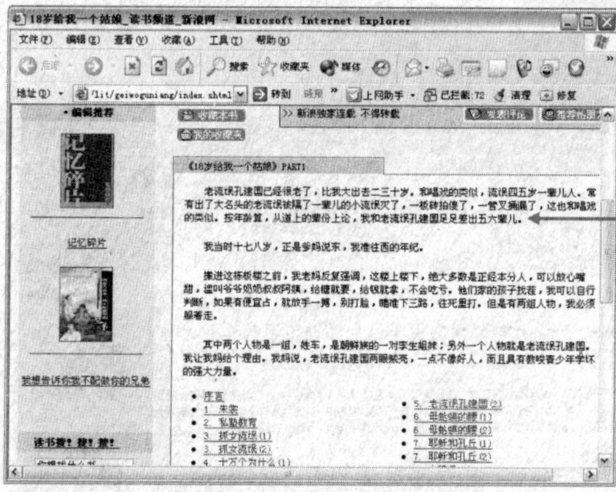

04 查看 该小说的全部内容

图 8-83　查看小说详细内容

8.8.3 网上看新闻

喜欢看新闻、喜欢了解国家大事的朋友都会在早上买一份报纸来看看；或者在每晚7点钟准时收看中央电视台的新闻联播节目以及各地的新闻节目。在现在信息化的时代，用电脑看新闻是最为快捷的一种方式，同时也是最为方便的。下面以新浪网站的新闻板块为例给大家介绍一下上网看新闻的方法，如图 8-84～图 8-86 所示。。

01 登录新浪网的主页。

02 单击 “新闻”链接

图 8-84　新浪网主页

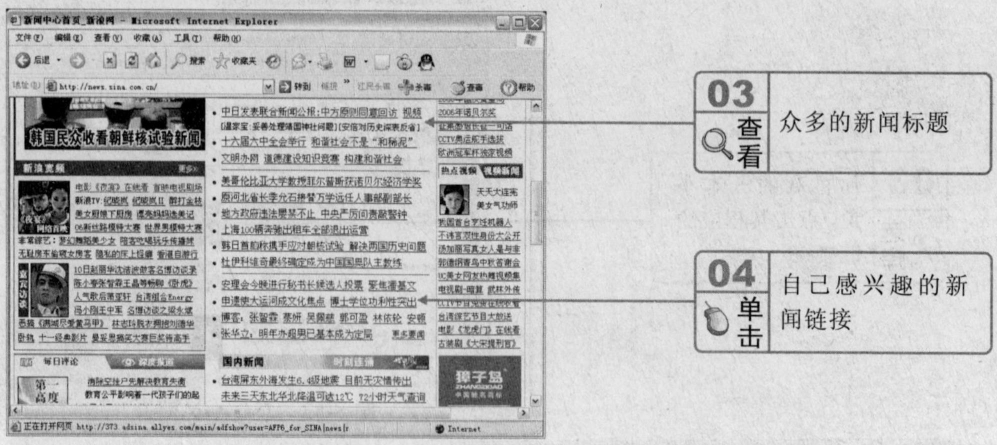

图 8-85　进入新闻中心窗口

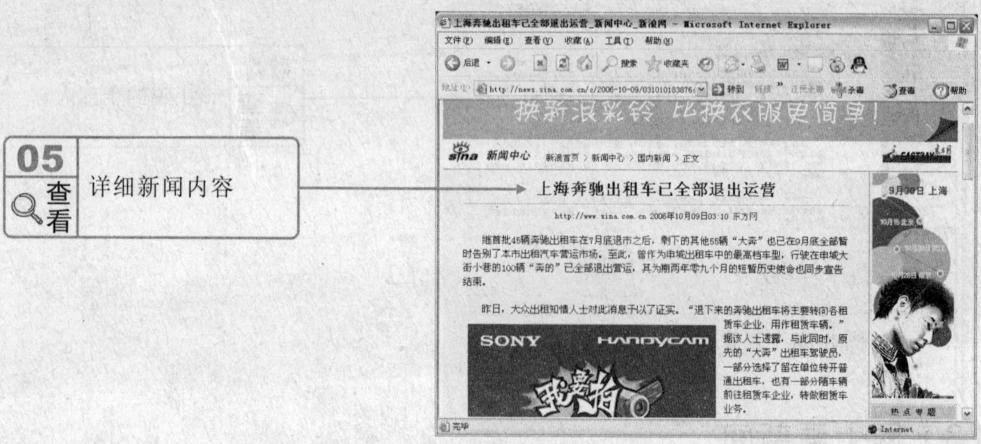

图 8-86　查看新闻内容

8.9 网 上 教 育

网络的发展与普及，使得教育也没有了地域和时间的限制，很多教育网站也应运而生。根据教育类型的不同，可以将这些网站分为青少年教育、培训认证与出国留学三种类型。

1. 青少年教育

网络中有很多专门针对青少年教育的网站，其中提供有丰富的学习、教育、娱乐信息，同时也提供有针对青少年的生理及心理方面的健康栏目。

（1）中国教育先锋网

网址：http://www.edudns.com

网站首页如图 8-87 所示。中国教育先锋网是由教育界和 IT 界的权威机构、资深学者和经验丰富的 IT 工程师投资兴建的，它紧密跟踪教育改革与教育发展前沿动向，精心打造每一个频道和栏目，在全国教育系统和同行中率先策划推出了“万校联盟”、“互联网知名学校暨明星校长”评比大赛、“中国教育观察”、“先锋对话”等一系列自主品牌栏目和优秀服务，受到了专家、学校、教师、媒体和青少年的广泛欢迎。

图 8-87　中国教育先锋网首页

（2）中青网

网址：http://www.cycnet.com

网站首页如图 8-88 所示。中青网依靠团中央的资源与组织优势为青少年提供各种信息服务，中青网在中国共青团的领导下不断发展，正努力成为青少年思想交流、文化活动的家园。

图 8-88　中青网首页

（3）中国基础教育网

网址：http://www.cbe21.com

网站首页如图 8-89 所示。中国基础教育网是由教育部基础教育课程教材发展中心与北京师范大学共同主办的，面向全国基础教育工作者、学生、学生家长的专业服务网站，是基础教育领域的综合性网站。网站以网络为媒介，提供高质量的教育信息资源和服务，为基础教育改革与发展服务，促进素质教育服务是中国基础教育网的宗旨。

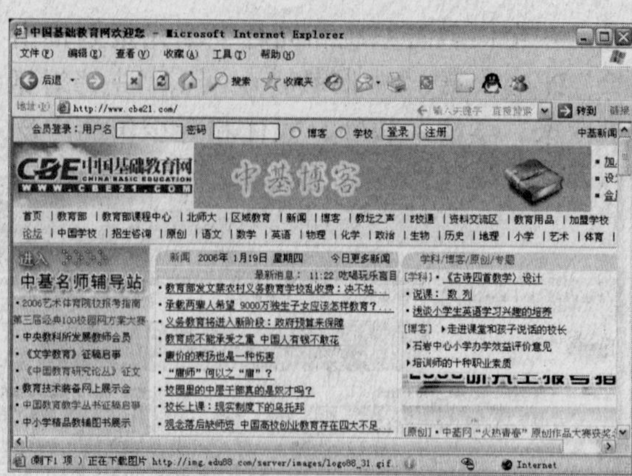

图 8-89　中国基础教育网首页

2. 培训认证

在竞争激烈的当代社会，每个人都需要不断学习新的技能、新的知识，才能适应社会的需求，但很多人都忙碌于工作与生活，没有空闲的时间去学习。这时候通过互联网进行学习，可以自主地安排学习时间。现在有很多培训认证类的网站，而且网络教育也不断趋于完善。

（1）无忧考网

网址：http://www.51kaowang.com

网站首页如图 8-90 所示。无忧考网是目前中国最大的考试资源网站，提供最新的考试动态、考试试题以及考试资源。无忧考网的考试资源包罗万象，有公务员考试、计算机等级考试、英语四六级考试、托福、雅思等等，目前，无忧考网的会员人数将近 152 万人。

图 8-90　无忧考网首页

（2）IT 认证考试资源网

网址：http://www.intxamprep.com

网站首页如图 8-91 所示。IT 认证考试资源网提供专业的 IT 认证考试培训服务，提供有微软认证、思科认证、计算机等级认证、软件水平认证等多方面认证服务，同时提供有完善的培训服务。

图 8-91　IT 认证考试资源网首页

3．出国留学

随着社会的不断发展，中国各类出国留学人员也在不断增加。目前，中国留学生人数将近 100 万人，分布在世界 110 多个国家。

（1）中国留学网

网址：http://www.liuxue.net

网站首页如图 8-92 所示。中国留学网是出国留学行业中具备相当影响力的专业留学网站。其一直本着及时准确传播留学新闻动态、热点和趋势，提供最完善的海外院校信息及出国留学信息服务，为中国大陆预备留学及已经在国外深造的中国学子提供一个互动交流的服务平台为宗旨。为个人用户提供个性化、智能化的全程信息指导服务。让五湖四海的学子不再为报名和择校奔波跋涉，不再为旅途的劳累和异乡的寂寞而烦恼。根据权威统计，目前网站每日点击率达到了 150 万人次。

图 8-92　中国留学网首页

实时互动在线咨询是中国留学网的最大特色，依靠经验丰富的 60 位留学顾问，中国留学网可以为在线注册用户提供全面咨询服务，包括学校申请、获取签证、资料准备、费用价位等专业咨询，为广大网民提供最真实、有效的可靠资讯。

（2）出国留学网

网址：http://www.chuguo.net.cn

网站首页如图 8-93 所示。出国留学网是一个知名度很高的留学中介机构，由教育部留学中心建立，本着“支持留学、鼓励回国、来去自由”的服务宗旨，为留学人员提供热情、规范、高效、优质的人事代理和档案管理服务，方便留学人员办理出国留学和留学回国工作派遣、落户等等手续，努力为留学人员营造既有利于出国留学又有利于留学回国的良好环境。

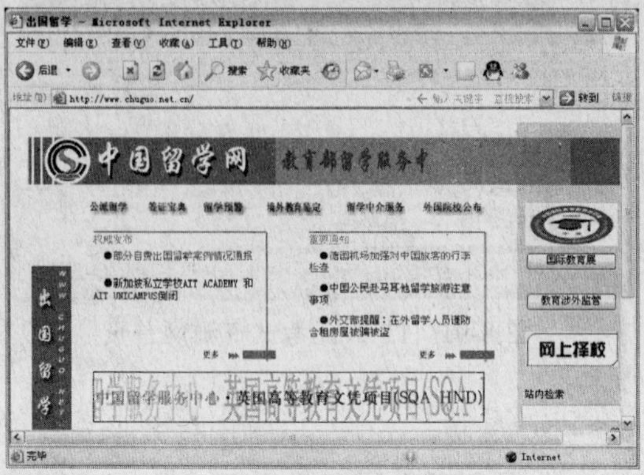

图 8-93　出国留学网首页

8.10 生活信息

对上网用户来说，网络最实用的功能就是可以提供一系列对日常生活有用的服务，如天气预报、地图查询等等。

1. 天气预报

问天网“www.wis.com.cn”，网站首页如图 8-94 所示，是国内比较著名的气象信息服务专业站点，主要提供气象服务、数值产品和收费气象预测服务。网站的气象信息全部为国内权威气象机构——中央气象台授权提供。网站利用独有的气象信息资源优势，为政府、机构、社会公众和商业群体提供全面、及时、准确的气象信息服务。

图 8-94　问天网首页

一些门户网站一般都提供了针对全国主要城市的天气预报，可以很方便地进行查询。通过搜索引擎也可以方便地查询到指定城市或地区的气象信息。另外，一些及时通信工具，如 QQ，也提供有主要城市的天气预报服务。

2. 交通与地图

（1）全国铁路列车时刻表查询系统

网址：http:// www.abkk.com/cn/train

网站页面如图 8-95 所示。网站会根据铁道部发布的最新列车时刻表适时更新数据，让用户快捷了解到及时、全面、准确的信息。现采用 2005 年 12 月 26 日“中国第五次火车提速”的最新数据，提供站站查询、站名查询、车次查询（全国 2359 列火车）、各省市火车时刻表（查询全国 29 个省市自治区 3701 个车站的火车时刻表）、中转站查询。可以查询到全国任意两个站点之间的所有车次以及两站之间的距离公里数、票价、到站时间、列车类型等信息。

图 8-95　列车时刻查询

下面以查询北京所有的列车时刻为例，具体操作方法如下：

01 在页面中单击“站名查询”按钮，打开如图 8-96 所示的站名查询页面。

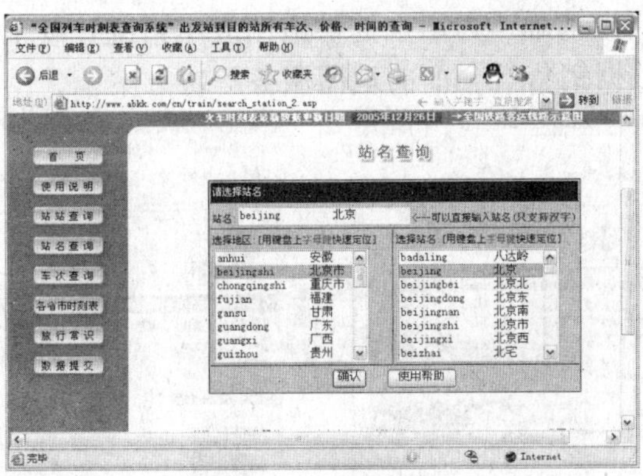

图 8-96　站名查询

02 在页面中的“地区”列表框中选择“北京市”，在“站名”列表框中选择“北京”，右框中是要查询列车时刻的站名，因为我们是查询北京的所有列车时刻，因此在这里同样选择“北京”，然后单击“确认”按钮。

03 在接着打开的页面中，即可显示北京所有火车站的列车时刻表，如图 8-97 所示。

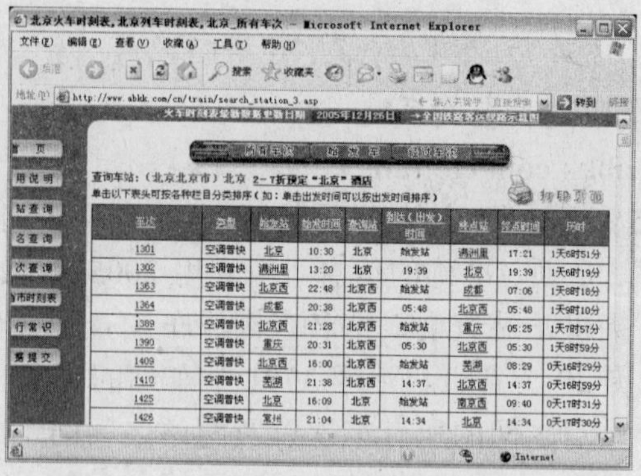

图 8-97　列车时刻

04 单击页面中的“始发车”与“经过车次”，还可以查看从北京站的始发车以及经过北京的所有车次。

（2）游易航空旅行网

网址：http://www.yoee.com

网站首页如图 8-98 所示。该站点是由北京外企航空服务公司创办的专业机票网站，也是国内唯一由国航、南航、东航指定的全天候网上电子客票服务商。用户可以在网站中查询、购买国际国内 70 多家航空公司 10 000 多个航班的机票。网站最大的特点是，用户可以自己确认航班、时刻、舱位。客户可以看到同一航段的所有航空公司航班的具体信息，包括起飞降落时间、飞机订座情况以及机票折扣情况等。而且该网站也是国内唯一支持在线改签、在线退票的服务系统。

（3）图行天下

网址：http://www.go2map.com

网站首页如图 8-99 所示。图行天下是第一家面向公众服务的地图网站，网站的访问量历年来稳居同类首位。是中国最著名的地图服务解决方案提供商，以独有的网络地图信息平台 Go2map-MIP 为基础，为用户提供地图应用系统开发中间件、电子地图租用、在线地图服务、地图数据销售等全面的地图服务解决方案。

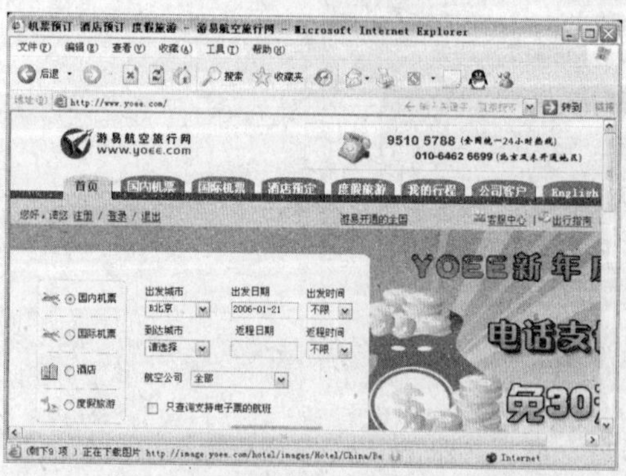

图 8-98　游易航空旅行网首页

图 8-99　图行天下首页

你问我答

什么是 Go2map-MIP？

Go2map-MIP 是网络地图信息平台，具有可扩展的系统架构、稳定的系统性能、跨网络平台应用等特性，可以方便地为 Internet/Intranet、移动终端、Call Center、PDA 等多种终端用户提供在线地图服务。

融会贯通——通过淘宝网出售商品

对于自己一些闲置的东西，也可以通过淘宝网进行出售，出售商品时，需要在网站中进行一系列的卖家认证。

下面以在淘宝网中出售一款 MP3 为例，具体操作方法如下：

01 登录淘宝网，在会员页面中单击“我要卖”按钮，在打开如图 8-100 所示的页面中选择出售方式，有“一口价”和“拍卖”两种选择。在此单击“一口价”按钮。

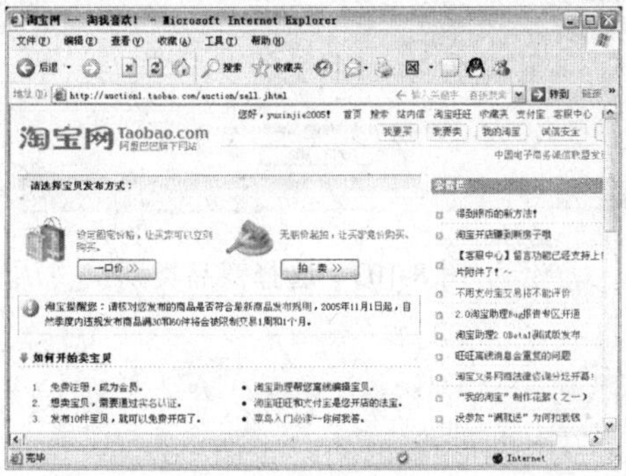

图 8-100　选择出售方式

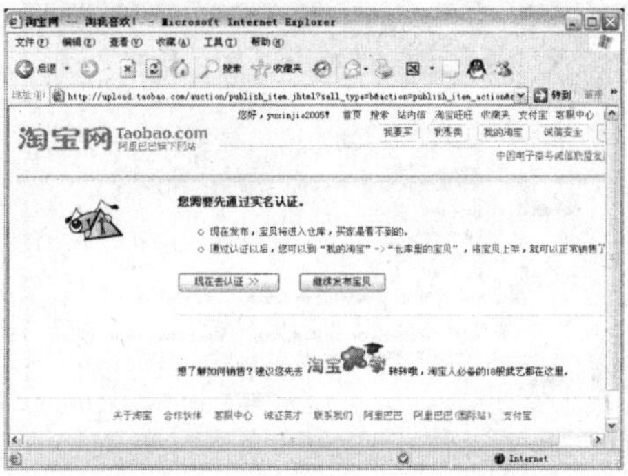

图 8-101　选择进入认证

02 在接着打开如图 8-101 所示的页面中单击“现在就去认证”按钮，也可以单击“继续发布宝贝”按钮发布商品，但如果没有通过认证，所发布的商品出售信息将不会显示在页面中。

03 在认证之前，需要拥有一个支付宝账户，如果用户没有激活支付宝账户的话，可在接着打开的页面中单击“点击这里完成支付宝账户激活”链接，打开支付宝账户激活页面，如图 8-102 所示。

04 在页面中输入正确的认证信息后，单击“保存并立即启用支付宝账户”按钮。

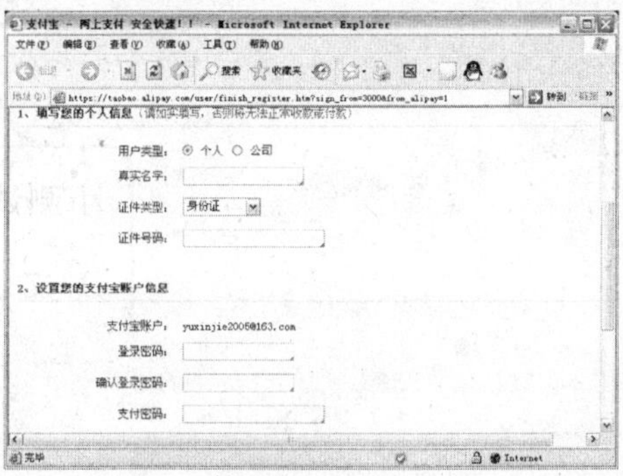

图 8-102　支付宝账户激活页面

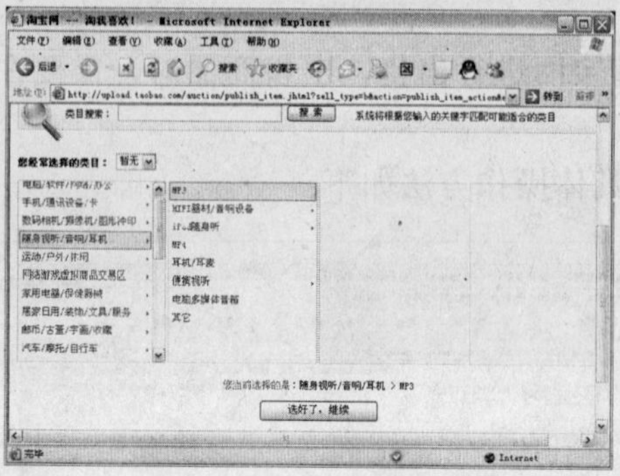

图 8-103　选择商品类别

05 在打开的“支付宝认证”页面中单击“申请个人实名认证”按钮，并在接着打开的阅读协议页面中单击“我已阅读并且同意接受以上协议”按钮。接下来就需要对用户的身份证件与银行账户进行核实。进行身份验证时，可以选择在线上传或邮寄两种方式将身份证复印件发送到淘宝网验证中心。而银行账户在进行验证后，淘宝网会在一个工作日内向账户内汇入 1 元人民币进行核实。

06 返回到发布宝贝页面，并单击页面中的“继续发布宝贝”按钮，并在打开的如图 8-103 所示的页面中选择发布商品的类别，然后单击“选好了，继续”按钮。

07 在接着打开如图 8-104 所示的页面中，在“宝贝信息”区域中详细填写商品的相关信息即对商品的描述，并上传商品图片。

08 在“交易条件”区域中，填写商品的价格、所在地、付款方式等信息。填写完毕后，单击“确认无误，提交”按钮即可。

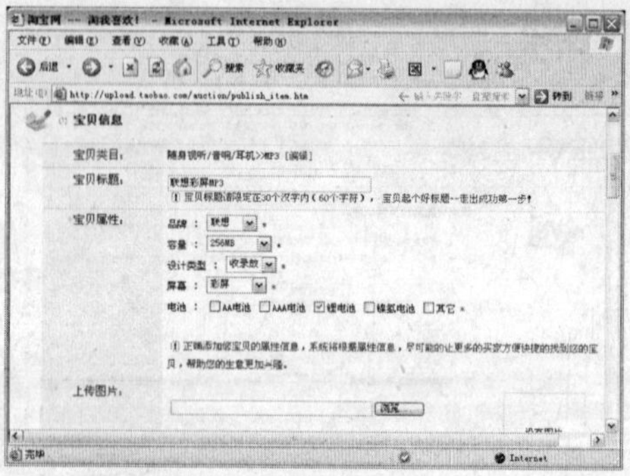

图 8-104　填写相关信息

小测试答案 ●●●●●　（请翻转阅读答案）

1. D　2. C

Study

CHAPTER

【第 9 章】

网络安全不求人

内容导读

1. 本章需要了解的概念：

   电脑病毒、防火墙

2. 本章需要掌握的操作：

   KV2006 的安装与使用、木马克星的使用、防火墙的使用

3. 本章需要提高的内容：

   使用 KV2006 查找未知病毒

09

9.1 关于网络安全

在网络生活中，常见的安全问题有病毒安全、密码安全、电子邮件安全、网络黑客等。对个人用户来说，来自网络的侵害主要包括木马程序、电子邮件病毒以及不良站点等。

9.1.1 电脑病毒的危害

电脑病毒对电脑有着极大的破坏性，电脑病毒发作时，可以破坏电脑的其他程序及其软硬件资源，从而影响电脑系统的正常工作。电脑病毒具有极强的寄生性、复制性和传染性。电脑病毒可以在网络上进行传播，如用户下载文件时，可能会将带病毒的文件下载到自己的电脑中；在使用 Outlook Express 接收电子邮件时，病毒可能隐藏在邮件的附件中，当用户打开邮件附件时，隐藏在其中的病毒便会感染用户的电脑。

9.1.2 电脑密码安全

在网络生活中，涉及的密码主要有银行账号、信用卡卡号、邮箱密码、QQ 密码等。要确保这些密码的安全，当然需要有足够的防范措施。

密码安全问题应注意以下事项：

（1）重要的密码尽量采用数字与字符相混杂的方式编号。

（2）不要所有的账号都使用同一个密码。

（3）定期修改上网密码及其他各类密码，重要的密码在一个月内至少更改一次。

（4）不要向任何人透露密码，最好在拨号上网或者使用各种应用程序时不选“保存密码”选项。

几种危险的密码设定方式如下：

（1）使用用户名（账号）或用户名的变换形式作为密码。

（2）使用自己或亲友的生日作为密码。

（3）使用常用的英文单词作为密码。

（4）使用 5 位或 5 位以下的字符作为密码。

9.1.3 警惕不良站点

在浏览网页时，有时会遇到不良站点的骚扰，这些站点包括带有淫秽内容的站点、带有暴力内容的站点、带有反动信息的站点等。如果要禁止浏览这些站点，用户可以对 Internet Explorer 浏览器进行安全级别设置，通过浏览器就可以自动过滤掉这些不健康的站点。

9.2 电脑病毒简介

电脑病毒是一段程序，它和生物病毒一样，具有复制和传播能力。电脑病毒不是独立存在的，而是寄生在其他可执行程序中，具有很强的隐蔽性和破坏性，一旦工作环境达到病毒发作的要求，就会影响电脑的正常工作，甚至使整个系统瘫痪。

9.2.1 电脑病毒的特点

电脑病毒具有以下主要特征：

1. 隐蔽性

电脑病毒的隐蔽性使得人们不容易发现它，例如有的病毒要等到某个月 13 日而且是星期五才发作，平时的日子不发作。一台电脑或者一张软盘被感染上病毒一般是无法事先知道的，病毒程序是一个没有文件名的程序。

2. 潜伏性

从被感染上电脑病毒到电脑病毒开始运行，一般是需要经过一段时间的。当满足一个指定的环境条件时，病毒程序才开始活动。

3. 传染性

电脑病毒程序的一个特点是能够将自身的程序复制给其他程序（文件型病毒），或者放入指定的位置，如引导扇区（引导型病毒）。

4. 欺骗性

每个电脑病毒都具有特洛伊木马的特点，用欺骗手段寄生在其他文件上，一旦该文件被加载，就发生问题。

5. 危害性

病毒的危害性不仅体现在破坏系统、删除或者修改数据方面，而且还要占用系统资源，干扰电脑的正常运作等等。

9.2.2 电脑病毒的类型

电脑病毒程序可按其后果分为“良性”和“恶性”。良性病毒程序只做一些恶作剧，对系统不构成致命威胁。恶性病毒则不一样，它的任务就是破坏系统的重要数据，例如主引导程序、文件定位表等等。要真正地识别病毒，及时地查杀病毒，有必要对病毒进行较详细的了解。下面将详细讲解电脑病毒的分类。如按传染对象来划分，电脑病毒可分为以下几类：

1. 操作系统型病毒

这类病毒程序作为操作系统的一个模块在系统中存在，一旦激发，它就开始运行。例如它作为操作系统的引导程序时，机器一旦启动就首先运行病毒程序，然后才启动操作系统程序。

2. 文件型病毒

这类病毒攻击的对象是文件，并寄生在文件上，当文件被装载时，首先运行病毒程序，然后才运行用户指定的文件。文件病毒又被称为外壳（Shell Viruses）型病毒，其病毒包围在宿主程序的外围，对其宿主程序不修改。运行该宿主程序时病毒程序进入内存。

3. 网络型病毒

网络病毒感染的对象不再局限于单一的模块和单一的可执行文件，而是更加综合、更加隐蔽。现在的一些网络型病毒几乎可以对所有的 Office 文件进行感染，如 Word、Excel 等。

4. 复合型病毒

复合型病毒将引导型病毒和文件型病毒结合在一起，这种病毒既感染文件，又感染引导区。

你问我答

电脑病毒是程序吗？

电脑病毒从广义上讲是指能够通过自身复制传染而引起电脑故障，破坏电脑数据的一段程序。

01 小 测 试

文件病毒又被称为外壳型病毒，其英文名称为（　　）。

A. Shall Viruses　　B. Shell Viruses　　C. Shell Virusas　　D. Shell Virases

9.3 防御电脑病毒的方法

大家考虑防御电脑病毒，主要是针对自己所使用的电脑，下面来看看防范的具体方法。

9.3.1 电脑硬件保护

在电脑的 BIOS 设置中通常都带有病毒防护的一项，其功能就是监视电脑硬盘的某些特殊区域（启动区），一旦发现有向这些区域写入信息的操作，系统会自动报警，在屏幕上显示一条消息，只有在得到用户确认时才允许该动作真正执行。

有些病毒在运行时，设法把自己寄生到电脑特殊区域，上述保护机制就是针对这种情况设计的。对于那些想寄生到硬盘关键区域的病毒，如果我们正确地禁止其寄生动作，就能避免它在下次开机时作怪了。

用户尽量不将程序性文件从一台电脑复制到另一台电脑。因为程序复制是传播病毒的主要渠道，因此在使用电脑的过程中应当尽量避免做这种事情。如果必须进行这个操作，就要用户特别谨慎。应当注意机器的可能“污染”程度，公用的电脑通常是高度危险的，最好不从公用的机器中复制程序。在把程序软盘的内容复制到自己的机器里之前，应该先用查病毒软件仔细检查。

9.3.2 谨慎使用软盘、优盘

软盘和优盘作为电脑之间交换信息和个人保存信息的媒介，使用很广泛，因此它也成为病毒设计者攻击的主要目标。

1. 软盘

许多病毒在活动时，一旦检测到有软盘插入了驱动器，就会立即“活跃”起来，设法把自己的代码复制上去。为减低这种危险，我们应该注意使用软盘的“防写入”功能。一般情况下，总把“防写拨块”拨到禁止写的位置。如果只是需要从软盘里把信息复制出来，那么就让它保持这种防止写入的状态。这样，即使所使用的电脑里有活动的病毒，它也无法进入软盘。

2. 优盘

优盘以其小巧、容量大、便携等特点，已经成为使用最为广泛的移动存储工具。大家在使用的时候，最好先用杀毒软件对其进行病毒扫描，从而大大降低电脑通过优盘相互感染病毒的危险。

9.3.3 谨慎下载网络软件

随着电脑网络的发展，信息在电脑间传递的方式逐渐发生了变化，许多信息，包括程序代码和软件系统，是通过网络传输的。在这种信息交流活动中如何防止病毒是需要考虑的新问题。目前许多网站存储着大量共享软件和自由软件，人们都在使用这些软件，使用之前要通过网络把有关程序文件下载到自己的电脑中。程序的下载应该选择可靠的、有实力的网站，因为其管理可能更完善，对所存储信息做过更仔细的检查。随意下载程序目前已经成为受病毒伤害的一个主要原因，用户在下载的时候一定要谨慎对待。

9.3.4 警惕电子邮件及其附件

病毒经过电子邮件系统传播的情况层出不穷，并多次造成大的爆发性流行。这一方面是由于某些软件厂商系统设计中的内在缺陷，例如微软公司的电子邮件软件的设计缺陷是“美莉莎”、“爱虫”等病毒蔓延的基础。另一方面，也是病毒制造者攻击重点转移的结果。这类病毒出现的征兆是接到了一个奇怪的邮件，它又带有非常奇怪的附件。这种邮件常常带有引人注意的标题，例如告诉你附件的内容对你非常重要，或者用诱惑性的语言引起你的好奇和遐想。如果用户不打开它，它对你根本没有任何重要性，直接将其删除，你绝不会有任何损失。如果将它打开，其后果自然可想而知。

9.3.5 注意防止宏病毒和其他类似病毒

宏病毒以其传播的途径广和传播速度快而著称，防止这类病毒应注意两个方面：

（1）对于文件的提供方，只要可能，就不应该用 Word 文件作为信息交换的媒介。这方面已经有许多实际的例子，一些管理部门的通知，甚至是网络部门的通知都曾经带有宏病毒，实际上是给所有用户的“邮件炸弹”。从实际情况看，这些通知的格式简单，完全没有必要用 Word 来制作。

（2）作为 Word 文件的接收方，应该警惕宏病毒，因为这类病毒普遍存在。微软公司对防范宏病毒提出的方案不是根本上修改其不合理设计，而是安装了一个开关，允许你设定 Word 的工作方式。Word 在其菜单“工具\选项”的常规页里提供“宏病毒防护”选择项。如果你选了此项，那么在被打开的文件中出现宏的时候，Word 将弹出一个会话框，通知你这个文档里发现了宏，要求你做出选择（取消宏/启用宏）。实践证明，这种方式是很不安全的。“美莉莎”病毒泛滥就是因为许多人想也没想，就随手打开了宏，使得自己的电脑感染上病毒。

在目前情况下，用户应该采取如下措施来防范宏病毒：

- 设置“宏病毒防护”功能。
- 对于准备阅读的任何 Word 文档，只要系统弹出对话框，询问如何处理其中的宏时，应该总选“取消宏”。除非明确知道这个文档有极其可靠的来源，而且确实是一个使用了宏功能的动态文档。

9.3.6 做好资料备份工作

做好资料的及时备份是避免电脑中毒时丢失数据的最好方法。

如果电脑被病毒感染了，用户最后的希望就是系统里的重要信息最好不丢失。但是由于病毒的破坏多种多样，并没有一定规律，其活动也没有什么“自我约束”，希望它不破坏信息只能是一厢情愿。因此，在平时的工作和学习中，我们应该：

（1）把重要信息的副本保存到有关网络服务器或者存储介质（软盘、光盘）上。

（2）将用户的数据保存在电脑中的非系统盘中，这样可以防止系统崩溃时数据的丢失。

（3）部门单位如果非常重视电脑中的数据，需要制定一套常规的备份方案，提出包括每日、每周、每月的备份计划。通过一些设置，大型电脑系统可以定时自动地完成将磁盘重要信息保存到后备存储，例如磁带或者可读写光盘的工作。

9.4 杀毒软件的安装与使用

当电脑中毒时，必须通过杀毒软件将这些病毒清除掉。所以，安装和设置杀毒软件是保证电脑安全的重要举措。下面给大家介绍杀毒软件的安装和使用。

9.4.1 安装 KV2006 杀毒软件

江民杀毒软件 KV2006 是针对 64 位操作平台研发推出的新一代杀毒软件，采用 64 位技术编程，针对 Intel 与 AMD64 位 CPU 进行了全面优化，并在旧版本的基础上新增了多项强大功能，而且全面兼容 32 位操作平台，是一款优秀的智能杀毒软件。

获得 KV2006 的安装文件后，就可以在电脑中安装 KV2006 了。安装之前，建议退出所有正在运行的程序。具体安装方法如下：

01 双击安装文件图标，运行江民杀毒软件 KV2006 安装向导，如图 9-1 和图 9-2 所示。

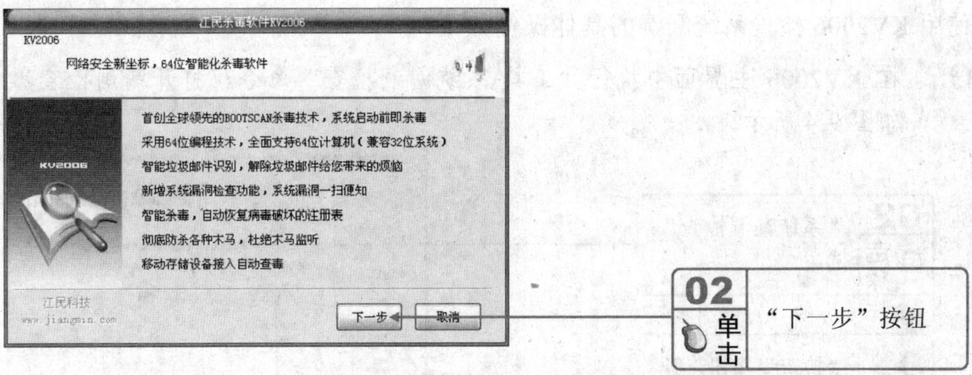

图 9-1 KV2006 安装向导

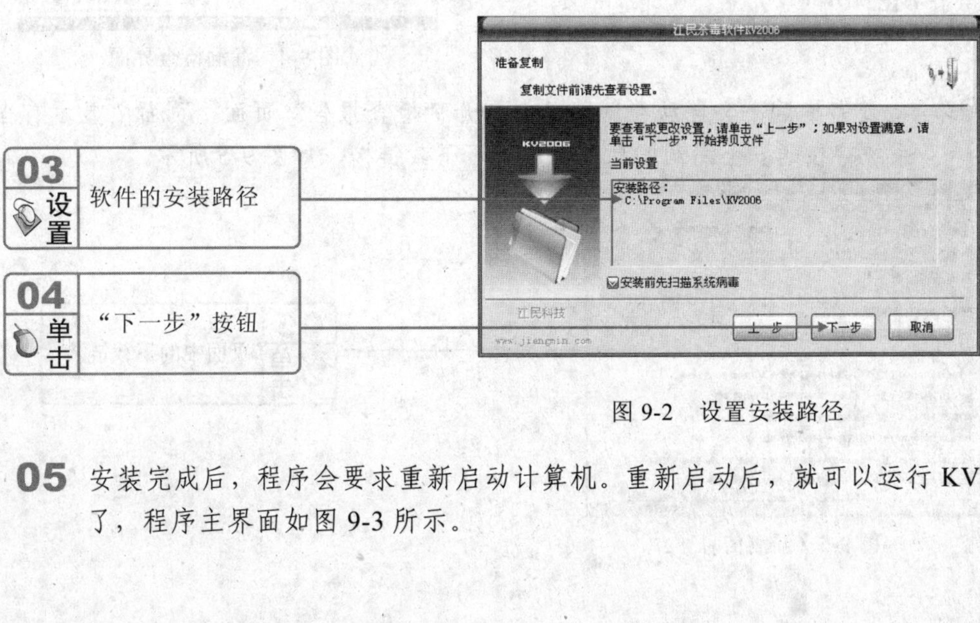

图 9-2 设置安装路径

05 安装完成后，程序会要求重新启动计算机。重新启动后，就可以运行 KV2006 了，程序主界面如图 9-3 所示。

图 9-3　KV2006 程序主界面

9.4.2 使用 KV2006 检查系统漏洞

大家都知道，很多黑客程序都是通过系统中的安全漏洞对电脑进行攻击的。因而，检查并修补系统漏洞对于上网用户来说，是保障电脑的安全而必须进行的。在 KV2006 中，提供了一项“系统漏洞检查”功能，使用该功能可以对系统中存在的安全漏洞进行检查并修补。

使用 KV2006 检查系统漏洞的具体操作如下。

01 在 KV2006 主界面中执行“工具\系统漏洞检查”命令，打开漏洞检查界面，如图 9-4 所示。

02 选择 “系统漏洞检查”选项

03 单击 “检查”按钮，开始检查系统中存在的漏洞

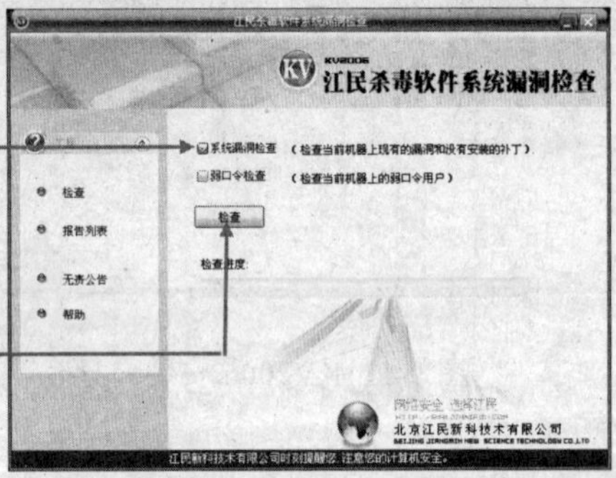

图 9-4　漏洞检查界面

04 检查完毕后，会自动在浏览器中打开“检查报告”页面，页面中显示有当前系统存在的安全漏洞信息及相关补丁下载链接，如图 9-5 所示。

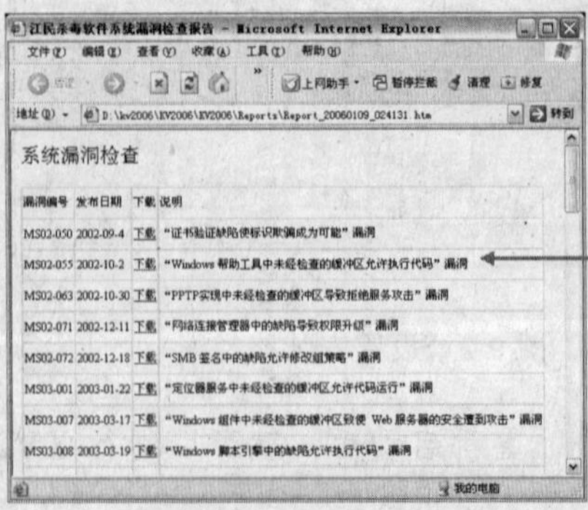

05 单击 页面中的下载链接

图 9-5　漏洞信息

你问我答

什么是漏洞？

编写程序时，程序中出现的一些疏漏或者不足之处，就称为漏洞。而用于补充这些疏漏的程序，就称之为补丁。

02 小 测 试

江民杀毒软件 KV2006 是针对（　　）位操作平台研发推出的新一代杀毒软件。

A. 64　　B. 32　　C. 16　　D. 65

9.4.3 升级杀毒软件

在网络中，每天都有新的病毒出现，如果不及时对杀毒软件进行更新的话，就无法发现这些病毒。杀毒软件公司会定期发布新的病毒库，用户也应该随时进行更新，防止受到病毒的侵袭。更新病毒库的方法有两种，一是在线升级，二是下载病毒库进行更新。

1. 在线升级

目前所有杀毒软件都提供了方便的在线升级功能，可以快捷地进行升级或更新。在 KV2006 中，执行“服务\升级”命令，或者单击界面中的“智能升级”按钮，系统就会开始对病毒库的升级，如图 9-6 所示。

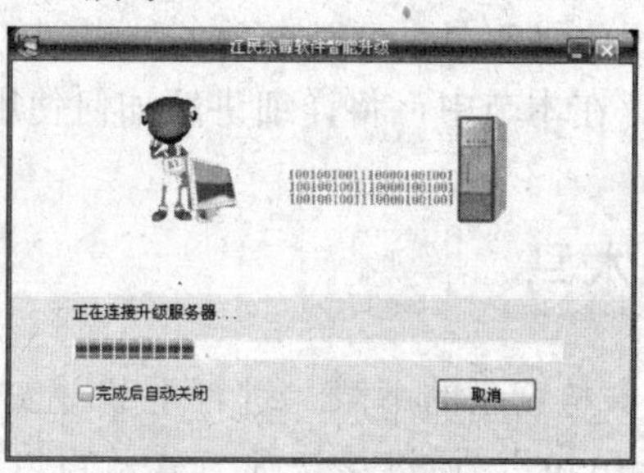

图 9-6　在线升级

另外，用户也可以通过设置让 KV2006 在指定时间自动进行升级，设置方法如下：

01 在 KV2006 主界面中执行“工具\设置”命令，并在打开的“江民杀毒软件方案编辑器”对话框中选择“升级”选项卡，如图 9-7 所示。

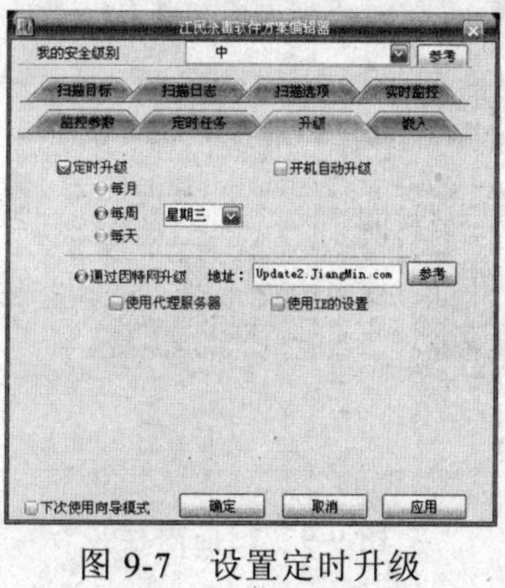

图 9-7　设置定时升级

02 在选项卡中的“定时升级”选项中，有每月、每周、每天三个选项可以选择，如设置为每周三定时升级，则选中“每周”选项，然后在选项后的下拉列表中选择“星期三”，最后单击“确定”按钮。

2. 下载病毒库

如果电脑没有与网络连接，就无法进行在线升级了，这时可以通过在能上网的电脑中下载相应的病毒库，然后拷贝到自己的电脑中进行离线升级。病毒库一般为压缩文件或可执行文件，只要在电脑中运行这个文件，就可以更新 KV2006 的病毒库了。更新后，会弹出一个提示框，提示更新成功，如图 9-8 所示。

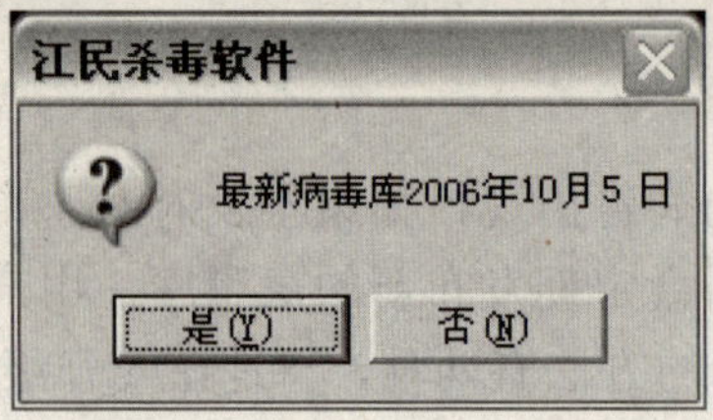

图 9-8　离线升级成功

9.5 木马克星

木马克星是一款优秀的反木马工具，可以查杀各种类型的木马程序，同时内置木马防火墙，可以抵御木马的入侵。在本节中，将详细讲解如何使用木马克星预防与查杀木马。

9.5.1 扫描系统中的木马

很多下载站点都提供了木马克星的下载，进行下载并安装后，桌面上与开始菜单中就会生成程序快捷方式“IParmor”，通过该快捷方式就可以启动木马克星，同时，任务栏通知区中会显示有图标，表示木马克星正在运行。

程序启动后，会自动扫描内存中是否存在木马程序，并直观地显示扫描结果，如图 9-9 所示。

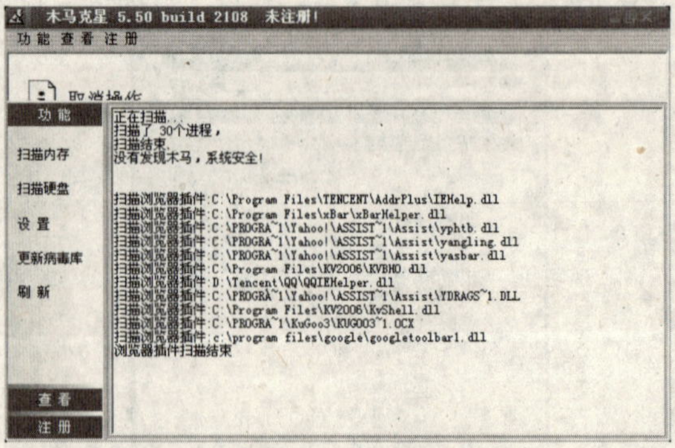

图 9-9　扫描内存

用户可以扫描硬盘中是否存在有木马程序，单击“扫描硬盘”选项，在切换后的界面中，单击地址栏右侧的按钮，选择要扫描的位置，然后单击“扫描”按钮开始扫描，如图 9-10 所示。

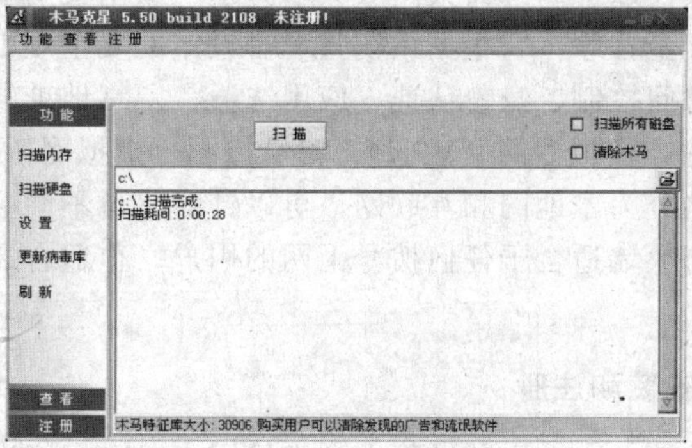

图 9-10 扫描硬盘

定期进行扫描可以有效预防系统被木马入侵，建议用户每隔一周对系统进行一次木马扫描。

同时，用户还可以对扫描选项进行一定的设置，单击“设置”按钮，在打开的对话框中选择“扫描选项”选项卡，在选项卡中，即可对扫描的项目进行选择，完成后单击“确认”按钮即可。

9.5.2 其他功能

除了扫描木马外，还可以通过木马克星查看系统进程、网络状态、共享信息，以及对网络进行监视，用户可以切换到“查看”选项卡查看详细信息。

单击“系统进程”选项，在界面中可以查看当前系统进程，如果内存中存在非系统进程的程序时，就会进行提示，如图 9-11 所示。

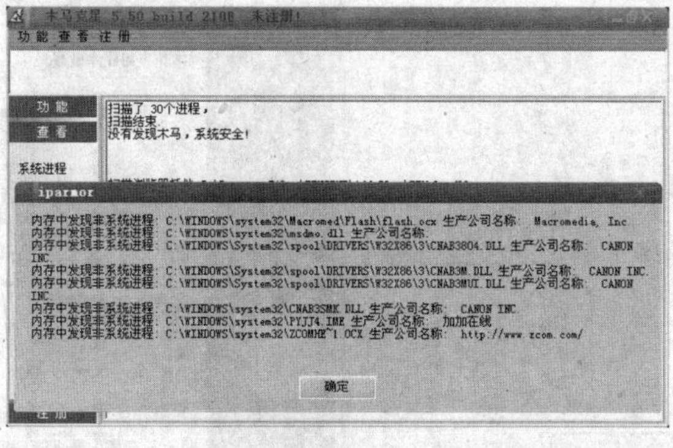

图 9-11 查看系统进程

同样，单击其他选项，即可查看对应的信息，在“网络状态”界面中，可以查看当前网络中的连接状态等信息；在“共享信息”界面中，可以查看当前电脑中共享的文件或者共享目录的相关信息等等，用户可根据实际情况进行查看，在此就不再赘述了。

9.6 天网防火墙个人版的使用

天网防火墙个人版（以下简称为天网放火墙）是一款由天网安全实验室制作的、供个人电脑使用的网络安全程序，它根据系统管理者设定的安全规则（Security Rules）把守网络，提供强大的访问控制、身份认证、应用选通、网络地址转换（Network Address Translation）、信息过滤、虚拟专网（VPN）、流量控制、虚拟网桥等功能。

天网防火墙把网络分为本地网和互联网，可以针对来自不同网络的信息，来设置不同的安全方案。天网防火墙适合于任何拨号上网的用户，也适合通过网络共享软件上网的用户。

1. 天网防火墙的安装和注册

天网防火墙的安装简单，在安装过程中会指导用户对防火墙进行配置，如图 9-12～图 9-14 所示。

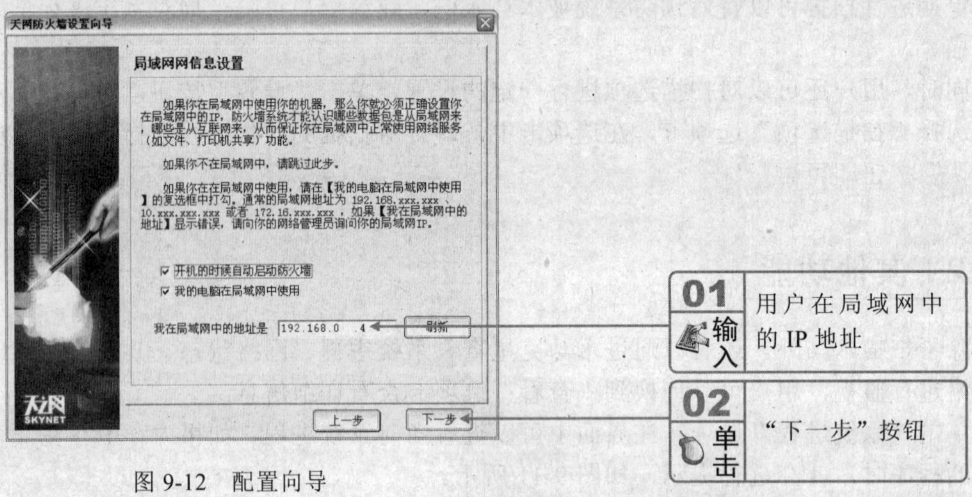

图 9-12 配置向导

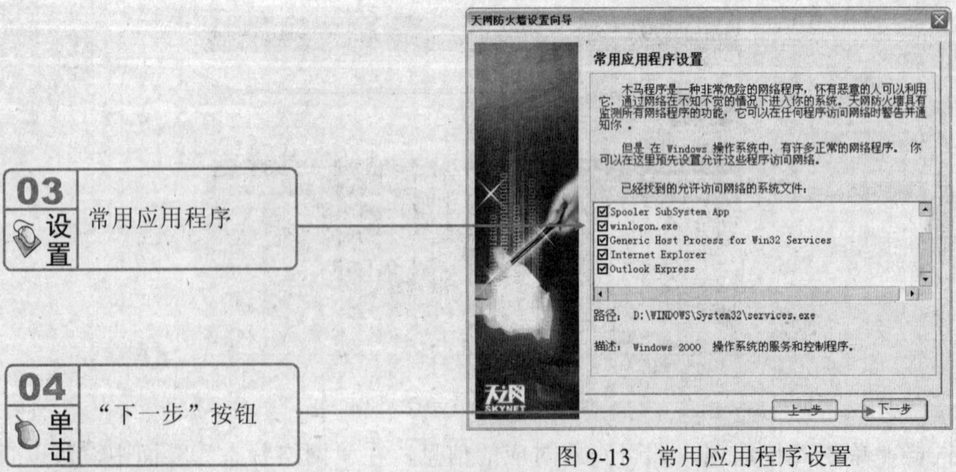

图 9-13 常用应用程序设置

使用天网防火墙之前必须先注册。当弹出“请输入你用户名和注册号”对话框时，单击“单击这里免费获取注册号”的链接。

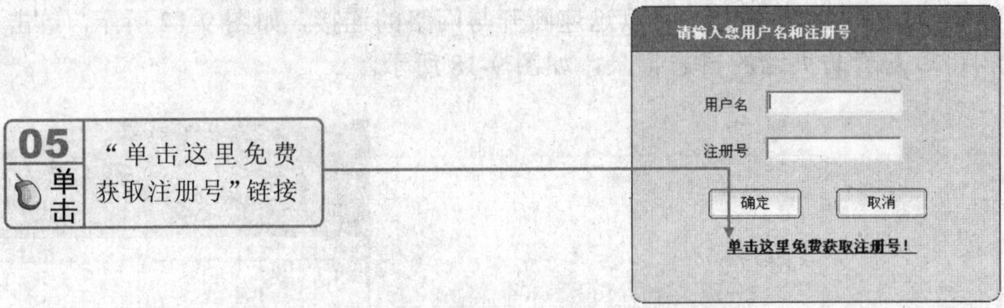

图 9-14　输入注册号

在打开的页面中，根据提示进行注册。注册成功后，会收到一封来自“天网安全阵线论坛”的认证信息，使用邮件所提供的用户名和密码重新登录天网安全阵线论坛，即可获得天网防火墙的注册码。

2. 天网防火墙的使用

返回“请输入你用户名和注册号”对话框后，输入刚才注册的用户名和获得的注册码，就可以正常使用天网防火墙了。其主界面如图 9-15 所示。

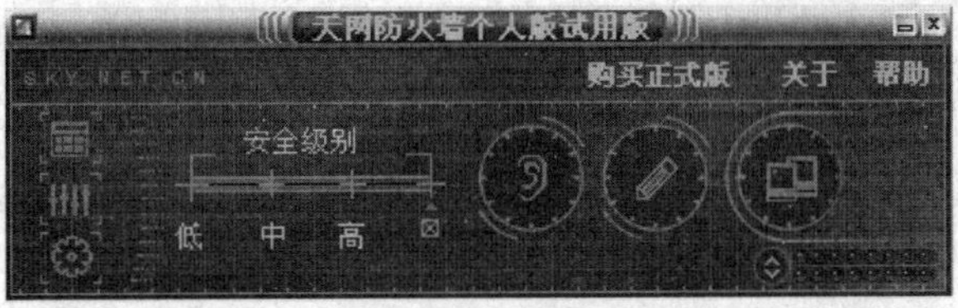

图 9-15　主界面

程序面板上有几个按钮，把鼠标移到这些按钮上，会弹出该按钮相关的描述信息，单击这些按钮，在程序主面板下方会出现相关信息的详细描述，如图 9-16 所示，是单击“应用程序网络使用情况”按钮后，在“应用程序网络状态”的窗口中可以观察到有哪些程序正在访问网络，并且它们使用什么协议，程序所在位置等信息都详细地列了出来。

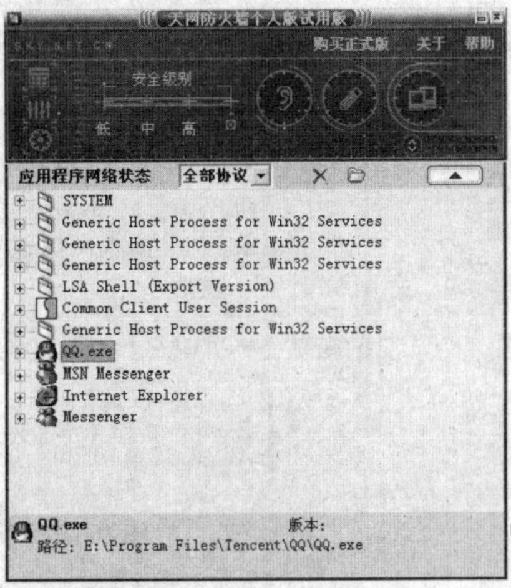

图 9-16　应用程序网络状态

单击“断开网络”按钮，可以迅速断开与网络的连接，如图 9-17 所示。单击“日志”按钮，可以查看防火墙的日志记录，如图 9-18 所示。

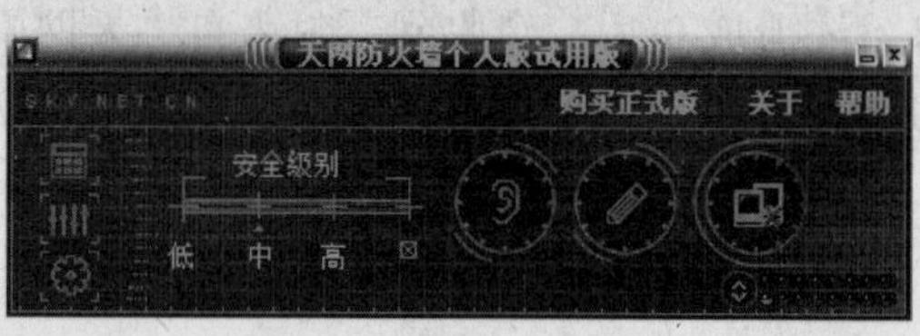

图 9-17　断开网络

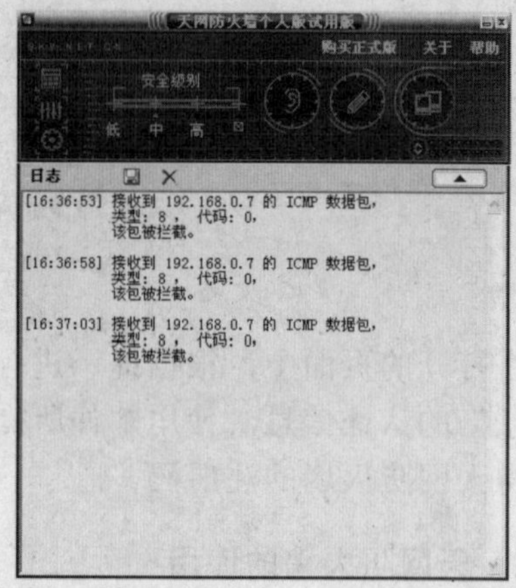

图 9-18　查看日志

一般使用默认配置就可以了，如果你想更进一步地了解天网防火墙，请查看其提供的帮助文件。

9.7 使用专用工具杀毒

当你上网的时候，经常会遇到许多流行病毒对你的电脑进行侵害，怎么办呢？这就需要使用该病毒的专杀工具来进行清理工作。具体操作步骤如图 9-19～图 9-21 所示。

登录以下的地址，就可以进入专杀工具的下载页面，http：//it.rising.com.cn/service/technology/tool.htm。

01 输入 “http：//it.rising.com.cn/service/technology/tool.htm”

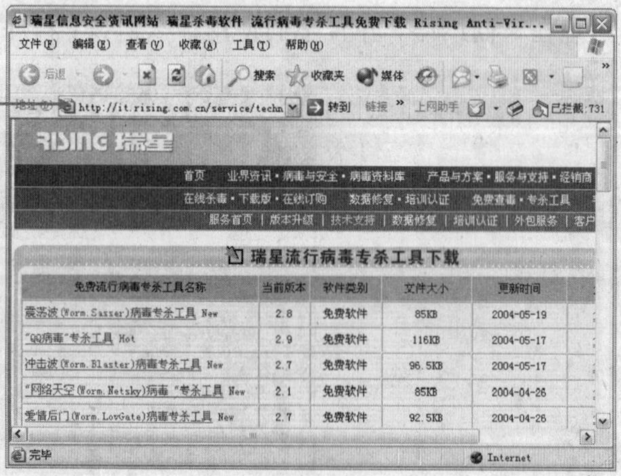

图 9-19　下载列表

02 选择 下载病毒查杀工具

图 9-20　下载页面

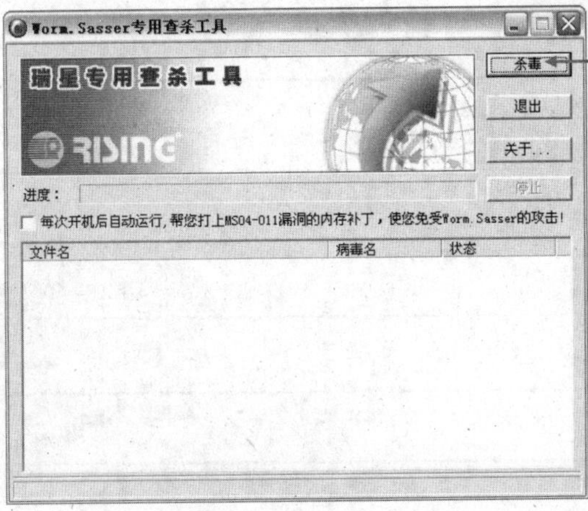

03 单击 “杀毒”按钮

图 9-21　运行工具

融会贯通—使用 KV2006 查找未知病毒

使用 KV2006 能查找系统中的未知病毒，操作的具体步骤如下：

01 启动 KV2006，如图 9-22 所示。

02 执行“工具\未知病毒检测\检测未知病毒”命令。

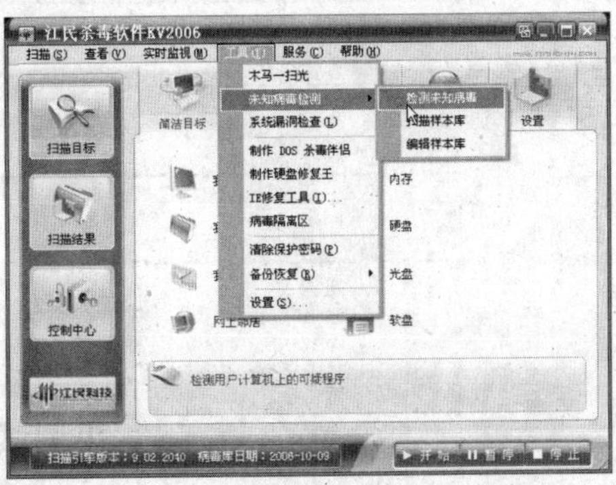

图 9-22　启动 KV2006

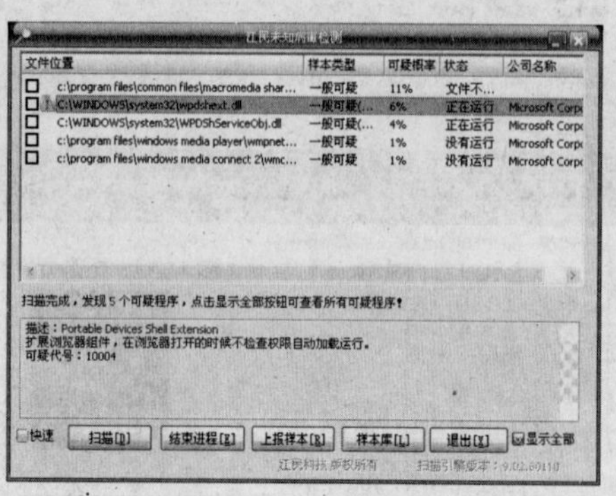

图 9-23　显示未知病毒

03 KV2006 开始检测未知病毒。

04 检测完毕后，选择“显示全部”选项即可显示未知病毒检测结果，如图 9-23 所示。

阅读笔记　Note

年

月

日

小测试答案 ●●●●●　（请翻转阅读答案）

1. B　2. A